Deutsch-französisches
und
französisch-deutsches Wörterbuch für Elektrotechniker

mit einem Anhang

Briefwechsel über Errichtung einer elektrischen Kraftanlage nach Originalurkunden

Von

Prof. Th. de Beaux
Dozent an der Handelshochschule zu Leipzig
Officier de l'Instruction publique

Berlin und Leipzig
G. J. Göschen'sche Verlagshandlung G. m. b. H.
1913

Druck
der Spamerschen
Buchdruckerei in Leipzig

Vorwort.

Das vorliegende „Wörterbuch für Elektrotechniker" ist keine einfache theoretische Gegenüberstellung von Ausdrücken, die für den Elektrotechniker im Verkehr mit Frankreich und französisch sprechenden Ländern in Betracht kommen, sondern es ist durchaus aus der Praxis herausgewachsen und verdankt seine Entstehung in erster Linie der eingehenden Vergleichung eines deutschen und eines französischen Schriftsatzes über die Errichtung von Starkstromanlagen. Die darin zum Ausdruck gebrachten Verhandlungen sind in beiden Fällen im Herzen des betreffenden Landes geführt worden, was zweifellos eine Gewähr dafür bietet, daß die sprachliche Darstellung echt völkisch und frei von der Beeinflussung geblieben ist, unter der die Reinheit der Sprache in Grenzgebieten oft leidet. Diese Schriftsätze umfaßten außerdem behördliche Vorschriften, Kostenanschläge und Lieferungsbedingungen, sie boten ferner eine reiche Fülle abweichender Lesarten und bildeten eine vorzügliche Fundgrube für eine Wörtersammlung, die aus der Praxis schöpfend für die Praxis bestimmt ist. Ich glaube deshalb, mit dem Wörterbuch etwas in seiner Vielseitigkeit Neues und dabei Zuverlässiges gegeben zu haben.

Einen wesentlichen Unterschied gegen die bisher erschienenen ähnlichen Wörterbücher bildet der als Anhang beigegebene Briefwechsel, der den Werdegang einer elektrischen Starkstromanlage schildert und ebensowohl die praktische Anwendung der im vorangehenden Wörterverzeichnis genannten Worte und Ausdrücke zeigt, wie in der Gegenüberstellung des deutschen Wortlauts mit dem französischen die Vergleichung und die völkische Eigentümlichkeit des Ausdrucks veranschaulicht. Die rein technischen Angaben sind völlig übereinstimmend gestaltet worden, damit sich die Aufmerksamkeit des Lesers der sprachlichen Darstellung ungestört widmen kann.

Bei der Arbeit stand mir ein berufener Fachmann, Herr Oberingenieur Paul Köhn in Leipzig, beratend zur Seite; ihm bin ich für seine treue Mitarbeiterschaft zu aufrichtigem Danke verpflichtet.

Zur Sichtung und Vervollständigung des Wortschatzes benutzte ich besonders:

Deinhardt-Schlomann: Illustrierte technische Wörterbücher;

Loppé-Thouvenot: Règles normales de l'Association des électriciens allemands;

Louis Brunhes: Installations électriques de la ville de Grenoble.

Es sollte mich freuen, wenn sich meine Arbeit brauchbar und geeignet erwiese, um dem deutschen Ingenieur den Wettkampf sprachlich zu erleichtern, den er technisch so erfolgreich weit über Deutschlands Gauen hinaus zu führen versteht.

Vorschläge für Ergänzungen und Verbesserungen des Buches werde ich jederzeit dankbar begrüßen!

Leipzig, im August 1913. **Th. de Beaux.**

Inhaltsverzeichnis.

Wörterbuch.

Briefwechsel.

Table des matières.

Dictionnaire.

Correspondance.

Deutsch-Französisches Wörterbuch.

A.

Abdampf *m.* | vapeur *f.* épuisée, — d'échappement.

abdichten | étancher, rendre étanche.

abdrehen | tourner; tordre.

Abfälle *m. pl.* | déchets *m. pl.*

abfinden | désintéresser.

abfließen | écouler, déverser.

Abfluß *m.* (Fließen *n.*) | écoulement *m.*; (Wehr *n.*) | déversoir *m.*

Abfuhr *f.* | enlèvement *m.*

abgestuft | progressif -ve, à degrés, à gradation.

Abhandlung *f.* | traité *m.*

abhaspeln | dévider.

abheben | relever.

Abhebung *f.* | relèvement *m.*

abkühlen | refroidir.

Abkühlung *f.* | refroidissement *m.*

Ablaßhahn *m.* | robinet *m.* de vidange.

Ablaßrohr *m.* | tuyau *m.* d'écoulement, — de sortie.

Ablaßventil *n.* | soupape *f.* de vidange.

ableiten | dériver.

Ableitung *f.* | dérivation *f.*

ablenken | dévier, obliquer.

Ablenkung *f.* | déviation *f.*

abmessen | mesurer.

Abmessung *f.* | mesurage *m.*, mesure *f.*

Ab-(Über-)nahme *f.* | réception *f.*

Abnahmeprüfung *f.* | épreuve *f.* de réception.

abnehmbar | amovible, démontable, enlevable.

Abnehmer *m.* | consommateur *m.*, abonné *m.*

abnorm | ano(r)mal -e.

abnützen | user, s'user.

Abnutzung *f.* | usure *f.*

Abonnent *m.*, -in *f.* | abonné *m.*, -ée *f.*

abonnieren | abonner, s'—.

abrüsten | démonter.

Abrüstung *f.* | démontage *m.*

abschalten | détacher, déconnecter, interrompre.

Abschaltung *f.* | déconnexion *f.*, interruption *f.*

abschneiden | retrancher, couper, découper.

Abschneider *m.* | découpoir *m.*

abschrägen | biseauter, couper en biseau.

abschrauben | dévisser, dégager.

abschwächen | modérer, affaiblir, atténuer.

Abschwächungs- | modérateur *m.*, -trice *f.*

Abschwächungswiderstand *m.* | rhéostat *m.* modérateur; résistance *f.* modératrice.

absetzen | déposer.

absolut | absolu -e.

absorbieren | absorber.

Absorption *f.* | absorption *f.*
Absorptions- | absorbant -e.
Abspann- | d'arrêt.
abspannen | arrêter.
Absperr- | d'arrêt.
Absperrventil *n.* | soupape f. (valve f.) d'arrêt.
absperren | arrêter.
Absperrung *f.* | arrêt *m.*, détente *f.*
Absperrungs- | d'arrêt, de détente.
abspulen | débobiner, dérouler, dévider.
Abstand *m.* | écartement *m.*, espacement *m.*, distance *f.*
abstecken | tracer, jalonner, aligner.
Absteckpfahl *m.* | jalon *m.*
absteifen | étançonner, étayer.
abstellen | arrêter, stopper, mettre en repos, mettre hors de service.
abstoßen | repousser.
abstoßend | répulsif -ve.
Abstoßung *f.* | répulsion *f.*
abstufen | échelonner, graduer.
abstumpfen | émousser.
Abweichung *f.* | déviation *f.*, déclinaison *f.*, variation *f.*
Abweichungs- | de déviation *f.*, de déclinaison *f.*, de variation *f.*
abwickeln | dérouler, débobiner, dévider.
Abwickelung *f.* | déroulement *f.*, débobinage *m.*, dévidage *m.*
Abzweig- | de dérivation, de branchement.
abzweigen | brancher, dériver.
Abzweigung *f.* | embranchement *m.*, dérivation *f.*, bifurcation *f.*
Acetylen *n.* | acétylène *m.*
Achat *m.* | agate *f.*
Achse *f.* | axe *m.*, essieu *m.*
Achsen- | axial -e.
Achsendruck *m.* | pression *f.* axiale.
Adhäsion *f.* | adhésion *f.*, adhérence *f.*
adjustieren | ajuster.
Adjustierung *f.* | ajustage *m.*
Administration *f.* | administration *f.*
administrativ | administratif -ve, -ment.
adoptieren | adopter.
Adressat *m.*, -in *f.* | destinataire *m.* und *f.*
Adresse *f.* | adresse *f.*
adressieren | adresser.
Affinität *f.* | affinité *f.*
Aggregat *n.* | groupe *m.*
Aggregat *n.* für Stromerzeugung | groupe *m.* électrogène *m.*
Ahle *f.* | perçoir *m.*, alêne *f.*, pointe *f.*
Ähnlichkeit | ressemblance *f.*, similitude *f.*
Aktendeckel *m.*, -bündel *n.*, -heft *n.* | dossier *m.*
Akkumulator *m.* | accumulateur *m.*, élément *m.* (pile *f.*) secondaire.
Aktie *f.* | action *f.*
Aktiengesellschaft *f.* | société f. anonyme.
Akustik *f.* | acoustique *f.*
akustisch | acoustique.
Alarmglocke *f.* | trembleur *m.*, trembleuse *f.*
Alaun *m.* | alun *m.*
Alkali *n.* | alcali *m.*
Alternator *m.* (Wechselstrom-erzeuger *m.*, -dynamo *f.*, -generator *m.*, -maschine *f.*) | alternateur *m.*, dynamo *f.* (génératrice *f.*) à courant alternatif.
Aluminium *n.* | aluminium *m.*
Amboß *m.* | enclume *f.*

Ammoniak *n.* | ammoniaque *f.*
Amortisseur *m.* (Dämpfer *m.*) | amortisseur *m.*
Ampère (André Marie) | Ampère, geb. Lyon 1775, gest. Marseille 1836, franz. Mathematiker und Physiker, Erfinder der Elektrodynamik.
Ampere *n.* | ampère *m.*, Maßeinheit für die Stärke (Intensität) des elektrischen Stromes; gek. Amp.
Amt *n.* (-sstube *f.*) | bureau *m.*
andauernd | permanent -e.
ändern | changer.
Änderung *f.* | changement *m.*, variation *f.*
Anfang *m.* | commencement *m.*, origine *f.*, départ *m.*
Anfangs- | initial -e.
Anfangsdruck *m.* | pression *f.* initiale.
anfressen | corroder.
Angabe *f.* | indication *f.*
Angelpunkt *m.* | pivot *m.*
Angelegenheit *f.* | affaire *f.*
angrenzend | attenant -e, adjacent -e.
anhaften | adhérer.
Anhaftung *f.* | adhérence *f.*, adhésion *f.*
anhäufen | amasser, encombrer.
Anhäufung *f.* | amas *m.*, encombrement *m.*
Anion *n.* | anion *m.*
Anker *m.* (Armatur *f.*) | armature *f.*, induit *m.*; (Läufer *m.*) | rotor *m.*; (Schiffs-) | ancre *f.*; (Seil *n.*) | hauban *m.*; (Fundament-) | boulon *m.*
Ankerbohrung *f.* | alésage *m.* de l'inducteur; creux *m.* de l'induit.
Anker-büchse, -nabe *f.* | moyeu *m.* de l'induit.
Ankerflansch *m.* | flasque *m.* de l'induit.
Ankernute *f.* | rainure *f.* de l'induit.
Ankerspule *f.* | bobine *f.* de l'induit.
Ankerstern *m.* | étoile *f.* de l'induit.
Ankerzahn *m.* | dent *f.* de l'induit.
anklammern | cramponner.
ankommen | arriver.
Ankunft *f.* | arrivée *f.*
anlassen | démarrer, mettre en mouvement, — en marche, — en train, — en activité.
Anlassen *n.* | démarrage *m.*, mise *f.* en marche; häufiges — | démarrages fréquents; ruckweises — | démarrage par saccades.
Anlasser *m.* | démarreur *m.*; — mit Flüssigkeitskühlung | démarreur à (par) liquide; — mit Luftkühlung | démarreur à refroidissement naturel; — par [à] l'air; — mit Ölkühlung | démarreur à l'huile.
Anlaß- | de démarrage, de mise en marche.
Anlaß-apparat *m.*, -vorrichtung *f.* | appareil *m.* (dispositif *m.*) de démarrage, — de mise en marche.
Anlaßwalze *f.* | cylindre *m.* de démarrage; démarreur *m.* à cylindre.
Anlaßwiderstand *m.* | résistance *f.* de démarrage, — de mise en marche.
Anlaßwiderstandsregler | rhéostat *m.* démarreur, — de démarrage, — de mise en marche.
anlehnen | adosser.
Anleihe *f.* | emprunt *m.*
Annäherung *f.* | rapprochement *m.*

Anode *f.* | anode *m.*
Anordnung *f.* | agencement *m.*, arrangement *m.*, disposition *f.*, système *m.*
anpassen | adapter.
Anpassung *f.* | adaptation *f.*
anrußen | enfumer, noircir.
ansäuern | aciduler.
an-, auf-schlagen | but(t)er, cogner, frapper, heurter.
Anschlagstift *m.* | but(t)ée *f.*, bu(t)-toir *m.*, arrêt *m.*
Anschluß *m.* | assemblage *m.*, connexion *f.*, jonction *f.*, raccord *m.*, raccordement *m.*
anschuhen | saboter.
Anthracit *m.* | anthracite *m.*
antreiben | actionner, activer, attaquer, commander.
Antrieb *m.* | actionnement *m.*, attaque *f.*, commande *f.*
Antriebs- | d'actionnement, d'attaque, de commande; moteur, motrice, menant -e.
Antriebvorgelege *n.* | renvoi *m.* d'actionnement, — de commande.
Antwort *f.* | réponse *f.*
antworten | répondre à.
Anzeiger *m.* | indicateur *m.*
Anzeigeapparat *m.* | tableau *m.* indicateur.
anziehen | attirer.
Anziehung *f.* (-skraft *f.*) | attraction *f.*
aperiodisch | apériodique.
äquipotential | équipotentiel -le.
äquivalent | équivalent -e.
Äquivalent *n.* | équivalent *m.*
Arbeit *f.* | travail *m.*, main d'oeuvre *f.*
arbeiten | travailler.
Arbeiter *m.*, -in *f.* | ouvrier *m.*, -ère *f.*
Arbeitsdruck *m.* | pression *f.* effective.
Arbeitseinheit *f.* | unité *f.* de travail.
Arbeitslohn *m.* | salaire *m.*, paye *f.*, main d'œuvre *f.*
Argentan *n.* | maillechort *m.*
Armatur *f.* | (elektr.) armature *f.*, induit *m.*; (mech.) garniture *f.*
Armierung *f.* (Bewehrung *f*) | armature *f.*
arretieren | arrêter, stopper, mettre en repos.
Arretierung *f.* | arrêt *m.*, but(t)ée *f.*, dispositif *m.* d'arrêt, — de détente.
Arsenik *n.* | arsenic *m.*
Art *f.* | genre *m.*, nature *f.*, type *m.*
Asbest *m.* | asbeste *m.*, amiante *m.*
Asphalt *m.* | asphalte *m.*
asphaltieren | asphalter.
Ast *m.* | branche *f.*
Astasie *f.* | astasie *f.*
astatisch | astatique.
Äther *m.* | éther *m.*
Atmosphäre *f.* | atmosphère *f.*
atmosphärisch | atmosphérique.
aufhängen | suspendre.
Aufhänge- (Hänge-) | de suspension.
Aufhängung *f.* | suspension *f.*
aufheben | neutraliser, relever, séparer.
auflösen | dissoudre, résoudre.
Aufnahme *f.* | réception *f.*, prise *f.*
aufrichten | dresser, monter, planter.
aufrollen | enrouler, mettre en rouleau.

aufspeichern | accumuler, emmagasiner.
Aufspeicherung *f.* | accumulation *f.*, emmagasinage *m.*
aufstellen | monter, établir, construire.
auftauchen | émerger.
aufweiten | élargir, évaser.
aufziehen | remonter.
Aufzug *m.* | ascenseur *m.*, monte charge *m.*, élévateur *m.*
Augenschein *m.* | apparence *f.*
augenscheinlich | apparent -e.
ausbessern | réparer, raccommoder.
Ausbesserung *f.* | réparation *f.*, raccommodage *m.*
ausbeuten | exploiter.
Ausbeutung *f.* | exploitation *f.*
ausbohren | forer, aléser.
Ausbohrung *f.* | forage *m.*, alésage *m.*
ausbreiten | développer, étendre.
Ausbreitung *f.* | développement *m.*, extension *f.*
ausdehnen | étendre, élargir, dilater.
Ausdehnung *f.* | étendue *f.*, expansion *f.*
ausfasern | détisser, effiler, éfaufiler, effilocher.
Ausfaserung *f.* | détissage *m.*, effilage *m.*, effilochage *m.*
ausfertigen | dresser, expédier.
Ausfertigung *f.* | expédition *f.*, exemplaire *m.*
ausfüllen | combler, remplir, remblayer.
Ausfüllung *f.* | remplissage *m.*, remblayage *m.*
Ausgang *m.* | départ *m.*, sortie *f.*
ausgehen | partir, sortir.
Ausgleich *m.* | compensation *f.*, égalisation *f.*
ausgleichen | compenser, équilibrer.
ausgleichend | égalisateur -trice.
Ausgleicher *m.* | égalisateur *m.*
Ausgleich(s)- | compensateur -trice de compensation; correcteur -trice, de correction.
Ausgleichwiderstand *m.* | rhéostat *m.* compensateur, — de compensation.
ausglühen (anlassen) | recuire; — (verkoken) | calciner.
aushelfen | assister, secourir.
Aushilfs- (Hilfs-) | auxiliaire, de secours.
aushöhlen | creuser, évider, miner, goujer.
Aushöhlung *f.* | creux *m.*, évidage *m.*, évidement *m.*
auslöschen | éteindre, étouffer, effacer.
Auslöschen *n.* | extinction *f.*, étouffement *m.*, effaçage *m.*
auslösen | décla(e)ncher, dégager.
Auslösung *f.* | décla(e)nchement *m.*, dégagement *m.*
ausnutzen | tirer profit *m.*, exploiter, utiliser.
Ausnutzung *f.* | exploitation *f.*, utilisation *f.*
Auspuff- | d'échappement.
Auspuffdampf *m.* | vapeur *f.* d'échappement, — épuisée.
auspuffen | échapper.
Ausrück- | de débrayage, de désembrayage, d'arrêt.
ausrücken | débrayer, désembrayer, désengrener.
Ausrückhebel *m.* | levier *m.* d'arrêt, — de dé(sem)brayage.
Ausrückkuppelung *f.* | accouplement *m.* à dé(sem)brayage.

Ausrückvorrichtung *f.* | dé(sem)-brayage *m.*
ausrüsten | armer, équiper.
Ausrüstung *f.* | armement *m.*, équipement *m.*
Ausschalt- | de disjonction, de mise hors circuit.
ausschalten | mettre hors circuit, interrompre (ouvrir) le circuit.
Ausschalter *m.* | disjoncteur *m.*, interrupteur *m.*
Ausschaltung *f.* | mise *f.* hors circuit, disjonction *f.*, interruption *f.*
ausschreiben (verdingen) | mettre au concours, — en soumission.
Ausschreibung *f.* (Verdingung *f.*) | mise *f.* au concours, mise en soumission.
Ausschuß *m.* (ware *f.*) | rebut *m.*
Ausschuß- | de rebut.
Aussehen *n.* | apparence *f.*
Außen- | extérieur -e.
äußerer | extérieur -e.
aussparen | creuser, évider.
Aussparung *f.* | creux *m.*, évidement *m.*
ausstoßen | expulser, pousser dehors.
Austausch *m.* | échange *m.*
austauschen | échanger.
Auto- | auto-.
Axt *f.* | hache *f.*

B.

Backe *f.* | mâchoire *f.*
Bad *n.* | bain *m.*
Bahn *f.* | chemin *m.*, voie *f.*, tramway *m.*; parcours *m.*, trajet *m.*
Bahnhof *m.* | gare *f.*, station *f.*, embarcadère *f.*
Bajonett *n.* | baïonnette *f.*
Bajonettfassung | douille *f.* à baïonnette.
Bajonettkuppelung | accouplement *m.* à baïonnette.
balancieren (auswuchten) | équilibrer.
Balken *m.* | barre *f.*, poutre *f.*
Balkenlage *f.* | poutraison *f.*
Band | bande *f.*, lien *m.*, ruban *m.*
Band- | à collier, à ruban.
Bandage *f.* | bandage *m.*, cercle *m.*, frette *f.*
Bandeisen *n.* | fer feuillard *m.*, feuillard *m.* en fer.
Barre *f.* | lingot *m.*
Baryt *m.* | baryte *f.*
Bassin *n.* | bassin *m.*
Bassinwagen *m.* | wagon réservoir *m.*, — citerne.
Bastfaser *f.* | fibre *f.* d'écorce.
Batterie *f.* | batterie *f.*, pile *f.*
Batteriekessel *m.* | chaudière *f.* multibouilleurs.
Bauholz *n.* | bois de charpente.
Baumwoll- | de coton.
Baumwolle | coton *m.*
Bausch- | à forfait.
Baustelle *f.* | emplacement *m.*, terrain *m.*; bis zur — à pied d'œuvre.
Beamter *m.* | employé *m.*, officier *m.*, fonctionnaire *m.*
beanspruchen | soumettre; fatiguer, occuper, charger.
Beanspruchung *f.* | effort *m.*, fatigue *f.*, travail *m.*, charge *f.*
bearbeiten | façonner, mettre en œuvre, travailler.
Beaufschlagung *f.* (Turbinen-) | admission *f.*, injection *f.*, introduction *f.*
Bedachung *f.* | toiture *f.*

Bedarf *m.* | besoin *m.*, demande *f.*
Bedienungs- | de service.
Bedingung *f.* | condition *f.*
Bedürfnis *n.* | besoin *m.*
befähigt | capable, susceptible.
befestigen | attacher, fixer, ligaturer, sceller.
Befestigung *f.* | fixage *m.*, fixation *f.*, scellement *m.*
Befestigungs- | d'attache, de fixation, de scellement.
begrenzen | limiter.
Begrenzung | limite *f.*
Behälter *m.* | bâche *f.*, auge *f.*
behandeln | traiter.
Behandlung *f.* | traitement *m.*
behauen | dégrossir.
Beharrungsvermögen *n.* | inertie *f.*
behördlich | administratif -ve, -ment.
beifügen | ajouter, annexer, joindre.
Beilage *f.* | annexe *f.*
Beinschwarz *n.* | noir *m.* d'animal.
Beitel *m.* | ciseau *m.*, trépan *m.*
beitreiben | recouvrer.
Beitreibung *f.* | recouvrement *m.*
belasten | charger.
Belastung *f.* | charge *f.*, chargement *m.*
Belastungs- | de charge.
Belastungswiderstand | résistance *f.* de charge; rhéostat *m.* de charge.
beleben | activer, animer, stimuler.
Belebung *f.* | animation *f.*, stimulation *f.*
beleuchten | éclairer.
Beleuchtung *f.* | éclairage *m.*
Beleuchtungs- | d'éclairage.
benachrichtigen | avertir, aviser, informer, prévenir.
Benachrichtigung *f.* | avis *m.*, information *f.*
Benachrichtigungs- | d'avis.
benutzen | employer, exploiter, utiliser.
Benutzungs- | d'emploi, d'exploitation, d'utilisation.
Benzin *n.* | benzine *f.*, essence *f.*
beobachten | remarquer, observer.
Beobachtung *f.* | observation *f.*
Beobachtungs- | d'observation.
Bericht *m.* | rapport *m.*, exposé *m.*, mémoire *m.*
berichtigen | corriger, régler, rectifier.
Berichtigung *f.* | correction *f.*, rectification *f.*, redressement *m.*
Bernstein *m.* | ambre jaune *m.*, succin *m.*
beruhigen | apaiser, calmer, rassurer.
Beruhigungs- | d'amortissement, amortisseur.
Beruhigungswiderstand | résistance *f.* d'amortissement; rhéostat *m.* amortisseur.
berühren | toucher, entrer en contact.
Berührung *f.* | attouchement *m.*, contact *m.*
Berührungs- | de contact.
Berührungselektrizität *f.* | électricité voltaïque.
Besatz *m.* | garniture *f.*
besetzen | garnir.
beschädigt | défectueux -se, détérioré -e, endommagé -e.
beschlagen | armer, ferrer, garnir.
Beschlag *m.* | armature *f.*, garniture *f.*
beschleunigen | accélérer.
Beschleunigung *f.* | accélération *f.*

beschneiden | rogner.
Beschneidung | rognage *m.*, rognement *m.*
beschreiben | décrire, dépeindre.
Beschreibung *f.* | description *f.*
beschuhen | saboter.
beschweren | alourdir.
besetzen | garnir.
besondere | indépendant -e, séparé -e, spécial -e.
Bessemerstahl *m.* | acier *m.* Bessemer.
bestätigen | confirmer, accuser réception *f.*
bestimmen | déterminer, destiner, fixer, ordonner.
Bestimmung *f.* | destination *f.*, détermination *f.*
Bestimmungs- | de destination, déterminant -e.
betreiben | exercer, exploiter.
Betrieb *m.* (Tätigkeit) | activité *f.*, fonction *f.*, fonctionnement *m.*, marche *f.*, mouvement *m.*, service *m.*; (Ausnützung) | exploitation *f.*
Betriebs- | d'exploitation, de régime, de service, de travail *m.*
Betriebsdruck *m.* | pression *f.* de régime, — de service, — de travail.
Betriebskessel *m.* | chaudière *f.* de service.
Betriebskosten | frais *m.* d'exploitation.
bevollmächtigen | autoriser.
Bevollmächtigter *m.* | fondé *m.* de pouvoir.
Bevollmächtigung *f.* | autorisation *f.*, procuration *f.*
bewegen | mouvoir.
bewegend | moteur -trice, mouvant -e.
beweglich | mobile.
Beweglichkeit *f.* | mobilité *f.*
Bewegung *f.* | mouvement *m.*, déplacement *m.*
bewehren | armer, envelopper, revêtir.
Bewehrung *f.* (Armierung) | armature *f.*
Bewerber (bei Verdingung) | adjudicataire *m.*, soumissionnaire *m.*
bewickeln | bobiner, enrouler, entourer.
Bewickelung *f.* | enroulement *m.*, bobinage *m.*, entourage *m.*
bezeichnen | marquer, désigner, indiquer.
Bezeichnung *f.* | marque *f.*, désignation *f.*
biegen | courber, fléchir, plier, ployer.
biegsam | flexible, souple.
Biegsamkeit *f.* | flexibilité *f.*, souplesse *f.*
Biegung *f.* | flexion *f.*
Biegungs- | de flexion.
bilden | former, produire.
Bildung *f.* | formation *f.*, production *f.*
Bimsstein *m.* | ponce *f.*
binden | lier, ligaturer.
Bindung *f.* | ligature *f.*
Birne (Glas-) *f.* | ampoule *f.*
Bitumen *n.* | bitume *m.*
bituminös | bitumineux -se.
blank (glänzend) | brillant -e, reluisant -e; — (bar, bloß) | nu -e, déchaussé -e.
Blase (Luft-) *f.* | bulle *f.*
Blasebalg *m.* | soufflet *m.*
blasen | souffler.
Blatt *n.* | feuille *f.*, feuillet *m.*

Blätter- | feuilleté -e, lamellaire, à lames, à lamelles, à plaques.
Blaupause *f.* | calque *m.* bleu; —n anfertigen | tirer des bleus *m.*
Blech *n.* | lame *f.*, plaque *f.*; Weiß- — | ferblanc *m.*, Schwarz- — | tôle *f.*
Blei *n.* | plomb *m.*; hartes — | plomb durci, weiches — | plomb doux.
Bleimantel *m.* | garniture *f.* de plomb.
Bleimennige *f.* | minium *m.*
Bleischwamm *m.* | plomb *m.* spongieux.
Bleivitriol *m.* | sulfate *m.* de plomb.
Bleiweiß *n.* | ceruse *f.*
Blende *f.* (Blendung *f.*) | diaphragme *m.*
Blitz *m.* | éclair *m.*, foudre *f.*, tonnerre *m.*
Blitzschutzvorrichtung *f.* | parafoudre *m.*, paratonnerre *m.*
Blitzsicherung *f.* | parafoudre *m.*
Block *m.* | bloc *m.*, blocage *m.*, poulie *f.*
blockieren | bloquer.
Bock *m.* | chevalet *m.*, échafaud *m.*
Boden (Fuß-) *m.* | plancher *m.*, parquet *m.*, plateforme *f.*; (Erd-) sol *m.*
Bogen (Blatt) *m.* | feuille *f.*; — (Kurve) | arc *m.*; — (Wölbung) | cintre *m.*, voûte *f.*
Bogenlampe *f.* | lampe *f.* à arc.
Bogenlampenwiderstand *m.* | rhéostat *m.* de lampe à arc.
Bogenlicht *n.* | lumière *f.* à arc, — voltaïque.
bohren | forer, perforer, percer, vriller.
Bohrer *m.* | foret *m.*, vrille *f.*
Bohrknarre *f.* | cliquet *m.* à percer.
Bohrmaschine *f.* | foreuse *f.*, perceuse *f.*
Bohrung *f.* | forage *m.*, alésage *m.*
Bohrwinde *f.* (Brustbohrer *m.*) | vilebrequin *m.*
Bolzen *m.* | boulon *m.*, cheville *f.*
Borax *m.* | borax *m.*, borate *m.* de soude.
Böschung *f.* | talus *m.*, berge *f.*, adossement *m.*
Bote *m.* | facteur *m.*, messager *m.*
braun | brun -e.
Braunkohle *f.* | lignite *m.*
Braunstein *m.* | manganèse *m.*
brechen (Strahl) | réfracter; (zer-) | rompre, briser.
breit | large.
Breite *f.* | largeur *f.*
Brems- | de frein, de freinage.
Bremse *f.* | frein *m.*
bremsen | freiner, serrer le frein.
Bremsen *n.* | freinage *m.*
Bremser *m.* | garde frein *m.*, serre frein *m.*
Bremsklotz *m.* | sabot *m.* de frein.
Bremsring *m.* | bague *f.* de freinage.
Bremswiderstand *m.* | résistance *f.* de freinage.
brennbar | combustible.
Brennbarkeit *f.* | combustibilité *f.*
Brenndauer *f.* | durée *f.* (d'éclairage, — de combustion).
brennen | brûler.
Brenner *m.* | bec *m.*, brûleur *m.*
Brennmaterial *n.* | combustible *m.*
Brett *n.* | planche *f.*
Briefbeschwerer *m.* | serre papiers *m.*
Briefwage *f.* | pèse lettres *m.*
Bronze *f.* | bronze *m.*
Bruch (math.) | fraction *f.*, — (mech.) | rupture *f.*

Bruchfestigkeit *f.* | résistance *f.* à la rupture.
Brücke *f.* | pont *m.*
Brücken- | de (à) pont.
brummen | ronfler.
Brummen *n.* | ronflement *m.*
Brunnen *m.* | puits *m.*
Brust-bohrer *m.*, -leier *f.* | vilebrequin *m.*
Buchsbaum *m.* | buis *m.*
Büchse *f.* | bague *f.*, boîte *f.*, douille *f.*, fourrure *f.*, manchon *m.*, moyeu *m.*
buchen (ver-) | passer (porter) écriture.
Buchung *f.* | écriture *f.*
Bügel *m.* | étrier *m.*, luette *f.*, pont *m.*
Bündel *n.* | faisceau *m.*
Bürge *m.* | garant *m.*
bürgen | garantir, répondre de, se porter garant.
Bürgschaft *f.* | garantie *f.*
Bürste *f.* | balai *m.*, brosse *f.*
Bürsten- | de balai.
Bürstenhalter *m.* | porte balai *m.*
Bürstenkasten *m.* | boîte *f.* (douille *f.*) de balai.
Bussole *f.* | boussole *f.*

C.

Calcium *n.* | calcium *m.*
Carcel (französ. Lampenfabrikant).
Carcel *m.* | Carcel (Normallichtstärke in Frankreich = 9,62 Normalkerzen).
Charakteristik *f.* | caractéristique *f.*
Chef *m.* | chef *m.*
Chemie *f.* | chimie *f.*
Chemiker *m.* | chimiste *m.*
chemisch | chimique.
chiffrieren | chiffrer.
Chlor *n.* | chlore *m.*
Chrom *n.* | chrome *m.*
Chromsäure *f.* | acide *m.* chromique.
Compound-(Verbund-)dampfmaschine *f.* | machine *f.* à vapeur compound.
Compound-(Verbund-, Doppelschluß-)dynamo *f.* | dynamo *f.* compound, génératrice *f.* compound, dynamo *f.* à excitation mixte, génératrice *f.* à excitation mixte.
Compound-(Doppel-)wickelung *f.* | enroulement *m.* compound, bobinage *m.* compound.
Corlißsteuerung *f.* | distribution *f.* Corliss.
Cornwallkessel *m.* | chaudière *f.* de Cornouailles.
Coulomb (Charles Augustin de) | Coulomb, geb. Angoulème 1736, gest. Paris 1806; französischer Physiker, Erfinder der Torsionswage.
Coulomb *n.* | coulomb *m.*, Maßeinheit für die elektrische Strommenge: 1 Coulomb = 1 Ampere × 1 Sekunde = 1 Amperesekunde; gek. Coul.
Cylinder vgl. Zylinder.

D.

Dach *n.* | toit *m.*
Dampf *m.* | vapeur *f.*; gesättigter — | vapeur saturée; trockener — | vapeur sèche; überhitzter — | vapeur surchauffée.
Dampfbetrieb *m.* | exploitation *f.* (fonctionnement *m.*) à vapeur.
Dampfdruck *m.* | pression *f.* de la vapeur.

Dampf-(erzeuger *m.*)kessel *m.* | chaudière *f.* à (générateur *m.* de) vapeur.
Dampfleitung *f.* | canalisation *f.* (conduite *f.*, tuyauterie *f.*) à vapeur.
Dampfmaschine | machine *f.* à vapeur; einzylindrige — | machine à un cylindre; feststehende — | machine fixe; liegende — | machine horizontale; stehende — | machine verticale (à pilon); zweizylindrige — | machine à deux cylindres.
Dampfpumpe *f.* | pompe *f.* à vapeur.
Dampfspannung *f.* | tension *f.*
Dampfturbine *f.* | turbine *f.* à vapeur.
Dämpfer *m.* | amortisseur *m.*, modérateur *m.*
Dämpfung *f.* | amortissement *m.*
Dämpfungs- | d'amortissement.
Datum *n.* | date *f.*
Dauer *f.* | durée *f.*
Daumen *m.* | came *f.*; pouce *m.*
Daumenschraube *f.* | vis *f.* à oreilles.
Debet *n.* | débit *m.*
Decke *f.* | plafond *m.*
Decken- | de plafond.
Deckel *m.* | couvercle *m.*
Deckelwagen *m.* | caisson *m.*
definieren | définir.
Deformation *f.* (Formänderung *f.*) | déformation *f.*
dehnbar | ductile, dilatable, élastique.
Dehnbarkeit *f.* | ductilité *f.*, dilatabilité *f.*, élasticité *f.*
Dehnung *f.* | extension *f.*, dilatation *f.*
dekapieren (säubern) | décaper, dérocher.
Deklination *f.* | déclinaison *f.*
Deklinations- | de déclinaison.
demolieren | démolir.
demontieren | démonter.
Depesche *f.* | dépêche *f.*, télégramme *m.*
Deplacement *n.* | déplacement *m.*
Depolarisation *f.* | dépolarisation *f.*
depolarisieren | dépolariser.
Detail *n.* | détail *m.*
detaillieren | détailler.
Detektor *m.* (Strahlungsentwickler *m.*) | détecteur *m.*
Determinante *f.* | déterminant *m.*
Dezi- (Zehntel *n.*) | déci-.
Dezimeter *n.* | décimètre *m.*
diagonal | diagonal -e.
Diagonale *f.* | diagonale *f.*
Diagramm *n.* | diagramme *m.*
diamagnetisch | diamagnétique.
Diamagnetismus *m.* | diamagnétisme *m.*
Diamant *m.* | diamant *m.*
diaphan (durchscheinend) | diaphane.
dicht | dense, compacte.
Dichte *f.* (Dichtigkeit *f.*) | densité *f.*
dichten | étancher, étouper.
dielektrisch (nichtleitend) | diélectrique.
dick | épais -se, gros -se.
Dicke *f.* | épaisseur *f.*, grosseur *f.*
Diele *f.* | planche *f.*
Dielung *f.* | plancher.
Dienst *m.* | service *m.*
Dienstraum *m.* | bureau *m.*
differential | différentiel -le.
Differenz *f.* | différence *f.*
Differenz- | différentiel -le.
differenzieren | différentier.

Differenzierung *f.* | différentiation *f.*
diffundieren | diffuser.
diffus | diffus -e.
Dimension *f.* | dimension *f.*
direkt | direct -e, -ment.
dirigieren | diriger.
disponieren | disposer.
Disposition *f.* | disposition *f.*
Distanz *f.* | distance *f.*
Divergenz *f.* | divergence *f.*
divergieren | diverger.
dividieren | diviser.
Division *f.* | division *f.*
Docht *m.* | mèche *f.*
Dochtschmierer *m.* | graisseur *m.* à mèche.
Dochtschmierung *f.* | graissage *m.* à mèche.
Doppel- | double, bi-, di-, compound.
doppelt | double.
Doppelschluß-(-erzeuger *m.*)dynamo *f.* | dynamo *f.* (génératrice *f.*) compound (à excitation mixte).
Doppelschlußwickelung *f.* | enroulement *m.* compound, — en double circuit.
Dorn *m.* | chevillette *f.*, étampe *f.*, mandrin *m.*
Dose *f.* | boîte *f.*
Draht *m.* | fil *m.*; blanker — | fil nu; isolierter — | fil isolé; übersponnener — | fil recouvert.
Draht- | de (à) fil métallique.
Drahtanker *m.* (elektr.) | induit *m.* à fils; (mech.) hauban *m.*
Drahtklemme *f.* | borne *f.*, serre fil *m.*
drahtlos | sans fil, radio-.
Drahtnetz *n.* | tissu *m.* métallique.
Drahtseil *m.* | câble *m.* métallique.
Drahtspanner *m.* | tendeur *m.* de fil.
Draht ziehen | tréfiler.
Drahtzieher *m.* | tréfileur *m.*
Drall *m.* | tors *m.*, torsion *f.*
Dreh- | de rotation *f.*, de torsion, tournant -e, triphasé -e.
Drehbank *f.* | tour *m.*
Drehbeanspruchung *f.* | effort *m.* de torsion.
drehen | tourner.
drehend | tournant -e.
Drehfeld *n.* | champ tournant *m.*
Drehkraft *f.* | force *f.* de torsion.
Drehkreuz *n.* | tourniquet *m.*
Drehmoment *n.* | moment *m.* de torsion.
Drehring *m.* | émerillon *m.*
Drehscheibe *f.* | plaque *f.* tournante.
Drehstromanker *m.* | induit *m.* à courant triphasé.
Drehstromanlasser *m.* | démarreur *m.* à courant triphasé.
Dreh-(Dreiphasen-)strom(-erzeuger *m.*) | dynamo *f.* (génératrice *f.*) triphasée; alternateur *m.* triphasé.
Drehstromleitung *f.* | canalisation *f.* (circuit *m.*, ligne *f.*) à courant triphasé.
dreiphasig | triphasé -e.
Dreirad *n.* | tricycle *m.*
Dreiwegschalter *m.* | commutateur *m.* à trois directions.
dringlich | urgent -e.
Dringlichkeit *f.* | urgence *f.*
Drossel- | de réactance, de réaction, d'étranglement.
Drosselspule *f.* | bobine *f.* de réactance, — de réaction.
Drosselwiderstand *m.* | résistance *f.* de réactance, — de réaction *f.*;

rhéostat *m.* de réactance, — de réaction.
drosseln | étrangler.
Drosselung *f.* | étranglement *m.*
Druck *m.* | pression *f.*, compression *f.*
Druckfestigkeit *f.* | résistance *f.* à la pression.
Druckgas *n.* | gaz soufflé *m.*
Druckknopfsteuerung *f.* | commande *f.* par bouton de pression.
Druckkontakt *m.* | contact *m.* de pression.
Drucklager *n.* | palier *m.* de but(t)ée.
Druckring *m.* | collet *m.* de but(t)ée.
Druckturbine *f.* | turbine *f.* à action.
Dübel *m.* | goujon *m.*, cheville *f.*
Duplex- | double, à deux, duplex.
durchbohren | percer.
durchdringen | pénétrer, imprégner.
durchlässig | perméable.
Durchlässigkeit *f.* | perméabilité *f.*
durchgehen | s'emballer.
durchlaufen | parcourir.
Durchleuchtung *f.* | radiographie *f.*
durchlochen | percer, perforer, poinçonner.
Durchmesser *m.* | diamètre *m.*
durchscheinend | transparent -e, diaphane.
Durchschlag- *m.* (-eisen *n.*) | poinçon *m.*; (Öffnung *f.*) | brèche *f.* ouverture *f.*
Durchschnitt *m.* | coupe *f.*, section *f.*; im — | en moyenne *f.*
durchsichtig | diaphane.
durchstreichen | biffer.
Düse *f.* | tuyère *f.*, ajutage *m.*, ajutoir *m.*, ajoutoir *m.*
Düsen- | de tuyère.
Dynamik *f.* | dynamique *f.*
dynamisch | dynamique.
Dynamomaschine *f.* (Rotationsmaschine zur Umwandlung mechanischer Kraft in elektrische Energie) | dynamo *f.* (électrique), machine dynamo-électrique, génératrice *f.*
Dynamoanker *m.* | induit *m.* (armature *f.*) de dynamo, — de génératrice.
Dyne *f.* | dyne *m.*

E.

Ebenholz *n.* | bois *m.* d'ébène, ébène *f.*
Ebonit *m.* | ébonite *f.*
Ecke *f.* | encoignure *f.*, coin *m.*
eckig | angulaire, à coude.
Eckventil *n.* | soupape *f.* à coude.
Effekt *m.* | effet *m.*
Eich- | d'étalonnage, de jaugeage.
eichen | étalonner, jauger.
Eichen *n.* | étalonnage *m.*, jaugeage *m.*
Eichmaß *n.* | étalon *m.*, jauge *f.*
Eichwiderstand *m.* | étalon *m.* de résistance.
Eigentum *f.* | propriété *f.*
Eigentümer *m.* | propriétaire *m.*
Eimer *m.* | seau *m.*
einbetten | noyer, poser.
Einbettung *f.* | noyage *m.*, pose *f.*
ein-, zu-decken | couvrir.
einebenen | aplanir.
eindringen | pénétrer.
Eindringen *n.* | pénétration *f.*
Einpassen *n.* | ajustage *m.*
einpflanzen | planter, implanter.
Einpflanzung *f.* | implantation *f.*
Einphasen- | monophasé -e.
Einleitung *f.* | préambule *m.*, préface *f.*

einmauern | emmurer.
Einmauerung *f.* | maçonnage *m.*, maçonnerie *f.*, gros œuvre *m.*
einpassen | ajuster.
Einlaß- | d'admission, d'arrivée, d'entrée.
Einlaßhahn *m.* | robinet *m.* d'admission, — d'arrivée.
Einlaßrohr *n.* | tuyau *m.* d'entrée.
einlaufen | roder.
Einlaufen *n.* | rodage *m.*
Einlage *f.* | couche *f.*, garniture *f.*
einlassen | admettre; enchâsser, noyer.
einkapseln | blinder, cuirasser.
Einheitspreis | prix *m.* de l'unité.
Einkaufspreis | prix *m.* d'achat.
einkerben | encocher, entailler.
Einkerbung *f.* | encochement *m.*, entaillage *m.*
eingreifen | engrener.
Eingriff *m.* | engrenage *m*, engrènement *m.*
Einheit *f.* | unité *f.*; elektrische —en: vgl. Ampère, Coulomb, Farad, Joule, Mho, Ohm, Volt, Watt.
Einfluß | confluent *m.*, embouchure *f.*, épanchement *m.*, jonction *f.*; influence *f.*
Einführung *f.* | introduction *f.*, insertion *f.*
Einführungs- | d'admission, d'entrée.
eingraben | noyer, poser.
Einfachleitung *f.* | canalisation *f.* (ligne *f.*) à fil unique.
einfädeln | enfiler.
einfassen | border, entourer.
Einfassung *f.* | bordage *m.*, bordure *f.*, entourage *m.*

Einphasenanker *m.* | induit *m.* (armature *f.*) à courant monophasé.
Einphasenanlasser | démarreur *m.* à courant monophasé.
Einphasen-dynamo *f.* (-generator *m.*, -stromerzeuger m.) | alternateur *m.*; dynamo *f.* (génératrice *f.*) monophasé(e).
einphasig | monophasé -e.
einpolig | unipolaire.
Einpoligkeit *f.* | unipolarité *f.*
einputzen | enchâsser, noyer.
einrichten | installer, établir.
Einrichtung *f.* | installation *f.*
einrosten | enrouiller.
Einrück- | à embrayage, d'embrayage, d'encla(e)nchement.
einrücken | embrayer.
Einrückhebel *m.* | levier *m.* d'embrayage, — d'encla(e)nchement.
Einrückung *f.* | encla(e)nchement *m.*
Einrückvorrichtung *f.* | embrayage *m.*
Einschalt- | de mise en circuit, de couplage.
einschalten | intercaler, mettre (monter) en (dans le) circuit, fermer le circuit, coupler.
Einschalter *m.* | commutateur *m.*, conjoncteur *m.*
Einschaltung *f.* | mise *f.* (intercalation *f.*) en (dans le) circuit.
einschieben | intercaler.
einschlagen | enfoncer.
einschleifen | roder.
Einschleifen *n.* | rodage *m.*
einschließen | enfermer.
einschneiden | tailler, entailler.
Einschnitt *m.* | encoche *f.*, entaille *f.*, tranchée *f.*
einsetzen | placer, insérer, intercaler, mettre en place.

einspritzen | injecter.
Einspritzung *f.* | injection *f.*
Einspritzkondensator | condenseur *m.* à injection, — à mélange.
einstellen | ajuster, caler, ranger, régler.
Einstellung *f.* | ajustage *m.*, calage *m.*, réglage *m.*, mise *f.* à point.
einstufig | à une chute, à un étage.
Eintauch- | d'immersion, de plongée.
eintauchen | immerger, plonger.
eintreten | entrer.
Eintritt *m.* | entrée *f.*, admission *f.*
Eintritts- | d'entrée, d'admission.
Einzel- | privé -e, individuel -le, isolé -e, séparé -e, simple.
Eis *n.* | glace *f.*
Eisen *n.* | fer *m.*
Eisen- | de (en) fer.
Eisenarmierung *f.* | armature *f.* de fer.
Eisenband *n.* | bande *f.* (ruban *m.*) de fer.; feuillard *m.*
Eisenbeschlag *m.* | ferrure *f.*
Eisenblech *n.* | tôle *f.*
Eisendraht | fil *m.* de fer.
Eisenerz *n.* | minerai *m.* de fer.
Eisengerüst *n.* | ossature *f.* de fer.
Eisengießerei *f.* | fonderie *f.*
Eisenguß *m.* | fonte *f.*
Eisenklammer *f.* | clameau *m.* de fer.
Eisenrohr *n.* | tube *m.* de fer, tuyau *m.* de fer.
Eisenschelle *f.* | collier *m.* de fer.
Eisenstange *f.* | barre *f.* de fer.
Eisenvitriol *m.* | sulfate *m.* de fer.
Eisenzwinge *f.* | virole *f.* de fer.
Eismaschine *f.* | frigorifère *m.*
Ejektor *m.* (Auszieher *m.*) | éjecteur *m.*, expulseur *m.*
elastisch | élastique.
Elastizität *f.* | élasticité *f.*
elektrisch | électrique.
elektrisieren | électriser.
Elektrisierung *f.* | électrisation *f.*
Elektrizität *f.* | électricité *f.*; gebundene — | él. dissimulée; dynamische — | él. dynamique; galvanische — | él. galvanique; negative — | él. négative; positive — | él. positive; statische — | él. statique.
Elektrizitätswerk *n.* | centrale *f.* (station *f.*, usine *f.*) électrique; — génératrice *f.*
Elektrochemie *f.* | électrochimie *f.*
Elektrode *f.* | électrode *f.*
Elektrodynamik *f.* | électrodynamique *f.*
elektrodynamisch | électrodynamique.
Elektrodynamometer *m.* | électrodynamomètre *m.*
elektrogalvanisch | électrogalvanique.
Elektrogalvanismus *m.* | électrogalvanisme *m.*
Elektroskop *m.* | électroscope *m.*
elektrolysieren | électrolyser.
elektrolytisch | électrolytique.
Elektromagnet *m.* | électroaimant *m.*
elektromagnetisch | électromagnétique.
Elektromagnetismus *m.* | électromagnétisme *m.*
Elektromotor *m.* (Rotationsmaschine zur Umwandlung elektrischer Energie in mechanische Kraft) | électromoteur *m.*, moteur *m.* électrique.
elektromotorisch | électromoteur -trice.

elektronegativ | électronégatif -ve.
elektropositiv | électropositif -ve.
Elektrostatik *f.* | électrostatique *f.*
Elektrotechniker *m.* | électricien *m.*
elektrotechnisch | électricien -ne.
Elektrotypie *f.* | électrotypie *f.*
Element *m.* | élément *m.*, pile *f.*
Elevator *m.* (Aufzug *m.*) | élévateur *m.*, monte charge *m.*; ascenseur *m.*
Ellipse *f.* | ellipse *f.*
elliptisch | elliptique.
Empfangsbestätigung *f.* | accusé *m.* de réception, reçu *m.*, quittance *f.*
Empfänger *m.* (mech.) | récepteur *m.*; —in | receveur *m.*, -euse *f.*
empfänglich | susceptible.
Empfang *m.* (-nahme *f.*) | réception *f.*
Empfangs- | récepteur -trice.
Ende *n.* | extrémité *f.*, bout *m.*, fin *f.*
Endverschluß *m.* | manchon *m.* d'extrémité.
Energie *f.* | énergie *f.*; lebendige — | én. actuelle; elektrische — | én. électrique; mechanische — | én. mécanique; gebundene — | én. latente; aufgespeicherte — | én. potentielle.
Engländer *m.* (Schraubenschlüssel *m.*) clef *f.* anglaise.
entfernen | écarter, éloigner.
entgegenstehend | adverse.
entladen | décharger.
Entlade- | de décharge.
Entlader *m.* | déchargeur *m.*
Entladung *f.* | décharge *f.*
entlasten | décharger.
Entlastung *f.* | décharge *f.*
Entleerung *f.* | vidange *f.*
Entleerungs- | de vidange.
entlehnen | emprunter.
entmagnetisieren | démagnétiser, désaimanter.
Entmagnetisierung *f.* | démagnétisation *f.*, désaimantation *f.*
entsprechen | répondre à, correspondre à, être conforme à.
entwässern | drainer, dessécher.
Entwässerung *f.* | drainage *m.*, desséchement *m.*
entweichen | s'échapper, fuir.
entzünden | allumer, enflammer.
Entzündung *f.* | allumage *m.*, inflammation *f.*
Erd- | terrestre, souterrain -e, de sol, de terre, de terrassement.
Erdarbeiten *f.* | travaux *m.* de terrassement.
Erdleitung *f.* | canalisation *f.* souterraine.
Erdschluß *m.* | prise *f.* de terre, contact *m.* de sol.
Erdschlußanzeiger *m.* | indicateur *m.* de perte à la terre.
Erg *n.* | erg *m.*
er-(imstand-)halten | conserver, entretenir, maintenir.
Erhaltung *m.* | conservation *f.*, entretien *m.*, maintien *m.*
erhitzen | chauffer, échauffer.
Erhitzung *f.* | échauffement *m.*, réchauffement *m.*
erhöhen | élever, exhausser, hausser.
Erhöhung *f.* | élévation *f.*, exhaussement *m.*, haussement *m.*
erkalten | (se) refroidir, (se) glacer.
ernst | sérieux -se; -ment, grave; -ment.
erregen | exciter.
erregend | excitateur -trice.
Erreger *m.* (-maschine *f.*) | excitatrice *f.*

Erreger- | excitateur -trice; d'excitation; inducteur -trice, d'induction; de champ.
Erregerfeld *n.* | champ d'excitation.
Erregerplatte *f.* | plaque *f.* excitatrice.
Erregerspule *f.* | bobine *f.* d'induction, — de champ.
Erregung *f.* | excitation *f.*
Erregungs- | excitateur -trice, d'excitation.
Erregungswickelung *f.* | enroulement *m.* (bobinage *m.*) excitateur (inducteur).
errichten | ériger, établir, fonder.
Errichtung *f.* | érection *f.*, fondation *f.*
Ersatz *m.* | rechange *m.*, remplacement *m.*
Ersatzstück *n.* | pièce *f.* de rechange.
Ersatzwiderstand *m.* | rhéostat *m.* de rechange.
erschüttern | ébranler, secouer.
Erschütterung *f.* | ébranlement *m.*, secousse *f.*, choc *m.*, commotion *f.*
ersetzen | remplacer, échanger, réparer, dédommager.
Ertrag *m.* | rapport *m.*, rendement *m.*, revenu *m.*, produit *m.*
erwähnen | mentionner, faire mention *f.*
Erwähnung *f.* | mention *f.*
erteilen | accorder, conférer, donner.
erwärmen | chauffer, réchauffer.
Erwärmung *f.* | réchauffement *m.*, échauffement *m.*
erwarten | attendre, s'attendre à.
Erwartung *f.* | attente *f.*
erwerben | acquérir, obtenir.
Erwerber *m.*, -in *f.* | acquéreur *m.* und *f.*
Erwerbung *f.* | acquisition *f.*
Erz *n.* | minerai *m.*
erzeugen | créer, développer, engendrer, produire.
Erzeuger *m.* (Dampf-) | générateur *m.*; (Strom-) | génératrice *f.*; (Gas-) | gazogène *m.*
Erzeugung *f.* | production *f.*
Esse *f.* | cheminée *f.*
Essenz *f.* | essence *f.*
Essigsäure | acide *m.* acétique.
Eudiometer *n.* (Luftprüfer *m*) | eudiomètre *m.*
Exhaustor *m.* (Luftsauger *m.*) | ventilateur *m.* aspirant.
expandieren | se détendre.
Expansion *f.* | détente *f.*
Expansions- | expansif -ve, de (à) détente.
Expansionskraft *f.* | force *f.* expansive.
Expansionskurve *f.* | courbe *f.* de détente.
Expansionsmaschine *f.* | machine (à vapeur) à détente.
Expansionssteuerung *f.* | distribution *f.* à détente.
Experiment *n.* | expérience *f.*
explodieren | éclater, exploser, faire explosion.
Explosion *f.* | explosion *f.*
Explosions- | explosif -ve, d'(à)explosion.
Explosionsgefahr *f.* | danger *m.* d'explosion.
Exponent *m.* | exposant *m.*
extrahieren | extraire.
Exzenter- | excentrique.
exzentrisch | excentrique.
Exzentrizität *f.* | excentricité *f.*

F.

Fabrik *f.* | fabrique *f.*, usine *f.*
Fabrikant *m.* | fabricant *m.*
Fabrikat *n.* | produit *m.*
Fabrikation *f.* | fabrication *f.*
Fachmann *m.* | expert *m.*, homme du métier, spécialiste *m.*
Fackel *f.* | flambeau *m.*, torche *f.*
Faden *m.* | fibre *f.*, fil *m.*, filament *m.*
Fadenkreuz *n.* | réticule *m.*
Fähigkeit *f.* | capacité *f.*, faculté *f.*
fahrbar | roulant -e, transportable.
Fahrstuhl *m.* (Aufzug *m.*) | élévateur *m.*, monte charge *m.*; ascenseur *m.*
Fall *m.* (Gefälle *n.*) | chute *f.*, descente *f.*, pente *f.*; (Kasus *m.*) cas *m.*
Fallhöhe *f.* | hauteur *f.* de chute.
Fallklappe *f.* | annonciateur *m.*, volet *m.* d'appel.
Falltür *f.* | trappe *f.*
falsch | faux, fausse.
fälschen | fausser.
Falte *f.* | pli *m.*
falten | plier.
Farad *n.* | farad *m.*, Maßeinheit für elektrische Kapazität; gek. Far.
Faraday (Michel) | Faraday, geb. Nevington Butts 1794, gest. Hampton Court 1867; engl. Physiker und Chemiker, Erfinder der elektrischen Induktion.
Farbe *f.* | couleur *f.*, teinte *f.*
färben | colorer, teindre.
Färben *n.* | teinture *f.*
farbig | coloré -e, teint -e.
Faser *f.* | fibre *f.*
faserig | fibreux -se.
Fassung *f.* | armature *f.*, cadre *m.*, douille *f.*, monture *f.*
Faß *n.* | baril *m.*, barrique *f.*, fût *m.*, tonneau *m.*
Feder *f.* | languette *f.*, ressort *m.*, plume *f.*
Federbüchse | godet *m.* de ressort.
federnd | élastique.
Feeder *m.* (Speiseleitung *f.*) | artère *f.* (canalisation *f.*, câble *m.*, conducteur *m.*, ligne *f.*) d'alimentation (alimentaire); feeder *m.*
fehlen | manquer, faire défaut.
Fehler *m.* | défaut *m.*, faute *f.*
fehlerhaft | défectueux -se.
Feile *f.* | lime *f.*
feilen | limer.
Feilenhauer *m.* | tailleur *m.* de limes.
Feilspäne *m.* | limailles *f.*
fein | fin -e, -ment.
Feingehalt *m.* | aloi *m.*, titre *m.*
Feld *n.* | champ *m.*; elektrisches — | champ électrique; magnetisches — | champ magnétique.
Feldmagnet *m.* | inducteur *m.* de champ.
Feldregler *m.* | régulateur *m.* de champ, — d'excitation.
Feld-stärke *f.*, (-dichte) *f.* | intensité *f.* de champ.
Feldwiderstand *m.* | résistance *f.* de champ; rhéostat *m.* de champ.
Felge (Rad-) *f.* | jante *f.* de roue.
felgen | janter.
fern | loin, éloigné -e, lointain -e.
Fern- | télé-, de (à) distance; interurbain -e.
Fernamt *n.* | bureau *m.* téléphonique.
Fernanschluß *m.* | raccordement *m.* interurbain.
Fernschreiber *m.* | télégraphe *m.*
Fernschreibleitung *f.* | ligne *f.* télégraphique.

Fernsprecher *m.* | téléphone *m.*
Fernsprechleitung *f.* | ligne *f.* téléphonique.
fest | fixe, invariable, solide.
Festigkeit *f.* | résistance *f.*
Fett *n.* | graisse *f.*
Fetten *n.* (Schmieren *n.*) | graissage *m.*
feucht | humide.
Feuchtigkeit *f.* | humidité *f.*
Feuer *n.* | feu *m.*
feuerfest | réfractaire, à l'épreuve du feu.
Feuerherd *m.* | foyer *m.*
Feuerspritze *f.* | pompe *f.* à incendie.
Feuerung *f.* | foyer *m.*; mechanische — | foyer automatique, foyer mécanique; rauchlose — | foyer fumivore.
Figur *f.* | caractère *m.*, figure *f.*
Filter *n.* | filtre *m.*
filtrieren | filtrer.
Filz *m.* | feutre *m.*
filzen | feutrer.
finanziell | financier -ère.
Fingerling *m.* | doigtier *m.*
Firnis *m.* | vernis *m.*
Fixier- | fixateur -trice, de fixage.
fixieren | fixer.
Fixieren *n.* | fixage *m.*, fixation *f.*
flach | plain -e, plat -e.
Fläche *f.* | plaine *f.*, surface *f.*
Flächendruck *m.* | pression *f.* d'appui.
Flachs *m.* | lin *m.*
Flachzange *f.* | pince *f.* plate.
Flamme *f.* | flamme *f.*
Flammrohr *n.* | tuyau flambeur.
Flammrohrkessel *m.* | chaudière *f.* à tube foyer, — à foyer intérieur.
Flanell *m.* | flanelle *f.*
Flansch *m.* | bride *f.*, plateau *m.*
Flansch- | à (par) brides, à (par) plateaux.
Flanschen-(Scheiben-)kuppelung *f.* | accouplement *m.* à plateaux.
Flanschenverbindung *f.* | raccordement *m.* (jonction *f.*) à brides.
Flasche *f.* | bouteille *f.*, récipient *m.*; tube *m.*
Fläschchen *n.* | flacon *m.*
Flaschenzug *m.* | moufle *f.*, palan *m.*
Flechtwerk *n.* | treillis *m.*
fliegend | temporaire, volant -e; en bout d'arbre; en porte à faux.
Fliehkraft *f.* | force centrifuge *f.*
Fliese *f.* | carreau (glacé) *m.*; dalle *f.*
Fliesenpflaster *n.* | carrelage *m.*
fließen | couler, courir, passer, traverser.
Flintglas *n.* | flintglass *m.*
flüchtig | fuyant -e, passager -ère, temporaire.
Fluchtlinie *f.* | alignement *m.*
Flügel *m.* | aile *f.*, ailette *f.*, oreille *f.*
Flügel- | à ailettes, à oreilles.
Flügelanker *m.* | armature *f.* à ailettes.
Flügelklemme *f.* | borne *f.* à oreilles.
Fluidum *n.* | fluide *m.*
Fluktuation *f.* | fluctuation *f.*
Fluoreszenz *f.* | fluorescence *f.*
flüssig | fluide, liquide.
Flüssigkeit | liqueur *f.*, liquide *m.*, fluide *m.*; fluidité *f.*, liquidité *f.*
Flüssigkeitswage *f.* | pèse liqueur *m.*, pèse liquide *m.*
Flüssigkeitswiderstand *m.* | résistance liquide *f.*
Flußeisen *n.* | fer homogène *m.*
Flußstahl *m.* | acier homogène *m.*
Flut *f.* | flux *m.*
Förderkohle *f.* | tout venant *m.*

Fördermaschine *f.* | machine *f.* d'extraction.
Förderschacht *m.* | puits *m.* d'extraction.
Form *f.* | façon *f.*, forme *f.*, moule *f.*
Form- | profilé -e.
Formänderung *f.* | déformation *f.*
Formation *f.* | formation *f.*
Formeisen *n.* | fer profilé *m.*
Formel *f.* | formule *f.*
formen (gießen) | mouler.
Former *m.* (Gießer *m.*) | mouleur *m.*
Formerei *f.* (Gießerei *f.*) | moulage *m.*
Formier- | de formation.
Formierung *f.* | formation *f.*
fortbewegen | avancer, déplacer, mouvoir, propulser.
fortpflanzen | propager.
Fortpflanzung *f.* | propagation *f.*
fortziehen | entraîner, tirer.
Foucault (Léon) | Foucault, geb. Paris 1819, gest. Paris 1868; franz. Physiker und Elektriker.
Foucaultströme *m.* | courants *m.* de Foucault.
Fracht *f.* | (zu Land) port *m.*, (zur See) fret *m.*, nolis *m.*
Frachtbrief *m.* | lettre *f.* de voiture, récépissé *m*; conndissement *m.*
Frankatur *f.* | affranchissement *m.*
frankieren | affranchir.
Franzose *m.* (Schraubenschlüssel *m.*) | clef anglaise *f.*
fräsen | fraiser.
Fräser *m.* | fraise *f.*
Fräsmaschine *f.* | fraiseuse *f.*, machine *f.* à fraiser.
freihängend | suspendu -e; à suspension.
Freilaufrad *n.* | roue *f.* libre.
Freileitung *f.* | canalisation *f.* (ligne *f.*) aérienne.
Frequenz *f.* | fréquence *f.*; geringe — | basse fréquence; hohe — | haute fréquence.
Friktion *f.* | friction *f.*, frottement *m.*
Friktions- | de friction.
Friktionsrad *n.* | roue *f.* de friction.
Frischdampf *m.* | vapeur *f.* vive, — d'admission.
frischen | affiner.
Frist *f.* | délai *m.*
Fritter *m.* | cohéreur.
Fritter- | de cohéreur.
Fritterklemme *f.* | borne *f.* de cohéreur.
Frittung *f.* | cohérence *f.*, cohésion *f.*
Froschklemme *f.* | pince *f.* à grenouilles, tendeur grenouille *m.*
Fuchsschwanz *m.* | scie *f.* à main, — à manche.
führen | diriger, guider, mener.
Führungs- | de guidage, — guide.
Führungsrolle *f.* | poulie *f.* de guidage, — guide.
Füll- | de remplissage.
füllen | remplir.
Füllmaterial *n.* | remplage *m.*
Füllung (Tür-) *f.* | panneau *m.*; (Zutritt *m.*) admission *f.*
Fundament *n* | fondation *f.*
Fundament- | de fondation.
Fundament-anker *m.* (-bolzen *m.*, -schraube *f.*) | boulon *m.* de fondation.
Funke *m.* | étincelle *f.*, flammèche *f.*
Funkenanzeiger *m.* | résonateur *m.*, révélateur *m.* d'ondes, détecteur d'ondes.
Funkentelegraph *m.* | installation *f.* (poste *m.*) radiotélégraphique.
Funkentelegraphie *f.* | radiotélégraphie *f.*, télégraphie *f.* sans fil.

Funkspruch *m.* | radiotélégramme *m.*, dépêche *f.* radiotélégraphique.
Funktion *f.* | fonction *f.*
funktionieren | fonctionner.
furnieren (belegen) | plaquer.
Furnieren *n.* (Furnitur *f.*) | placage *m.*
Furnierholz *n.* | bois *m.* de placage.
Fuß *m.* | pied *m.*
Fuß- | à pédale.
Fußboden *m.* | plancher *m.*
Fußsteig *m.* | accotement *m.*, sentier *m.*
Futter *n.*, (Ausfüttern *n.*) | doublage *m.*, doublure *f.*, fourrure *f.*, manchon *m.*, revêtement *m.*
Futteral *n.* | gaine *f.*

G.

Gabel *f.* | fourche *f.*, fourchette *f.*
gabelförmig | bifurqué -e; à bifurcation.
gabeln | bifurquer.
Gabelung *f.* | bifurcation *f.*
Galvani, geb. Bologna 1737, gest. 1798; ital. Arzt und Physiker, Entdecker des Galvanismus.
galvanisch | galvanique.
galvanisieren | galvaniser, zinguer.
Galvanisierung *f.* | galvanisation *f.*, zincage *m.*
Galvanismus *m.* | galvanisme *m.*
Galvanokaustik *f.* | galvanocaustique *f.*
Galvanometer *n.* | galvanomètre *m.*
galvanometrisch | galvanométrique.
Galvanoplastik *f.* | galvanoplastie *f.*
galvanoplastisch | galvanoplastique.
Galvanoskop *n.* | galvanoscope *m.*
Gang *m.* | marche *f.*, fonctionnement *m.*, pas *m.*; geräuschloser —| marche silencieuse; geräuschvoller — | marche bruyante.
ganz | entier -ère, d'une pièce.
Garn | *n.* fil *m.*
Garnitur *f.* | garniture *f.*
Gas *n.* | gaz *m.*
Gasanstalt *f.* | usine *f.* à gaz.
Gaserzeuger *m.* | gazogène *m.*
gasförmig | gazeux -se.
Gaskohle *f.* | charbon *m.* de cornue.
Gasometer *m.* | gazomètre *m.*
Gasturbine *f.* | turbine *f.* à gaz.
Gaze *f.* | gaze *f.*
Gebäude *n.* | bâtiment *m.*
Gebiet *n.* | territoire *m.*, ressort *m.*, région *f.*
Gebläse *n.* | soufflerie *f.*, ventilateur *m.*
gebremst | au frein *m*; —e Pferdestärke *f.* | cheval *m.* (mesuré) au frein; gek. chev. f.
Gebühr *f.* | taxe *f.*, prix *m.*
gebunden | dissimulé -e, latent -e.
gedämpft | amorti -e; apériodique.
gefährlich | dangereux -se, -ment.
Gefälle *n.* | chute *f.*, pente *f.*, inclinaison *f.*
Gefäß *n.* | vase *m.*
Gefrier- | de congélation, de réfrigération, réfrigérant -e.
Gefrierpunkt *m.* | point *m.* de congélation.
Gegen- | adverse, anti-, contraire, contre, différentiel -le, renversé -e, rétrograde, opposé -e, en opposition.
Gegendampf *m.* | contre vapeur *f.*, vapeur renversée.
Gegendruck *m.* | contre pression.
Gegengewicht *n.* | contrepoids *m.*
Gegengift *n.* | antidote *m.*
Gegenkraft *f.* | force *f.* contraire, — antagoniste.

Gegenpartei *f.* | parti *m.* opposé, partie *f.* adverse.
Gegenschaltung *f.* | couplage *m.* différentiel, — en opposition.
gegenseitig | mutuel -le, -ment; réciproque, -ment.
Gegenstrom | contre courant.
Gegenwirkung *f.* | réaction *f.*, réactance *f.*
Gegner *m.*, -in *f.* | adversaire *m.*
Gehäuse *n.* | bâti *m.*, boîte *f.*, boîtier *m.*, cage *f.*, caisse *f.*, enveloppe *f.*
gehen | marcher, fonctionner.
Geländer *n.* | balustrade *f.*, rampe *f.*, garde fou *m.*
gelb | jaune.
Gelbguß *m.* | cuivre *m.* jaune, laiton *m.*, bronze *m.*
Geldstrafe *f.* | amende *f.*
Gelenk *n.* | articulation *f.*
Gelenk- | articulaire, articulé -e, à (d')articulation, à genou.
Gelenkkuppelung *f.* | accouplement *m.* à articulation.
Gelenkmuffe *f.* | boîte *f.* à articulation, — à genou, — articulée.
Gelenkstange *f.* | bielle *f.*
Gemeinde *f.* | commune *f.*, municipalité *f.*
Gemeinde- | communal -e, municipal -e.
Gemeindevorstand *m.* | maire *m.*
gemeinsam | commun -e; en commun.
gemischt | combiné -e, compound, mixte.
genehmigen | agréer, approuver, autoriser, consentir.
Genehmigung *f.* | autorisation *f.*, approbation *f.*, consentement *m.*
Generator *m.* (Dampf-) | générateur *m.*; (Gas-) gazogène *m.*; (Strom-) génératrice *f.*
Generator-gas (Kraft-, Saug-) *n.* | gaz *m.* pauvre, — aspiré, — de gazogène.
Geometrie *f.* | géométrie *f.*
geometrisch | géométrique.
gerade | droit -e, rectiligne.
geraderichten | dresser, redresser.
Gerät *n.* | outil *m.*, outillage *m.*
geringst | (au) minimum, pour le moins.
Geruch *m.* | odeur *f.*
Geruchsinn *m.* | odorat *m.*
Gerüst *n.* | charpente *f.*, échafaud *m.*, échafaudage *m.*
Gesamt- | total -e, universel -le.
gesättigt | saturé -e.
Geschicklichkeit *f.* | habileté *f*; adresse *f.*
geschickt | habile, adroit -e.
geschlossen | fermé -e.
geschmeidig | flexible, souple.
geschränkt | croisé -e.
geschützt | armé -e, protégé -e.
Geschwindigkeit *f.* | rapidité *f.*, vitesse *f.*; anfängliche — | vitesse initiale; höchste — | vitesse maximum; normale — | vitesse normale, — de régime; schließliche — | vitesse finale.
Geschwindigkeits- | de vitesse.
Geschwindigkeitsanzeiger *m.* | indicateur *m.* de vitesse, tachomètre *m.*
Gesellschaft *f.* | compagnie *f.*, société *f.*
Gesellschafter *m.* | associé *m.*, sociétaire *m.*
Gesellschafts- | social -e.
Gesellschaftsfirma | raison *f.* sociale.

Gesenk *n.* | étampe *f.*
Gesetz *n.* | loi *f.*
gesetzlich | légal -e; -ment, loyal -e; -ment.
Gesicht *n.* (Sehvermögen *n.*) | vue *f.*
Gesichts- | de vue.
Gesichtspunkt *m.* | point *m.* de vue.
Gesperre *n.* | encliquetage *m.*
Gestell *n.* | bâti *m.*, carcasse *f.*, châssis *m.*, chevalet *m.*, échafaud *m.*, étagère *f.*
Getriebe *n.* | engrenage *m.*
Gewebe *n.* | tissu *m.*, toile *f.*, gaze *f.*
Gewicht | *n.* poids *m.*
Gewinde *n.* | filet *m.*, pas *m.*
Gewindebohrer *m.* | taraud *m.*
Gewindelehre *f.* | calibre *m.* à vis.
Gewindeschneiden | tarauder.
Gewinn *m.* | bénéfice *m.*, gain *m.*, profit *m.*
Gewitter *n.* | orage *m.*, tempête *f.*
Gewölbe *n.* | voûte *f.*
gezähnt | denté -e.
Gicht (Hochofen-) | gueulard *m.*, haut *m.* de fourneau.
gießen | couler, fondre.
Gießen *n.* | coulée *f.*
Gießer *m.* | fondeur *m.*
Gießerei *f.* | fonderie *f.*
Gipfel *m.* | sommet *m.*
Gips *m.* | gypse *m.*, sulfate *m.* de chaux, plâtre *m.*
Gitterwerk *n.* | treillis *m.*, grille *f.*
Gittermast *m.* | pylone *m.*
Glanz *m.* | brillant *m.*, éclat *m.*, lustre *m.*
glänzen | briller, luire.
Glas *n.* | verre *m.*, verrerie *f.*
Glas- | de verre.
Glasbirne *f.* | ampoule *f.* de verre.
Glaser *m.* | vitrier *m.*
glatt | lisse, uni -e, poli -e.
glätten | adoucir, lisser, polir.
gleich | égal -e, continu -e, uniforme.
gleichartig (ähnlich) | analogue.
Gleichartigkeit *f.* | analogie *f.*
gleichen (ebenen) | égaler, aplanir.
gleichförmig | uniforme.
Gleichförmigkeit *f.* | uniformité *f.*
Gleichgewicht *n.* | équilibre *m.*
Gleichgewichtsmoment *n.* | moment *m.* statique.
Gleichheit *f.* | concordance *f.*, coïncidence *f.*
gleichmachen | égaliser.
gleichrichten | dresser, redresser.
Gleichrichter *m.* | redresseur *m.*
Gleichstrom *m.* | courant *m.* continu, — redressé.
Gleichstrom- | à courant continu.
Gleichstrom-dynamo *f.* (-generator *m.*) | dynamo *f.* (génératrice *f.*) à courant continu.
Gleichung *f.* | équation *f.*
Gleit- | glissant -e; de glissement.
gleiten | glisser.
Gleiten *n.* | glissement *m.*
Gleitkontakt | contact *m.* glissant, — de glissement.
Gleit-(Spann-)schiene *f.* | glissière *f.* du tendeur.
Gleitschuh *m.* | patin *m.*
Glimmer *m.* | mica *m.*
Glimmerkondensator *m.* | condensateur *m.* à mica.
Globus *m.* | globe *m.*
Glocke *f.* | cloche *f.*, globe *m.*
Glocken- | à (de, en) cloche; campanulé -e.
Glockenanker *m.* | induit *m.* en cloche, — campanulé.
Glockenschale *f.* | timbre *m.*

glühend, rot- | chauffé -e au rouge; weiß- | chauffé à blanc; chauffé à incandescence.
Glühfaden *m.* | filament *m.*
Glühlampe *f.* | lampe | *f.* à incandescence.
Glühlicht *n.* | éclairage *m.* (lumière *f.*) à incandescence.
Gold *n.* | or *m.*
Graben *m.* | tranchée *f.*, fosse *f.*
Grad *m.* | degré *m.*
graduieren | graduer.
Graduierung *f.* | graduation *f.*
Gramme (Zénobie) | Gramme, geb. Jehay Bodignée 1826, gest. Bois Colomb 1901; Belgier, Erfinder der Dynamomaschine.
graphisch | graphique.
Graphit *m.* | graphite *m.*, plombagine *f.*
Grauguß *m.* | fonte *f.* grise.
Gravitation *f.* | gravité *f.*
Grenze *f.* | borne *f.*, frontière *f.*, limite *f.*
Grenz- (angrenzend) | adjacent -e.
Griff *m.* | manche *f.*, poignée *f.*
grob | fort -e, -ment; gros -se, -ment; grossier -ère, ment.
Grobschmied *m.* | forgeron *m.*
groß | grand -e.
Größe *f.* | grandeur *f.*
Grund *m.* | fond *m.*, base *f.*, sol *m.*
Grund- | fondamental -e, primitif -ve, principal -e, souterrain -e; de fondation, de base.
gründen | baser, fonder, ériger, établir.
Grundgebühr *f.* | taxe *f.* fixe.
Grundfläche *f.* | base *f.*, aire *f.*
Grundlage *f.* | base *f.*, fondement *m.*, principe *m.*, élément *m.*
Grundmauer *f.* | massif *m.*, soubassement *m.*, embasement *m.*
Grünspan *m.* | vert *m.* de gris.
Gruppe *f.* | groupe *m.*
Gruppen- | par (à, de, en) groupe (série).
gruppieren | grouper.
Gruppierung *f.* | groupement *m.*
Gummi *m.* | caoutchouc *m.*, gomme *f.*
Gummi- | de (en) caoutchouc.
Gürtel *m.* | ceinture *f.*
Guß *m.* | coulage *m.*, coulée *f.*, fonte *f.*
Gußblase *f.* | soufflure *f.*
Gußeisen *n.* | fonte *f.*
Guthaben *n.* | actif *m.*, avoir *m.*, crédit *m.*
Guttapercha *f.* | guttapercha *m.*
Gyrometer *n.* | gyromètre *m.*
Gyroskop *n.* | gyroscope *m.*

H.

haften (kleben) | adhérer, tenir à, retenir, être appliqué -e, être fixé -e; — (bürgen) | répondre de, être responsable de, être tenu de, garantir, être (se porter, se rendre) garant de.
Haften *n.* (Adhäsion *f.*) | adhérence *f.*, adhésion *f.*
haftend | adhérent -e, responsable.
Haftung *f.* (Gewähr *f.*) | responsabilité *f.*, garantie *f.*
Hagel *m.* | grêle *f.*
Hahn (Faß-) | robinet *m.*; (Schalt-) | clef *f.*, interrupteur *m.*
Haken *m.* | crampon *m.*, croc *m.*, crochet *m.*
halb | demi, mi, semi.
Halbleiter *m.* | semi conducteur *m.*
Halbkreis *m.* | demi cercle *m.*

halbwegs | à mi chemin.
Halbmesser *m.* | rayon *m.*
Hals- | col *m.*, collet *m.*
haltbar | durable.
Haltbarkeit *f.* | durabilité *f.*
halten | porter, supporter, tenir, retenir.
Halter *m.* | support *m.*, porte-.
Hammer *m.* (Eisen-) | marteau *m.*, (Holz-) | maillet *m.*, (Kupfer-) | massette *f.*
hämmerbar | malléable.
hämmern | marteler, battre, malléer.
Hand- | manuel -le, à (la) main, à bras.
Handelsgesellschaft (offene *f.*) | société *f.* en nom collectif.
Handgriff *m.* (Bewegung) | manipulation *f.*, manœuvre *f.*; (Halter) manche *m.*, manette *f.*, poignée *f.*
handhaben | manipuler, manœuvrer.
Handhabung *f.* | manipulation *f.*
Handregelung *f.* | réglage *m.* (régulation *f.*) à la main, — manuel.
Handschuh *m.* | gant *m.*
Hanf *m.* | chanvre *m.*
Hanf- | de chanvre.
Hanfpackung *f.* | garniture *f.* de chanvre.
Hänge- | suspendu -e, à (de) suspension.
Hängematte *f.* | hamac *m.*
Hängeschloß *n.* | cadenas *m.*
Harmonik *f.* | harmonique *m.*
hart | dur -e, durci -e, écroui -e, fort -e, trempé -e.
Hartblei *n.* | plomb *m.* durci, — aigre.
Härte *f.* | dureté *f.*
härten | tremper, écrouir.
hartgezogen | écroui -e, étiré -e à froid.
Hartglas *n.* | verre *m.* trempé.
Hartkupferdraht *m.* | fil *m.* de cuivre écroui.
Hartlot *n.* | brasure *f.*
hart löten | braser.
Härtung *f.* | trempe *f.*
Harz *n.* | résine *f.*
harzig | résineux -se.
Haspel *f.* | treuil *m.*, dévidoir *m.*
Haube *f.* | chapeau *m.*, chaperon *m.*
Haufe *m.* | amas *m.*, monceau *m.*, tas *m.*
Haupt- | principal -e.
Hauptleitung | canalisation *f.* (artère *f.*, circuit *m.*, conducteur *m.*, ligne *f.*) principal(e).
Hauptschluß- | en série.
Hauptschlußwickelung *f.* | enroulement *m.* (bobinage *m.*) en série.
Hauptstromwiderstand *m.* | résistance *f.* du circuit principal; rhéostat *m.* du circuit principal.
Haus- | domestique, intérieur -e, particulier -ère, privé -e.
Hausleitung *f.* | canalisation *f.* intérieure, — particulière, — privée.
Häutchen *n.* | membrane *f.*, pellicule *f.*
Hebe-daumen *m.* (-arm *m.*) | came *f.*
Hebel *m.* | levier *m.*
Hebel- | à levier.
Hebelumschalter | commutateur *m.* à levier.
heben | lever, relever.
Heber *m.* | siphon *m.*
hecheln | peigner.
Hecheln *n.* | peignage *m.*
Heft *n.* (Griff) | manche *m.*, poignée *f.*; Heft *n.* (Buch) | cahier *m.*, carnet *m.*

heiß | chaud -e, brûlant -e, bouillant -e.
Heiß- | chaud -e, surchauffé -e.
Heißluftmaschine *f.* | machine *f.* à air chaud.
Heiz- | de chauffe, de chauffage, calorifique, thermique.
Heiz-apparat *m.* (-körper *m.*) | appareil *m.* de chauffage; calorifère *m.*, radiateur *m.*
Heizeffekt *m.* | effet *m.* calorifique, effet thermique.
Heizfläche *f.* | surface *f.* de chauffe.
heizen | chauffer.
Heizer *m.* | chauffeur *m.*
Heizung *f.* | chauffage *m.*
hell | clair -e, limpide.
Helligkeit *f.* | clarté *f.*, jour *m.*, limpidité *f.*
hemmen | arrêter, enclencher, enrayer, freiner.
Hemmung *f.* | enrayage *m.*, enrayement *m.*, freinage *m.*
herab-(abwärts-)transformieren | diminuer la tension, réduire le voltage, dévolter.
herausnehmen | retirer, enlever.
Herd *m.* | foyer *m.*, four *m.*
hermetisch | hermétique -ment.
herstellen | confectionner, construire, fabriquer, installer, préparer.
Herstellung *f.* | confection *f.*, construction *f.*, fabrication *f.*, installation *f.*, préparation *f.*
hervorspringen | jaillir, saillir.
Hieb *m.* | coup *m.*
Hilfs- | auxiliaire; de secours.
Hilfswiderstand *m.* | résistance *f.* auxiliaire, rhéostat *m.* auxiliaire.
hinauf-(aufwärts-)transformieren | augmenter le voltage, élever la tension, survolter.
Hin und Her- | va et vient; alternatif -ve.
Hin- und Zurück- | aller et retour; d'arrivée et de retour.
hinken | boiter.
hinkend | boiteux -se.
hinreichend | suffisant -e; suffisamment.
hinten | derrière, en arrière de, par derrière.
Hinter- | d'arrière, de derrière, postérieur -e.
hintereinanderschalten | monter en série, monter en tension.
Hintereinanderschaltung *f.* | couplage *m.* en série.
Hitze *f.* | chaleur *f.*, chaude *f.*
hitzebeständig | réfractaire.
Hobel *m.* | rabot *m.*
hobeln | raboter.
Hobelmaschine *f.* | raboteuse *f.*
Hoch- | haut -e.
Hochdruck *m.* | haute pression *f.*
Hochdruck- | à haute pression *f.*
Hochglanzpolitur *f.* | brunissage *m.*
hochkantwickeln | enrouler (bobiner) sur (de) champ.
Hochspannungs- | à haute tension *f.*, à haut voltage.
Höchst- | maximum de, — maximum.
Höhe *f.* | hauteur *f.*
hohl | creux -se, concave.
Hohlkehle *f.* | gorge *f.*, cannelure *f.*
Hohlmeißel *m.* | gouge *f.*
Höllenstein *m.* | nitrate *m.* d'argent.
Hollunder *m.* | sureau *m.*
Hollundermark *n.* | moëlle de sureau.
Holz- (hölzern) | de (en) bois.
Holzkitt *m.* | futée *f.*

Holzkohle *f.* | charbon *m.* de bois, charbon végétal.
Holzmast *m.* | poteau *m.* de bois.
homogen (gleichartig) | homogène.
Hörer *m.* (Höhrrohr *n.*) | récepteur *m.*, cornet *m.* téléphonique.
horizontal | horizontal -e; -ment.
Horn *n.* (Tier-) | corne *f.*
hornartig | corné -e.
Hörner *f.* | cornes *f.*, antennes *f.*
Hörnersicherung *f.* (Blitzschutz *m.*) | parafoudre *m.* à cornes.
Hub *m.* | coup *m.*, course *f.*
Hülle *f.* | enveloppe *f.*, gaine *f.*, chemise *f.*
Hülse *f.* | douille *f.*, manchon *m.*
Hut *m.* | chapeau *m.*
Hütte *f.* | fonderie *f.*, usine *f.*
Hydraulik *f.* | hydraulique *f.*
hydraulisch | hydraulique.
Hydrogen *n.* | hydrogène *m.*
Hydrometer *n.* | hydromètre *m.*
Hydrostatik *f.* | hydrostatique *f.*
Hygrometer *n.* | hygromètre *m.*
Hygroskop *n.* | hygroscope *m.*
hygroskopisch | hygroscopique.
Hysteresis *f.* | hystérésis *f.*

I.

ideell | idéal -e, théorique; -ment.
Igel- | hérisson *m.*
Illuminations- | d'illumination.
Impedanz *f.* | impédance *f.*
Impedanzanlasser *m.* | démarreur *m.* à impédance.
Imprägnier- | d'imprégnation.
imprägnieren | imprégner, injecter.
Imprägnierung *f.* (Durchtränkung *f.*) | imprégnation *f.*, injection *f.*
Impuls *m.* (Anstoß *m.*) | impulsion *f.*
Inanspruchnahme *f.* | charge *f.*, effort *m.*, fatigue *f.*, travail *m.*
Inbetriebnahme *f.* | mise *f.* en activité, — en marche, — en service, — en train.
Indifferenzpunkt *m.* | point *m.* neutre.
Indikator *m.* (Anzeiger *m.*) | indicateur *m.*
Indikator- | de l'indicateur.
Indikatorstift *m.* | crayon *m.* de l'indicateur.
indirekt | indirect -e, -ment.
indizieren (anzeigen) | indiquer, relever.
Induktanz *f.* | inductance *f.*
Induktanz- | d'inductance.
Induktion *f.* | induction *f.*; gegenseitige — | induction mutuelle; wechselseitige — | induction réciproque.
Induktions- | de champ, d'excitation, d'(à)induction, inducteur -trice.
induktionsfrei | non inductif -ve, sans induction.
Induktionsrad *n.* | roue *f.* inductrice.
Induktionsregelung *f.* | réglage *m.* du champ, régulation *f.* de l'excitation, réglage *m.* de l'induction.
Induktor *m.* | inducteur *m.*, bobine *f.* d'induction.
induzieren | induire.
induzierend | inducteur -trice, primaire.
induziert | induit -e.
Induzierung *f.* | induction *f.*
Ineinandergreifen *n.* | engrenage *m.*
Influenz *f.* | influence *f.*
Influenz- | à (par) influence.
Ingenieur *m.* | ingénieur *m.*
Ingenieur- | du génie.

Ingenieurwissenschaft *f.* | génie *m.*
Injektion *f.* | injection *f.*
Injektor *m.* | injecteur *m.*
injizieren | imprégner, injecter.
Inklination *f.* | inclinaison *f.*
Inklinations- | d'inclinaison.
inklinieren | incliner.
Innen- | intérieur -e, particulier -ère, privé -e, domestique.
Inneneinrichtung *f.* | installation *f.* intérieure, — particulière, — privée.
Innenfeuerung *f.* | foyer *m.* intérieur.
innig | intime.
Innigkeit *f.* | intimité *f.*
Inspektions- | d'inspection, de surveillance, de visite.
Installateur *m.* | installateur *m.*
Installation *f.* | installation *f.*
Installations- | d'installation.
Installationsmaterial *n.* | matériel *m.* d'installation.
installieren | installer.
Instandhaltung *f.* | entretien *m.*
Instrument *n.* | instrument *m.*
integral | intégral -e, -ment.
Integral- | de l'intégrale.
Intensität *f.* | intensité *f.*
intensiv | intense, intensif -ve.
Interferenz *f.* | interférence *f.*
intermittierend | intermittent -e.
interpolieren | interpoler.
intervenieren | intervenir.
Inventar *n.* | inventaire *m.*
Ion *n.* | ion *m.*; negatives — | anion *m.*, positives — | kation *m.*
Irrtum *m.* | erreur *f.*
Iso- (gleich) | égal -e, iso-.
Isobare *f.* (Luftdruckgleiche *f.*) | isobare *f.*
isochron (gleichzeitig) | isochrone.
Isolation *f.* | isolant *m.*
Isolationsstoff *m.* | matière isolante *f.*
Isolator *m.* | isolateur *m.*, isoloir *m.*
Isolier- | d'isolement, isolant -e.
isolieren (abschließen) | isoler.
isolierend | isolant -e.
Isoliermasse *f.* | enduit *m.* calorifuge.
Isolierschicht *f.* | couche *f.* d'isolement.
Isolierschemel *m.* | tabouret *m.* isolant.
Isolierung *f.* | isolement *m.*
Isotherme *f.* (Wärmegleiche *f.*) | isotherme *f.*

J.

Jahres- | annuel -le; -ment.
Jahresrate *f.* | annuité *f.*
jährlich | annuel -le, -ment.
Joch *n.* | joug *m.*, culasse *f.*
Jochbreite *f.* | largeur *f.* de culasse.
Jod *n.* | iode *m.*
Jodkalium *n.* | iodure *f.* de potassium.
Jodoform *n.* | iodoforme *m.*
Jodoform- | iodoformé -e, à l'iodoforme.
Joule (James Prescot) | Joule, geb. Salford 1818, gest. Sale 1889; engl. Physiker, Mitbegründer der mechanischen Wärmetheorie.
Joule *n.* | joule *m.*, volt coulomb *m.*, Maßeinheit für die elektrische Arbeit: 1 Volt × 1 Ampere × 1 Sekunde = Voltcoulomb.
Joulezähler *m.* | joulemètre *m.*
Justier- | de réglage, régulateur -trice.
justieren (richtig machen) | ajuster, régler.

Justierung *f.* | ajustage *m.*, réglage *m.*
Jute *f.* (ostind. Hanf *m.*) | jute *m.*
Jute- | de jute.
Jutespinnerei *f.* | filature *f.* de jute.

K.

Kabel *n.* | câble *m.*; bewehrtes — | câble armé; oberirdisches — | câble aérien; unterirdisches — | câble terrestre, — souterrain; unterseeisches — | câble maritime. — sousmarin.
Kabelbruch *m.* | rupture *f.* de câble.
Kabelbrunnen *m.* | puits *m.* de câbles.
Kabeldepesche *f.* | câblo(e)gramme *m.*
Kabelende *n.* | bout *m.* de câble, extrémité *f.* de câble.
Kabelführung *f.* | conduite *f.* de câble.
Kabelgraben *m.* | tranchée *f.* de câble.
Kabelhaus *n.* | guérite à câbles.
Kabelkopf *m.* | tête *f.* de câble.
Kabellegung *f.* | pose *f.* de câble.
Kabellehre *f.* | jauge *f.* pour câbles.
Kabelleitung *f.* | ligne *f.* de câble, canalisation *f.* de câble.
Kabelkupplung *f.* | accouplement *m.* de câbles.
Kabelrinne *f.* | caniveau *m.*, conduite *f.*
Kabellitze *f.* | toron *m.* de câble.
Kabelschelle *f.* | collier *m.* pour câble.
Kabelschuh *m.* | cosse *f.* de câble, soulier *m.* de câble.
Kabelseele *f.* | âme *f.* de câble.
Kabeltrommel *f.* | tambour *m.* à câble.
Kabelwagen *m.* | chariot *m.* pour câble.
Kabelwickelung *f.* | enroulement *m.* de câble, bobinage *m.* de câble.
Kadmium *n.* | cadmium *m.*
Käfig *m.* | cage *f.*
Käfig- | à cage.
Kalander *m.* | calandre *f.*, laminoir *m.*
Kali *n.* | potasse *f.*
Kaliber *n.* | calibre *m.*
Kaliberbohrer *m.* | alésoir *m.*
Kalk *m.* | chaux *f.*
Kalkbrei *m.* | pâte *f.* de chaux.
Kalkmilch *f.* | lait *m.* de chaux.
Kalkulation *f.* (Berechnung *f.*) | calcul *f.*
kalkulieren | calculer.
Kalorie *f.* (Wärmeeinheit *f.*) | calorie *f.*
Kalorimeter *n.* | calorimètre *m.*
kalorisch | calorique, thermique, calorifique.
kalt | froid -e; in kaltem Zustand | à froid.
Kälte *f.* | froid *m.*
Kälteerzeugung *f.* | frigorification *f.*, réfrigération *f.*, refroidissement *m.*
kalt härten | écrouir.
Kamin *n.* | cheminée *f.*
Kamm *m.* (Hechel) | peigne *m.*, (Grat) crête *f.*
kammartig | à (en) peigne(s).
Kammer *f.* | chambre *f.*, cabine *f.*
Kanal *m.* | canal *m.*, caniveau *m.*
Kandelaber *m.* | candélabre *m.*
Kanevas *m.* | canevas *m.*
Kanne *f.* | burette *f.*, canette *f.*
Kante *f.* | bord *m.*, bordure *f.*, carne *f.*
Kaolin *n.* | kaolin *m.*
Kapazität *f.* | capacité *f.*

Kapillar- | capillaire.
Kapillarität *f.* | capillarité *f.*, attraction *f.* capillaire.
Kapital *n.* | capital *m.*, fonds *m. pl.*
Kapitaleinlage *f.* | mise *f.* de fonds.
Kapitäl *m.* | chapiteau *m.*
Kappe *f.* | chape *f.*, chapeau *m.*, cape *f.*, capuchon *m.*
Kapsel *f.* | capsule *f.*, étui *m.*
Kapsel- | à capsule.
Karbid *n.* | carbure *f.* de calcium.
Karbol- | carbolique, phénique.
Karbolineum *n.* | carbolinéum *m.*
Karbolsäure *f.* | acide *m.* phénique.
Karren *m.* | charrette *f.*, voiture *f.*
Kaskaden- | en cascade.
Kasse *f.* | caisse *f.*
Kassette *f.* | cassette *f.*, châssis *m.*
Kasten *m.* | caisse *f.*, caisson *m.*, boîte *f.*, enveloppe *f.*
Kathode *f.* | cathode *f.*
Kauf *m.* | marché *m.*, vente *f.*
Kautschuk *m.* | caoutchouc *m.*
Kegel *m.* | cône *m.*, dôme *m.*
kegelförmig | conique, de cône.
Kehl- | à cannelure, à moulure.
Kehle *f.* | gorge *f.*, cannelure *f.*
kehlen | canneler.
Kehlung *f.* | moulure *f.*, cannelure *f.*
Keil *m.* | coin *m.*, cale *f.*, clavette *f.*
keilförmig | cunéiforme.
keilen | coincer, claveter, caler.
Kelle *f.* | cuiller *f.*, poche *f.*, puisoir *m.*
Keller *m.* | cave *f.*
Kerbe *f.* | coche *f.*, encoche *f.*, entaille *f.*, cran *m.*
Kern- *m.* | de noyau.
Kern *m.* | noyau *m.*; abnehmbarer — | noyau amovible, — démontable, — enlevable; hohler — | noyau creux; voller — | noyau plein, — massif.
kernig | ferme, nerveux, robuste, solide.
Kernleder *n.* | cuir *m.* de choix, cuir de bonne qualité.
Kerze *f.* | bougie *f.*
Kerzenstärke *f.* | intensité *f.* de bougie.
Kerzenstunde *f.* | bougie heure *f.*
Kessel *m.* (Koch-) | chaudron *m.*, (Dampf-) chaudière *f.*; liegender — | chaudière horizontale, stehender — | chaudière verticale.
Kessel- | de chaudière.
Kesselanlage *f.* | installation *f.* de chaudière.
Kessel-armatur *f.* (-ausrüstung *f.*) | garniture *f.* de chaudière.
Kesselblech *n.* | tôle *f.* forte.
Kesselexplosion *f.* | explosion *f.* de chaudière.
Kesselheizer *m.* | chauffeur *m.*
Kesselheizung *f.* | chauffage *m.*, alimentation *f.*
Kesselprüfung *f.* | épreuve *f.* de chaudière.
Kesselraum *m.* | chambre *f.* de chaudière.
Kesselschlamm *m.* | sédiment *m.* de chaudière.
Kesselschmied *m.* | chaudronnier *m.*
Kesselstein *m.* | incrustations *f.* de chaudière, tartre *m.*
Kesselwagen *m.* | wagon citerne *m.*, wagon réservoir *m.*
Kette *f.* | chaîne *f.*, chaînette *f.*
Kiefer *f.* | pin *m.*
Kienruß *m.* | noir *m.* de fumée.
Kiesel-erde *f.*, -gur *n.* | kieselguhr *m.*, diatomide *f.*, farine fossile *f.*
Kilo *n.* (tausend) | kilo *m.*
Kilodyn *m.* | kilodyne *f.*

Kilogrammeter *n.* | kilogrammètre *m.*
Kilowatt *n.* | kilowatt *m.* (= 1,36 cheval vapeur).
Kilowattstunde *f.* | kilowattheure *m.*
Kipp- | à bascule, basculant -e.
Kiosk *m.* | kiosque *m.*
Kissen *n.* | coussin *m.*, frottoir *m.*
Kiste *f.* | caisse *f.*
Kitt *m.* | lut *m.*, mastic *m.*, ciment *m.*
kitten | cimenter, luter, mastiquer.
Klammer *f.* | clameau *m.*, crampon *m.*, agrafe *f.*
Klampe *f.* | taquet *m.*
Klang *m.* | son *m.*, timbre *m.*
Klappe *f.* | clapet *m.*, volet *m.*, lapin *m.*
Klappen- | à clapet, à volets.
Klappenschrank *m.* | tableau *m.* à volets.
Klappenventil | soupape *f.* à clapet.
klappern | cogner, claquer, cliqueter.
Klappern *n.* | cliquetis *m.*
klar | clair -e, -ment.
Klarkohle *f.* | poussier *m.*
Klaue *f.* | griffe *f.*, patte *f.*
Klauen- | à griffes.
Klauenkupplung *f.* | accouplement *m.* à griffes.
kleben | coller, empâter.
klebrig | adhésif -ve, collant -e.
Kleister *m.* | colle *f.* d'amidon, — de farine.
klein | petit -e, faible.
Klemm- | de calage, de pression, de serrage.
Klemmbügel *m.* | étrier *m.* de pression, — de serrage.
Klemme *f.* | borne *f.*, agrafe *f.*, taquet *m.*, serre fil *m.*
Klemmring *m.* | bague *f.* de calage.
Klemmrolle *f.* | taquet *m.* de serrage.
Klemmschraube *f.* | vis *f.* de serrage, — d'arrêt.
Klempner *m.* | ferblantier *m.*
Kletter-(Steig-)eisen *n.* | grappin *m.*
Klinge *f.* | lame *f.*
Klingel *f.* | sonnette *f.*, sonnerie *f.*
klingeln | sonner.
klingen | tinter, résonner, retentir.
Klingen *n.* | tintement *m.*
Klinke *f.* (Ausrückung *f.*) | déclanche *f.*, enclenche *f.*; loquet *m.*; (Einschalter *m.*) conjoncteur *m.*; (Umschalter *m.*) jack *m.*
Klinkwerk *n.* (Auslösung *f.*) | déclic *m.*
Klopfer *m.* | frappeur *m.*, tappeur *m.*
Klopfer- | du frappeur.
Klöppel *m.* | battant *m.*, marteau *m.*
Klotz *m.* | bloc *m.*, bûche *f.*
Kluppe *f.* | filière *f.*
Knall *m.* | éclat *m.*
Knall- | explosif -ve, fulminant -e.
Knallgas *n.* | gaz *m.* explosif, gaz fulminant, gaz oxhydrique.
Knattern *n.* | crépitement *m.*, crépitation *f.*
kneipen | pincer, tenailler.
kneten | malaxer, pétrir.
Knetmaschine *f.* | malaxeur *m.*
Knick *m.* | brisure *f.*, jarret *m.*
knicken | briser.
Knie *n.* | genou *m.*, coude *m.*
Knie- | brisé -e, coudé *m.*, courbé.
Kniehebel *m.* | levier *m.* brisé, — coudé, — courbé.
Knochen *m.* | os *m.*
Knochenkohle *f.* | noir animal *m.*

Knopf *m.* | bouton *m.*
Knoten *m.* | nœud *m.*; (Schleife *f.*) coque *f.*; (Schlinge *f.*) coulant *m.*
Knotenpunkt *m.* | centre *m.*
Kobalt *m.* | cobalt *m.*
Kobalt- | de cobaltage.
Kochsalz *n.* | sel *m.* marin, chlorure *m.* de sodium.
Koeffizient *m.* | coefficient *m.*
Koerzitiv- (Zwangs-) | coercitif -ve.
Kohärer (Fritter) *m.* | cohéreur *m.*
Kohärer- | à (de) cohéreur.
Kohäsion *f.* (Bindekraft *f.*) | cohésion *f.*
Kohle *f.* | charbon *m.*; glühende — charbon ardent, braise *f.*
Kohlenbügel *m.* | luette *f.*, cadre *m.* support *m.*
Kohlenbürste *f.* | balai *m.* de charbon.
Kohlenfaden *m.* | filament *m.*
Kohlenhalter *m.* | porte charbon *m.*
Kohlenklemme *f.* | presse *f.* à charbon.
Kohlenkontakt *m.* | plot *m.* en charbon, contact *m.* en charbon.
Kohlenmembran *f.* | membrane *f.* en charbon.
Kohlenplatte *f.* | diaphragme *m.* en charbon, plaque *f.* de charbon.
Kohlensäure *f.* | acide *m.* carbonique.
Kohlenschuppen *m.* | hangar *m.* (magasin *m.*) à charbon.
Kohlenstift *m.* | charbon *m.* artificiel, baguette *f.*, crayon *m.*
Kohlenstoff *m.* | carbone *m.*
Kohlenwiderstand *m.* | résistance *f.* (en) charbon.
Kohlenzufuhr *f.* | amenée *f.* de charbon.
Koinzidenz *f.* (Zusammentreffen *n.*) | coïncidence *f.*

Kolben *m.* | piston *m.*
Kolben- | à (de) piston.
Kolben-hingang *m.* | avance *f.* du piston; -rückgang *m.* | retour *m.* du piston.
Kolbenmaschine *f.* | machine *f.* à piston, machine à mouvement alternatif.
Kolben-packung *f.* (-liderung *f.*) | garniture *f.* de piston.
Kolbenspiel *n.* | tour *m.* (course *f.*) du piston.
Kolbenstange *f.* | tige *f.* de piston.
Kolbenventil *n.* | soupape *f.* de piston, piston valve.
Kollektor *m.* | collecteur *m.*, commutateur *m.*
Kollektor- | du collecteur.
Kollektorring *m.* | bague *f.* du collecteur.
Kollodium *n.* | collodion *m.*
Kolophonium *n.* | colophane *f.*
Kombination *f.* | combinaison *f.*
Kombinations- | combiné -e, à combinaison(s).
Kombinationswiderstand *m.* | rhéostat *m.* à combinaisons.
kombinieren | combiner.
kombiniert | combiné -e, mixte.
Kommutation *f.* | commutation *f.*
Kommutator *m.* | commutateur *m.*
Kommutierung *f.* | commutation *f.*
Kommutierungs- | de commutation.
Kompaß *m.* | boussole *f.*, compas *m.*
Kompaßhäuschen *n.* | habitacle *m.*
Kompensation *f.* | compensation *f.*
Kompensations- | de compensation, compensateur -trice.
Kompensator *m.* | compensateur *m.*
kompensieren | compenser.
Kompensierungs- | de compensation.

kompliziert | compliqué -e.
Komponente *f.* | composante *f.*
Komponenten- | de composante.
Komposition *f.* | composition *f.*
Kompression *f.* | compression *f.*
Kompressions- | à (de) compression.
Kompressionsmaschine *f.* | machine *f.* à compression.
Kondens- | de condensation, condensé -e.
Kondensation *f.* | condensation *f.*; Einspritz- | condensation par injection; Oberflächen- | condensation par surface.
Kondensator *m.* (Elektrizitäts-) | condensateur *m.*; (Dampf-) condenseur. *m*
kondensieren | condenser.
Konduktanz *f.* | conductance *f.*
Konduktor *m.* | conducteur *m.*
kongruent | coïncident -e, superposable.
konisch | conique.
konsistent | consistant -e.
Konsole *f.* | console *f.*, support *m.*
konsolidieren | consolider.
Konsolidierung *f.* | consolidation *f.*
konstant | constant -e.
Konstante *f.* | constante *f.*
konstatieren | constater.
konstruieren | construire, étudier.
Konstrukteur *m.* | constructeur *m.*
Konstruktion *f.* | construction *f.*
Konstruktions- | de construction, de dessin, d'étude.
Konsum *m.* | consommation *f.*
Konsum- | de consommation.
Konsument *m.* | consommateur *m.*
Kontakt *m.* | contact *m.*, connexion *f.*, raccordement *m.*; den — herstellen | établir le —; den — unterbrechen | rompre le —.
Kontakt- | de contact, de connexion, de raccordement.
Kontaktabstand *m.* | distance *f.* (écartement *m.*, espacement *m.*) entre les plots de contact.
Kontaktbacke *f.* | mâchoire de contact.
Kontaktbügel *m.* | étrier *m.* (pont *m.*) de contact.
Kontaktbürste *f.* | balai *m.* de contact.
Kontaktfeder *f.* | ressort *m.* de contact.
Kontaktfinger *m.* | doigt *m.* de contact.
Kontaktfläche *f.* | surface *f.* de contact.
Kontakthebel *m.* | levier *m.* de contact.
Kontaktlamelle *f.* | lame *f.* de contact.
Kontaktring *m.* | bague *f.* de contact.
Kontaktrolle *f.* | galet *m.* de contact.
Kontaktscheibe *f.* | disque *m.* de contact.
Kontaktschlitten *m.* | curseur *m.* (chariot *m.*) de contact.
Kontaktstange *f.* | barre *f.* (bielle *f.*, tige *f.*, tringle *f.*) de contact.
Kontaktstelle *f.* | point *m.* de contact.
Kontaktstöpsel | cheville *f.* (fiche *f.*) de contact.
Kontaktstück *n.* | plot *m.* (bloc *m.*) de contact, — de connexion, — de raccordement.
kontinuierlich (stetig) | continu -e.
Kontrahent *m.* | contractant *m.*, partie contractante *f.*
Koutrakt *m.* | contrat *m.*

Kontraktion *f.* (Zusammenziehung *f.*) | contraction *f.*
Kontroll- | de contrôle, de contrôleur.
Kontrolle *f.* (Beaufsichtigung *f.*) | contrôle *m.*
Kontroller (Fahrschalter) | combinateur *m.*, coupleur *m.*, contrôleur *m.*
Kontrolleur *m.* | contrôleur *m.*, vérificateur *m.*
kontrollierbar | contrôlable.
Konus *m.* | cône *m.*
Konvektion *f.* | convection *f.*
Konvergenz *f.* (Annäherung *f.*) | convergence.
Konverter (Bessemerbirne *f.*) | convertisseur *m.*
konvertieren (umwandeln) | convertir.
Konzentration *f.* | concentration *f.*
Konzentrations- | à concentration.
konzentrisch | concentrique.
Konzept *n.* | minute *f.*, brouillon *m.*
Konzession *f.* | concession *f.*
Kopf- | à (de) tête.
Kork *m.* | liège *m.*
Kork- | de liège.
Korn *n.* | grain *m.*, grenaille *f.*
Körnen *n.* | grenage *m.*
körnig | grenu -e, grainu -e, granuleux -se, granulaire.
Körper *m.* | corps *m.*, masse *f.*
Korrektions- | de correction, correctif -ve.
korrodieren (ätzen) | corroder.
Korrosion *f.* | corrosion *f.*
Kosinus | cosinus *m.* (gek. cos.)
Kostenanschlag *m.* | devis *m.*
Kostenschätzung | devis *m.* estimatif.
Kostenüberschlag | devis approximatif.
Kraft *f.* | force *f.*, énergie *f.*; lebendige — | force vive; ruhende — | force morte; schwankende — | force variable; treibende — | force motrice, — mouvante.
Krafteinheit *f.* | unité *f.* de force.
Kraftgas *n.* | gaz *m.* pauvre, — aspiré.
Kraftleistung *f.* | rendement *m.* dynamique.
Kraftlinie *f.* | ligne *f.* de force.
Kraftlinienbild *n.* | spectre *m.* (fantôme *m.*) magnétique.
Kraftlinienrichtung *f.* | sens *m.* des lignes de force.
Kraftübertragung *f.* | transmission *f.* d'énergie; transport *m.* de force motrice.
Kraftverteilung *f.* | distribution *f.* d'énergie, — de force *f.* motrice.
Kraftwerk *n.* | usine *f.* génératrice, centrale *f.* de force motrice, station centrale.
Kragen- (Bund *m.*, Hals *m.*) | collet *m.*
Kralle *f.* | griffe *f.*, serre *f.*
Krampe *f.* | cavalier *m.*, crampe *f.*, crampon *m.*, taquet *m.*
Kran *m.* | grue *f.*
Kranz *m.* | couronne *f.*
Kratzbürste *f.* | gratte bosse *f.*
Kreide *f.* | craie *f.*, crayon *m.*
Kreis *m.* (Umlauf) | cercle *m.*, circuit *m.*; (Bezirk) arrondissement *m.*, canton *m.*, district *m.*, rayon *m.*, région *f.*, secteur *m.*
Kreis- | circulaire.
Kreisel (Turbine) *m.* | turbine *f.*; (Spiel-) toupie *f.*
Kreosot *n.* | créosote *f.*

kreuzen | croiser.
Kreuzkopf *m.* | tête de piston.
Kreuzung *f.* | croisement *m.*, intersection *f.*, traversée *f.*
kristallinisch | cristallin -e.
Kristallisation *f.* | cristallisation *f.*
kristallisieren | cristalliser.
kritisch | critique.
Kröpfung *f.* | coude *m.*, coudure *f.*
Krug *m.* | broc *m.*, cruche *f.*, jarre *f.*
krumm | courbe, courbé -e, crochu -e.
krümmen | courber, recourber.
Kubik- | cube.
Kubikdezimeter *n.* | décimètre *m.* cube.
kubisch | cubique.
Kugel *f.* | boule *f.*, bille *f.*, rotule *f.*
Kugellager *n.* | palier *m.* à billes.
Kugelschale *f.* | cuvette *f.* de rotule, coussinet *m.* sphérique.
Kühl- | réfrigérant -e, frigorifique, à refroidir, de réfrigération, de refroidissement.
Kühlschlange *f.* | serpentin *m.* refroidisseur, — réfrigérant.
Kulisse *f.* | coulisse *f.*
künstlich | artificiel -le, -ment.
Kupfer *n.* | cuivre *m.*; elektrolytisches — | cuivre électrolytique; hartes — | cuivre dur.
Kupfer- | de (en) cuivre.
Kupferdraht *m.* | fil *m.* de cuivre, blanker — | fil nu; hartgezogener — | fil écroui, — étiré à froid; verzinnter — | fil étamé.
Kupferkessel *m.* | chaudron *m.* en cuivre.
Kupfervitriol *m.* | sulfate *m.* de cuivre.
kuppeln | accoupler.
Kupplung *f.* | accouplement *m*; elastische — | acc. élastique; feste — | acc. fixe, — inamovible; lose — | acc. mobile, — amovible, — à débrayage.
Kupplungs- | d'accouplement *m.*
Kurbel *f.* | arbre *m.* coudé, manette *f.*, manivelle *f.*
Kurbel- | à (de, par) manette, à (de, par) manivelle, vilebrequin *m.*
Kurbel mit Gegengewicht | arbre *m.* coudé équilibré, vilebrequin *m.* équilibré.
Kurbelwiderstand | rhéostat *m.* à manette, — à manivelle.
Kurve *f.* | courbe *f.*
Kurven- | courbe.
Kurvenlineal *n.* | règle courbe *f.*
kurz | court -e.
kürzen | raccourcir.
kurzschließen | courtcircuiter, intercaler en courtcircuit.
Kurzschließer *m.* | courtcircuiteur *m.*
Kurzschluß *m.* | courtcircuit *m.*
Kurzschluß- | de courtcircuit.
Kürzung *f.* | raccourcissement *m.*
Küsten- | cotier -ère, d'atterrissement.

L.

Laboratorium *n.* | laboratoire *m.*
Lack *m.* | laque *f.*, vernis *m.*
lackieren | laquer, vernir, peindre.
Lackmus- | de tournesol.
Lade- | de charge, de chargement.
Ladedichte *f.* | densité *f.* de charge.
Ladefrist *f.* | délai *m.* de chargement.
laden | charger.
Ladung *f.* | chargement *m.*, charge *f.*
Lage *f.* | (Sitz) assiette *f.*, position *f.*, situation *f.*; (Schicht) couche *f.*

Lager *n.* | (Speicher) magasin *m.*, dépôt *m.*; (Schale) coussinet *m.*, (Zapfen-) palier *m.*
Lager-bock (-stuhl *m.*) | chevalet *m.*, support *m.*
Lagerung *f.* | (Vorräte) magasinage *m.*; (Kabel) logement *m.*, pose *f.*
Lagerverwalter *m.* | magasinier *m.*
Lamelle *f.* | lame *f.*, segment *m.*, touche *f.*
lamelliert | lamellaire, lamellé -e, feuilleté -e.
Lampe *f.* | lampe *f.*
Lampen- | de lampe.
Lampenfassung *f.* | douille *f.* de lampe.
Lampenhalter *m.* | porte lampe *m.*
Lampenschirm *m.* | abat jour *m.*
Land- | de terre, de campagne, rural -e.
landen | atterrir, prendre terre.
Landstraße *f.* | route *f.* (voie *f.*) publique.
Landung *f.* | atterrissement *m.*
Längen- | de longueur, longitudinal -e.
länglich | oblong -ue.
Längs- | longitudinal -e.
langsam | lent -e, à petite vitesse.
Lappen *m.* | chiffon *m.*, lambeau *m.*
Lärche *f.* | mélèze *m.*
Lasche *f.* | éclisse *f.*
Last *f.* | charge *f.*, fardeau *m.*
Laterne *f.* | lanterne *f.*
Latte *f.* | latte *f.*, règle *f.*
Lauf *m.* | course *f.*, marche *f.*, parcours *m.*
laufen | courir, marcher, fonctionner.
Läufer *m.* | (Schlitten) curseur *m.*; (Rotor) rotor *m.*
Läuferstrom *m.* | courant *m.* de rotor.
Lauge *f.* | lessive *f.*
läutern | épurer, rectifier.
Läutewerk *n.* | sonnerie *f.*
lebendig | vif -ve.
Lebens-dauer *f.* | durée *f.*
Leder- *n.* | de (en) cuir.
Lederscheibe *f.* | rondelle *f.* de cuir.
leer | vide.
Leer- | à vide.
leeren | vider.
leerlaufen | marcher à vide.
legen | poser, établir.
Legierung *f.* | alliage *m.*
Legung *f.* | pose *f.*, établissement *m.*
Lehm *m.* | argile *f.*, terre glaise *f.*
Lehre *f.* (Maß) | jauge *f.*, calibre *m.*
leicht | facile, léger -ère, -ment.
leichtflüssig | facilement fusible.
Leim *m.* | colle *f.*, colle forte *f.*
leimen | coller.
Leine *f.* | corde *f.*
Leinen- | de toile.
Leinöl *n.* | huile *f.* de lin.
Leinwand *f.* | toile *f.*
Leiste *f.* | bande *f.*, listel *m.*, filet *m.*
leisten | accomplir, débiter, rendre.
Leistung *f.* | débit *m.*, effet *m.*, puissance *f.*; geringste — | minimum *m.* de débit; höchste — | maximum *m.* de débit; nominelle — | puissance nominale; nutzlose — | effet perdu; scheinbare — | puissance apparente; wirkliche — | débit effectif.
Leistungsfähigkeit *f.* | puissance *f.*, rendement *m.*
Leit- | de direction; de conduit; de guidage; directeur -trice.
leiten | diriger, conduire.
leitend | conducteur -trice.
Leiter- | de conducteur.
leitfähig | conductible, conductif -ve.

Leitfähigkeit *f.* | conductibilité *f.* spezifische — *f.* | conductance *f.* spécifique, conductivité *f.*

Leitscheibe | poulie guide *f.*, poulie de guidage.

Leitrolle | galet *m.* de guidage.

Leitschiene *f.* | rail *m.* de sûreté.

Leitung *f.* | canalisation *f.*, conducteur *m.*, ligne *f.*

Leitungs- | conducteur -trice.

Leit(ungs)fähigkeit *f.* | conductance *f.*, conductibilité *f.*

Leitungsmast *m.* | poteau *m.*; eiserner — | poteau métallique; vergitterter — | pylone *m.* (en treillis).

Leitungsnetz *n.* | réseau *m.* de conducteurs.

Leitungsständer *m.* | support *m.*

Leitungswiderstand *m.* | résistance *f.* de canalisation *f.*, — de conducteur *m.*, — de ligne *f.*; spezifischer — | résistance spécifique *f.*, résistivité *f.*

Lenkstange *f.* | guidon *m.*

Leucht- | lumineux -se, d'éclairage.

Leucht-(Druck-)gas *n.* | gaz *m.* d'éclairage; gaz soufflé.

leuchten | luire, reluire, éclairer.

leuchtend | lumineux -se.

Leuchter *m.* | chandelier *m.*

Leydener Flasche *f.* | bouteille *f.* de Leyde.

Libelle *f.* (Wasserwage) | niveau *m.* à bulle d'air.

Licht *n.* | lumière *f.*

Licht- | d'éclairage, de lumière, lumineux -se.

Lichtbogen *m.* | arc *m.* voltaïque.

Lichtleitung | canalisation *f.* d'éclairage.

Lichtpausapparat *m.* | châssis *m.* pour bleus.

Lichtpause *f.* | photocalque *m.*, bleu *m.*; —n anfertigen | tirer des bleus.

lidern | garnir, étouper.

Liderung *f.* | garniture *f.*, étoupage *m.*

Liderungs- | d'étoupage.

liefern | délivrer, fournir, livrer.

Lieferung *f.* | délivrance *f.*, fourniture *f.*, livraison *f.*

Lieferungsbedingungen | conditions *f.* de livraison; cahier *m.* de(s) charges.

Limit *n.* | limite *f.*

Lineal *n.* | règle *f.*

Linear- | linéaire.

Linie *f.* | ligne *f.*

Linien- | de la ligne, des lignes.

linieren | régler.

links | gauche.

Links- | à gauche, renversé -e.

Lippe *f.* | lèvre *f.*

Lippen- | de lèvre.

Linse *f.* | lentille *f.*

Liste *f.* | liste *f.*

Liter *n.* | litre *m.*

Litze *f.* | toron *m.*

Lizenz *f.* | licence *f.*

Loch *n.* | trou *m.*

Loch- | à trou(s).

Lochanker *m.* | induit *m.* à trous.

Locheisen *n.* | emporte pièce *m.*, découpoir *m.*

lochen | percer, perforer, poinçonner, trouer.

Locher *m.* | perforateur *m.*

Lochstanze *f.* | poinçon *m.*, poinçonneuse *f.*

lockern | desserrer.

Löffel *m.* | cuiller *f.*

Lohn *m.* | salaire *m.*; main d'œuvre *f.*
Löhnung *f.* | paye *f.*
lokal | local -e.
Lokomobile *f.* | locomobile *f.*
Lokomotive *f.* | locomotive *f.*
lose | libre, mobile, fou, folle.
lösbar | amovible; à débrayage.
loskuppeln | débrayer, désembrayer.
Losscheibe *f.* | poulie *f.* folle.
losschrauben | dévisser.
Lösung *f.* | solution *f.*
Lot *n.* | fil *m.* à plomb, sonde *f.*
Löt- | à souder, de soudure.
lötbar | soudable.
löten | souder, braser.
lotrecht | à plomb, vertical -e.
Lötrohr *n.* | chalumeau *m.*
Lötung *f.* | soudure *f.*, brasure *f.*
Luft- | aérien -ne, d'(à)air, atmosphérique, de ventilation.
lüften | aérer.
Luftspalt *m.* | entrefer *m.*
Lüftung *f.* | ventilation *f.*
Lupe *f.* | loupe *f.*
Lünette *f.* | lunette *f.*
Lunte (Zünder) *f.* | amorce *f.*

M.

Magnesia *f.* | magnésie *f.*
Magnesium *n.* | magnésium *m.*
Magnet *m.* | aimant *m.*; künstlicher — | aimant artificiel; natürlicher — | aimant naturel.
Magnet- | aimanté -e, d'aimant, magnétique, d'excitation.
Magnetausschalter *m.* | interrupteur *m.*, d'excitation.
Magneteisen *n.* | pierre *f.* d'aimant, aimant naturel *f.*
Magnetfeld *n.* | champ *m.* magnétique.
magnetisch | magnétique.
magnetisierbar | aimantable, susceptible d'aimantation.
magnetisieren | aimanter, magnétiser.
Magnetisierung *f.* | aimantation *f.*
Magnetisierungs- | d'aimantation.
Magnetnadel *f.* | aiguille aimantée *f.*
Magnetnadelpaar *n.* | aiguilles astatiques *f.*
Magnetograph *m.* | magnétographe *m.*; magnétomètre enregistreur *m.*
Magnetometer *n.* | magnétomètre *m.*
Magnetoskop *n.* | magnétoscope *m.*
Mahagoni *n.* | acajou *m.*
Mahagoni- | d'acajou.
malen | peindre.
Maler *m.* | peintre *m.*
Mangan *n.* | manganèse *m.*
Mangan- | manganésé -e.
Mangel *m.* | faute *f.*, défaut *m.*
mangelhaft | défectueux -se, -ment; imparfait -e, -ment.
Manilahanf *m.* | manilla *m.*
Manipulation *f.* (Handhabung *f.*) | manipulation *f.*, manœuvre *f.*
Manko *n.* | manque *m.*, déficit *m.*
Mannloch *n.* | trou *m.* d'homme, bouche *f.* d'accès.
Manometer *n.* | manomètre *m.*
Mantel- | à chemise, à enveloppe, à revêtement; armé -e, cuirassé -e.
Marine- | marin -e.
Marke *f.* | marque *f.*
Markier- | de marquage.
markieren | marquer.
Marmor *m.* | marbre *m.*
Marmor- | de (en) marbre.
Masche *f.* | maille *f.*, alvéole *m.*
Maschine *f.* | machine *f.*
Maschinenanlage *f.* | installation *f.* de machines.

Maschinenwerkstatt *f.* | atelier *m.* de construction.
Maschinenwesen *n.* | mécanique *f.*
Maschinerie *f.* | machinerie *f.*
Maschinist *m.* | mécanicien *m.*
Maser *f.* | madrure *f.*
masern | madrer.
Masse *f.* | masse *f.*; pâte *f.*
Massen- | en masse, en série.
massiv | massif -ve, plein -e.
Maß *n.* | mesure *f.*; normales — étalon *m.* de mesure.
mäßig | modéré -e, modique.
Maßstab *m.* | échelle *f.*
Mast *m.* | poteau *m.*, pylone *m.*
Mastix *m.* | mastic *m.*
Material *n.* | matériaux *m. pl.*; matériel *m.*
Material- | de matériaux.
Materie *f.* (Stoff *m.*) | matière *f.*
Matrize *f.* | matrice *f.*, moule *f.*
matt | mat -e, pâle, terni -e.
Mauer *f.* | mur *m.*, muraille *f.*
Mauer- | de mur, mural -e.
mauern | maçonner.
Mauerisolator *m.* | isolateur mural *m.*
Mauerverkleidung *f.* | revêtement *m.* de mur.
Mauerung *f.* | maçonnage *m.*
Mauerwerk *n.* | maçonnerie *f.*
Maurer *m.* | maçon *m.*
Maurerei *f.* | maçonnage *m.*
Mechanik *f.* | mécanique *f.*
Mechaniker *m.* | mécanicien *m.*
mechanisch | mécanique; -ment.
Mechanismus *m.* | mécanisme *m.*
Meg-, Mega- (das Millionfache) | még- méga-.
Megohm *n.* | mégohm *m.*
Megavolt *n.* | mégavolt *m.*
mehrfach | multiple, multi-, poly-, à plusieurs.
mehrkontaktig | à plusieurs contacts.
mehrphasig | polyphasé -e.
mehrpolig | multipolaire.
mehrstufig | à plusieurs chutes *f.*, à plusieurs étages *m.*
Mehrweg- | à plusieurs directions *f.*
Meile *f.* | mille *m.*, lieue *f.*
Meinung *f.* | avis *m.*, opinion *f.*
Meißel *m.* | ciseau *m.*, burin *m.*
meißeln | ciseler, buriner.
melden | avertir, aviser, informer.
Melder *m.* | avertisseur *m.*
Meldung *f.* | avis *m.*, avertissement *m.*
Membran *f.* | membrane *f.*
Mennig -e *f.* | minium *m.* de plomb.
Meridian- | méridien -ne.
Merkzeichen *n.* | point *m.* de repère.
Merkzeiger *m.* | aiguille *f.* de repère.
Meß- | de mesure, de mesurage, à mesurer.
meßbar | mesurable.
messen | mesurer.
Messer *m.* (Maß *n.*) | mètre *m.*
Messer *n.* | couteau *m.*
Messing *n.* | laiton *m.*, cuivre jaune *m.*
Messingdraht *m.* | fil *m.* d'archal.
Meßlatte *f.* | latte *f.*, règle divisée *f.*
Messung *f.* | mesurage *m.*
Meßwiderstand | rhéostat *m.* de mesurage, — de mesure.
Metall *n.* | métal *m.*
Metall- | métallique.
metallisch | métallique.
metallisieren | métalliser.
Metallisierung *f.* | métallisation *f.*
Meter *n.* | mètre *m.*
Meter- | métrique.
Methode *f.* | méthode *f.*
Mho *n.* | mho *m.* $\left(\frac{1}{\text{ohm}}\right.$ reziproker Wert von Ohm; Maßeinheit für

die Leitfähigkeit elektrischer Stromleiter).
Mieter *m.* | locataire *m.*
Mikr-, Mikro- (das Millionstel) | micr-, micro-.
Mikrofarad *n.* | microfarad *m.*
Mikrohm *n.* | microhm *m.*
Milchglas *n.* | verre *m.* opale.
Milli-, (das Tausendstel) | milli-.
Millivolt *n.* | millivolt *m.*
mindern | diminuer, ralentir, réduire.
Minderung *f.* | diminution *f.*, ralentissement *m.*, réduction *f.*
Mindest-, Minimal- | minimum de, -minimum.
Mindestdruck *m.* | minimum *m.* de pression.
Mindestleistung *f.* | débit *m.* minimum.
Minen- | de mine(s).
Mineral- | minéral -e.
Misch- | mixte, mélangé -e, mélange.
mischen | mêler, mélanger.
Mittel- | moyen -ne, médian -e, centrale.
Mitteldruck *m.* | moyenne pression.
mittlere | moyen -ne, médian -e.
Mittelpunkt *m.* | centre *m.*
Modell *n.* | modèle *m.*, type *m.*
modeln | façonner, modeler, mouler.
Modus *m.* | mode *m.*
Molekül *n.* | molécule *f.*, moléculaire.
Moment- | instantané -e, brusque, rapide.
momentan | momentané -e, -ment.
Momentanleistung *f.* | débit momentané.
monatlich | mensuel -le, -ment.
Monats- | de mois, mensuel -le.
Monatsbericht *m.* | rapport mensuel *m.*
Mono- (Ein-, Allein-) | mono-.
Monopol *n.* (Alleinvertrieb) | monopole *m.*
Montage *f.* (Aufstellung *f.*) | montage *m.*
Monteur *m.* | monteur *m.*
montieren | monter.
Montierung *f.* | montage *m.*
Mörser *m.* | mortier *m.*
Mörtel *m.* | mortier *m.*, gâchis *m.*
Morse (S. F. Breese) | Morse, geb. Charlestown **1791**, gest. New-York, 1872; amerik. Techniker, Erfinder des Fernschreibers.
Motor *m.* (Kraftmaschine zur Umwandlung elektrischer Energie in mechanische Kraft) | moteur *m.*
Motoranker *m.* | induit *m.* de moteur électrique.
Motorrad *n.* | motocycle *m.*
Muffe *f.* | manchon *m.*, boîte *f.*
Muffelofen *m.* | fourneau *m.* à coupelle.
Muffen- | à (par) manchon.
Muffenverbindung *f.* | accouplement *m.* par manchon.
mündlich | de vive voix, oral -e, -ment, verbal -e, -ment.
Mund *m.* | bouche *f.*
Mundlochstück *n.* (Mündung *f.*) | embouchure *f.*
Musselin *m.* | mousseline *f.*
Muster *n.* | échantillon *m.*, patron *m.*, modèle *m.*, dessin *m.*, type *m.*
Mutter *f.* | écrou *m.*

N.

Nabe *f.* | moyeu *m.*
Naben(schrumpf)ring *m.* | frette *f.*, du moyeu.

Nach- | re-, ré-, à nouveau, nouveau, nouvel -le.
Nacheichen *n.* | vérification de jauge (à nouveau.)
nacheilen (-gehen) | retarder, être en retard.
Nachbar- | avoisinant -e, contigu -ë, vicinal -e, voisin -e, adjacent -e.
nachsehen (untersuchen) | vérifier, examiner.
nachsuchen (forschen) | rechercher; (bitten) demander, solliciter.
Nacht- | de nuit.
nackt (blank) | nu -e.
Nadel *f.* | aiguille *f.*
Nadel- | à aiguille.
Nagel *m.* | clou *m.*
Nagelbohrer *m.* | vrille *f.*, foret *m.*
nageln | clouer.
Nagelschmied *m.* | cloutier *m.*
nähen | coudre.
Naht *f.* | couture *f.*
Namen -s | de nom, nominal -e.
Namenstempel *m.* | griffe *f.*
Napf *m.* | godet *m.*, écuelle *f.*, jatte *f.*
Nase *f.* | nez *m.*
Naß- | humide, mouillé -e.
Naßdampf *m.* | vapeur *f.* humide.
Natrium *n.* | natrium *m.*, sodium *m.*
Natron- | de soude, sodique.
Natur- | de nature, naturel -le.
Nebel *m.* | brouillard *m.*
Neben- | auxiliaire, secondaire, accessoire, adjacent -e.
Nebenbürste *f.* | balai *m.* auxiliaire.
Nebenkosten | dépenses *f.* accessoires, faux frais *m.*
Nebenursache *f.* | cause *f.* secondaire.
Nebenschluß *m.* | dérivation *f.*, shunt *m.*
Nebenschluß- | en dérivation, shunt.
Nebenschluß-Dynamo *f.*, (-erzeuger *m.*) | dynamo *f.* (génératrice *f.*) shunt, — en dérivation.
Nebenschlußerregung *f.* | excitation *f.* shunt, — en dérivation.
Nebenschlußregelung *f.* | réglage *m.* shunt, régulation *f.* en dérivation.
Nebenschlußregler rhéostat *m.* (régulateur *m.*) en dérivation, rhéostat *m.* (régulateur *m.*) shunt.
Nebenschlußwiderstand *m.* | résistance *f.* en dérivation, — shunt; rhéostat *m.* shunt, — en dérivation.
Nebenwinkel *m.* | angle *m.* adjacent.
negativ | négatif -ve.
Neigung *f.* (schiefe Ebene) | déclivité *f.*, inclinaison f., pente f.
Neigungs- | d'inclinaison.
Neigungswinkel *m.* | angle *m.* d'inclinaison.
Nenn- | nominal -e.
Nenner *m.* | dénominateur *m.*
Nennwert *m.* | valeur *f.* nominale.
Netto- | net.
Nettogewicht *n.* | poids net.
Netz *n.* (Schutz-) | filet *m.*, (Verteilungs-) réseau *m.*
Netz- | du réseau.
Neu- | nouveau, -vel -le, moderne.
Neubau *m.* | construction *f.* nouvelle, — moderne.
Neusilber *n.* | maillechort *m.*, argentan *m.*
Neuzeit *f.* | temps moderne *m.*
neutral | enutre.
neutralisieren | neutraliser.
Nicht- | non-.
Nichtannahme *f.* | non acceptation *f.*

Nichtleiter *m.* | non conducteur *m.*
Nickel *n.* | nickel *m.*
Nickelin *n.* | nickeline *f.*
nieder | faible; bas, basse.
Nieder- | bas, basse.
Niederdruck *m.* | basse pression *f.*
Niederspannung *f.* | basse tension *f.*
Niederschlag *m.* | dépôt *m.*, précipité *m.*
niederschlagen | précipiter.
niederschmettern | foudroyer, bouleverser, terrasser.
niedrig | bas, basse, vil -e, faible, modique.
Niet- | à river, de rivet(s), riveté -e.
Nietabstand *m.* | écartement des rivets.
nieten | river, riveter.
Nieter *m.* | riveur *m.*
Niethammer *m.* | marteau *m.* à river, chasse pointes *m.*
Nietnaht *f.* (Nietung *f.*) | rivure *f.*
Nippel- | raccord *m.*
Nippel- | de raccord.
Niveau *n.* | niveau *m.*
Nivellier- | de nivellement.
nivellieren | niveler.
Nominal- (Nenn-) | nominal -e.
Nominalkerze *f.* | bougie *f.* nominale.
Nord- | boréal -e, nord.
Nordlicht *n.* | aurore *f.* boréale.
Nordpol *m.* | pôle *m.* nord.
Normal- | normal -e, étalon *m.*
Normalgeschwindigkeit *f.* | vitesse *f.* normale.
Normalmaß *n.* | mesure *f.* étalon, étalon *m.* de mesure.
Normalwiderstand | étalon *m.* de résistance, résistance *f.* étalon.
Normalien | instructions *f.* (prescriptions *f.*) normales *f.*
Null *f.* (-punkt *m.*) | zéro *m.*
Nußbaum- | de (en) noyer.
Nußkohle *f.* | gayette *f.*, gaillette *f.*, gailleterie *f.*, menu charbon *f.*, têtes *f.* de moineau.
Nut -e *f.* | encoche *f.*, enrayure *f.*, rainure f.
nuten | rainer.
Nuten- | à rainure.
Nutz- | utile; d'œuvre, de construction.
Nutzeffekt *m.* | travail *m.* utile, rendement *m.*
Nutzfeld *n.* | champ *m.* efficace, — utile.
Nutzholz *n.* | bois *m.* d'œuvre, — de construction.
nutzbar | utile, efficace.
Nutzung *f.* | exploitation *f.*, rapport *m.*, revenu *m.*

O.

ober- | supérieur -e, d'en haut.
Oberbund *m.* | ligature *f.* supérieure.
Obere *n.* | dessus *m.*
Oberfläche *f.* | surface *f.*, dessus *m.*
Oberflächen- | de surface, superficiel -le.
Oberflächenisolation *f.* | isolement *m.* de surface, — superficiel.
Oberflächenspannung *f.* | tension *f.* superficielle, — de surface.
oberirdisch | aérien -ne.
oberirdische Leitung *f.* | canalisation *f.* (ligne *f.*) aérienne.
Oberlicht *n.* | jour *m.* d'en haut.
Oberkante *f.* | bord *m.* supérieur.
Obhut *f.* | protection *f.*
Objekt *n.* | objet *m.*
Obliegenheit *f.* | obligation *f.*, office *m.*, fonction *f.*

Ocker *m.* | ocre *f.*
Ofen *m.* | (Koch-) poêle *m.*, (Schmelz-) four *m.*, fourneau *m.*; (Trocken-) étuve *f.*, séchoir *m.*; elektrischer — poêle électrique.
offen | ouvert -e, -ment.
öffentlich | public, publique.
offerieren | offrir, faire offre *f.*
Offerte *f.* | offre *f.*
öffnen (den Stromkreis) | ouvrir rompre, interrompre (le circuit).
Öffnung *f.* | ouverture *f.*; rupture *f.* interruption *f.*
Öffnungs- | d'ouverture, de rupture.
Öffnungsfunke *m.* | étincelle *f.* de rupture.
Ohm (Georg Simon) | Ohm, geb. Erlangen 1787, gest. München 1854, deutscher Physiker, Erfinder des Gesetzes über den Zusammenhang von Widerstand, Stärke und Spannung des elektrischen Stromes.
Ohm *n.* | ohm *m.*, Maßeinheit für den spezifischen Leitungswiderstand.
Ohm- | d'Ohm, ohm- *m.*, ohmique.
Ohmmeter *n.* | ohmmètre *m.*
Ohmsches Gesetz *n.* | loi d'Ohm.
Ohmskala *f.* | échelle *f.* ohmique, — des ohms.
Ohmscher Widerstand | résistance *f.* ohmique.
Okonit *n.* | oc(k)onite *f.*
Öl *n.* | huile *f.*
Öl- | d'huile, à huile; (Schmier-) graisseur, de graissage.
Ölanlasser *m.* | démarreur *m.* à (bain d')huile.
Ölisolator *m.* | isolateur *m.* à (bain d')huile.
Öltransformator *m.* | transformateur *m.* à (bain d')huile.
Ölwiderstand | rhéostat *m.* à (bain d')huile.
Ölbad *n.* | bain *m.* d'huile.
ölen | huiler; (schmieren) graisser.
Öl-en *n.* (-ung *f.*) | huilage *m.*, graissage *m.*
Öler *m.* | graisseur *m.*, godet *m.* graisseur.
ölig | huileux -se.
Olivenöl *n.* | huile *f.* d'olives.
Ölkanne *f.* | burette *f.* à huile.
opal | opalin -e, opalescent -e.
Opal- | d'opale.
Opalglas *n.* | verre *m.* opale, — opalescent.
Opalin *n.* | opaline *f.*
Optik *f.* | optique *f.*
optisch | optique.
ordnen | ordonner, ranger, mettre en ordre, disposer, organiser.
Ordnung *f.* | ordre.
Organ *n.* | organe *m.*
organisieren | organiser.
Ort *m.* | lieu *m.*, endroit *m.*, place *f.*
Örtlichkeit *f.* | localité *f.*, endroit *m.*
Orts- | de lieu, de localité, local -e.
Öse *f.* | œil *m.*, anneau *m.*
Osmium *n.* | osmium *m.*
Oszillation *f.* | oscillation *f.*
Oszillator *m.* | oscillateur *m.*
oszillieren | osciller.
oval | ovale.
Oval- | ovale, en ovale.
Oxal- | oxalique.
Oxyd *n.* | oxyde *m.*
Oxyd- | d'oxyde.
oxydieren | oxyder.
Oxygen *n.* | oxygène *m.*

Oxygen- | d'oxygène.
Ozon *n.* | ozone *m.*
Ozon- | d'ozone, ozonisé -e.

P.

Paar *n.* | couple *m.*, paire *f.*
Packung *f.* (Dichtung) | étoupage, étoupement *m.*, bourrage *m.*; (Ausrüstung) garniture *f.*
Palladium *n.* | palladium *m.*
Pantograph *m.* (Storchschnabel *m.*) | pantographe *m.*
Panzer *m.* | armure *f.*, blindage *m.*, cuirasse *m.*
Panzer- | armé -e, blindé -e, cuirassé -e.
Panzerader *f.* | fil *m.* armé.
panzern | blinder, cuirasser.
Panzerung *f.* | blindage *m.*, cuirassement *m.*
Papier *n.* | papier *m.*
Papier- | à (de) papier.
Papier-band *n.* (-streifen *m.*) | bande de papier.
Papierkondensator *m.* | condensateur *m.* à papier.
Pappe *f.* | carton *m.*
Pappel *f.* | peuplier m.
Pappel- | de peuplier.
Paraffin *n.* | paraffine *f.*
Paraffin- | à (de) paraffine, paraffiné -e.
Paraffinpapier | papier paraffiné.
Parallel- | en parallèle.
parallel | parallèle, -ment.
Parallelbetrieb *m.* | fonctionnement *m.* en parallèle.
parallel schalten | coupler (monter) en quantité, en parallèle.
Parallelschaltung *f.* | montage *m.* en quantité, (couplage *m.*) en parallèle.
paramagnetisch | paramagnétique.
Paramagnetismus *m.* | paramagnétisme *m.*
Pardune *f.* (Ankerseil *n.*) | hauban *m.*
Parenthese *f.* | parenthèse *f.*
Partial- | partiel -le.
Partialwelle *f.* | onde *f.* partielle.
Partie *f.* | partie *f.*
passiv | passif -ve.
Patent *m.* | brevet *m.*
Patent- | de brevet.
Patentamt *n.* | bureau *m.* des brevets.
patentieren | breveter.
Patentinhaber *m.* | titulaire *m.* de brevet.
Patrize *f.* | poinçon *m.*
Pauschal- | à forfait.
Pauschaltarif *m.* | tarif *m.* à forfait.
Paus- | à calquer; — leinwand *f.* | toile *f.* à calquer; — papier *n.* | papier à calquer.
Pause *f.* (Zeit-) | repos *m.*, temps *m.* d'arrêt, pause *f.*; (Nachbildung) calque *m.*, décalque *m.*
pausen | calquer, décalquer.
Pech *n.* | poix *f.*
Pedal *n.* | pédale *f.*
Pedal- | à pédale.
Pendel *n.* | pendule *m.*, balancier *m.*
Pendel- | à (de) pendule.
Pergament *n.* | parchemin *m.*
Pergamentpapier *n.* | papier parchemin *m.*
Periode *f.* | période *f.*
Perioden- | de période(s).
periodisch | périodique.
Periodenzahl *f.* | nombre *m.* de périodes, fréquence *f.*
permanent | permanent -e.
Permanenz *f.* (Beharrung *f.*) | permanence *f.*

Personal *n.* | personnel *m.*
Perspektive *f.* | perspective *f.*
Petroleum *n.* | pétrole *m.*
Petroleum- | à (de) pétrole.
Petroleumäther *m.* | éther de pétrole.
Petroleummotor *m.* | moteur *m.* à pétrole.
Pfahl *m.* | poteau *m.*, pieu *m.*
Pfanne *f.* (Siede-) | poêle *f.*; (Lager) crapaudine *f.*
Pfeife *f.* | sifflet *m.*
Pfeifen *n.* | sifflement *m.*
pfeifen | siffler.
Pfeil *m.* | flèche *f.*
Pfeiler *m.* | pilier *m.*
Pfeiler- | de pilier.
Pfeilerschaft *m.* | corps *m.* de pilier.
Pferde-kraft *f.*, (-stärke *f.*) gek. PS., HP *f.*; | cheval vapeur, cheval, gek. chev.; effektive — | cheval effectif, gek. chev. e.; gebremste — | cheval au frein, gek. chev. f.; indizierte — | cheval indiqué, gek. chev. i.
Pferdekraftstunde *f.* | cheval heure *m.*, gek. chev. h.
pferdig | de cheval, -aux; einpferdig | de 1 cheval; zehnpferdig | de 10 chevaux.
Pflock *m.* | goujon *m.*, cheville *f.*, fenton *m.*
Pfoste *f.* | poutrelle *f.*
Pfropfen *m.* | bouchon *m.*, tampon *m.*
Pfuscharbeit *f.* | bâclage *m.*, bousillage *m.*
pfuschen | bâcler, bousiller, gâcher.
Phänomen *n.* (Erscheinung *f.*) | phénomène *m.*
Phase *f.* | phase *f.*
Phasen- | de phase -s.
Phasenanzeiger *m.* | indicateur *m.* de phases.
Phasengleichheit *f.* | concordance *f.* (coïncidence *f.*) de phases.
Phasenmesser *m.* | phasemètre *m.*
Phasenregler *m.* | régulateur *m.* de phase.
Phasenvergleicher *m.* | comparateur *m.* de phases.
Phasenverschiebung *f.* | décalage *m.* de phases.
phasenverschoben | déphasé -e.
Phasenwiderstand *m.* | résistance *f.* de phase.
Phosphor *m.* | phosphore *m.*
Phosphorbronze *f.* | bronze *m.* phosphoreux.
Photometer *m.* | photomètre *m.*
Pinsel *m.* | pinceau *m.*
Pitchpineholz *n.* | pitchpin *m.*
Plakat *n.* | affiche *f.*
Plan *m.* | plan *m.*, projet *m.*, dessein *m.*
Plane *f.* (Decke) | bâche *f.*
Planimeter *f.* | planimètre *m.*
plastisch | plastique.
Platane *f.* | platane *m.*
Platin *n.* | platine *m.*
Platin- | de platine.
Platindraht *m.* | fil *m.* de platine.
platinieren | platiner.
Platinierung *f.* | platinage *m.*
platt | plat -e.
Platte *f.* | carreau *m.*, dalle *f.*, plaque *f.*
Plattform *f.* | plateforme *f.*
plattieren | plaquer.
Plattierung *f.* | plaqué *m.*, placage *m.*
Platz *m.* | place *f.*, emplacement *m.*, espace *m.*
platzen | éclater, crever.
Pleuelstange *f.* | bielle *f.*
plombieren | plomber.

Plombieren *n.* | plombage *m.*
plötzlich | brusque, soudain -e.
Plunger *m.* (Taucher *m.*) | plongeur *m.*
pneumatisch (Luft-) | pneumatique.
Pokholz *n.* | gaïac *m.*
Pol *m.* | pôle *m.*
Pol- | à (de) pôle(s), polaire.
Polanker *m.* | armature *f.* à pôles, induit *m.* à pôles.
Polanzeiger *m.* | indicateur *m.* de pôle.
Polspannung *f.* | tension *f.* polaire.
Polar- | polaire.
Polarisation *f.* | polarisation *f.*
Polarisations- | de polarisation.
polarisieren | polariser.
Polarität *f.* | polarité *f.*
Polarlicht *n.* | aurore *f.* polaire.
polieren | polir, brunir.
polierfähig | polissable.
Polierstahl *m.* | brunissoir *m.*
-polig | -polaire; ein- unipolaire; zwei- bipolaire; drei- tripolaire; mehr- multipolaire.
Politur *f.* | poli *m.*, polissage *m.*
Polwechsel *m.* | alternance *f.*
Poly- (viel-) | poly-; multi-.
Polygon *n.* (Vieleck *n*) | polygone *m.*
porös (löchrig) | poreux -se.
Porosität *f.* | porosité *f.*
Porzellan *n.* | porcelaine *f.*
Porzellan- | de (en) porcelaine.
Porzellanklemme *f.* | borne *f.* en porcelaine.
Position *f.* (Lage *f.*) | position *f.*
positiv (wirklich) | positif -ve, -ment.
Post *f.* | poste *f.*
Post- | poste, postal -e, de poste, des postes.
Postamt *n.* | bureau *m.* de poste.
Postanweisung *f.* | mandat poste *m.*
Postbezirk *m.* | circonscription *f.* postale.
Postverwaltung *f.* | administration *f.* des postes.
Potential *n.* | potentiel *m.*
Potential- (Spannungs-) | potentiel -le.
Potentialgefälle *n.* | chute *f.* de potentiel.
Potentiometer *n.* | potentiomètre *m.*
Potenz *f.* | puissance *f.*; zweite — deuxième puissance.
potenzieren | élever à la puissance.
Pottasche *f.* | potasse *f.*
praktisch | pratique, -ment.
präparieren | préparer.
Praxis *f.* | pratique *f.*
Präzision *f.* | précision *f.*, exactitude *f.*
Präzisions- | de précision.
Präzisionswiderstand | rhéostat *m.* de précision *f.*
Preis *m.* | prix *m.*; angemessener — | prix convenable, — équitable; äußerster — | dernier prix; billiger — | bas prix; fester — | prix fixe; genauer — | prix juste; hoher — | prix élevé; mäßiger — | prix modique; spottbilliger — | prix dérisoire; unerschwinglicher — | hors de prix.
Preisliste *f.* | prix courant *m.*
Prell-pfahl *m.*, -stein *m.* | bouteroue *f.*
Preß- | comprimé -e.
Preßluft *f.* | air *m.* comprimé.
Presse *f.* | presse *f.*
pressen | comprimer, presser.
primär | primaire, élémentaire.
primäre Leitung *f.* | ligne *f.* (canalisation *f.*) primaire.

Primär- | primaire.
Primärfeld *n.* | champ *m.* primaire.
Primärregler | rhéostat régulateur *m.* primaire.
Prinzip *n.* | principe *m.*
Prisma *n.* | prisme *m.*
prismatisch | prismatique.
Privat- | particulier -ère, privé -e.
Probe *f.* (Muster) | échantillon *m.*; (Beweis) preuve *f.*; (Versuch) essai *m.*; (Prüfung) épreuve *f.*
Probierhahn *m.* | robinet *m.* de jauge.
Probierventil *n.* | soupape *f.* d'essai.
probieren | éprouver, essayer.
Produkt *n.* | produit *m.*
Produktion *f.* | production *f.*
produzieren | produire.
Profil *n.* | profil *m.*, coupe *f.*
Profil- | de profil, profilé -e.
Profileisen *n.* | fer *m.* profilé.
Profilinstrument *n.* | instrument *m.* de profil.
profilieren | profiler.
Projekt *n.* | projet *m.*
projektieren | projeter.
Projektion *f.* | projection *f.*
projizieren (darstellen | projeter.
Prolongation *f.* | prolongation *f.*
prolongieren (verlängern) | prolonger.
Propeller *m.* (Treiber *m.*) | hélice *f.*, hélice propulsive, propulseur *m.*
Proportion *f.* (Verhältnis *n.*) | proportion *f.*
proportional | proportionnel -le.
Proportionale *f.* | proportionnelle *f.*
Proportionalität *f.* | proportionalité *f.*
Protektion *f.* (Schutz *m.*) | protection *f.*
Protokoll *f.* (Schriftsatz *m.*) | procès verbal *m.*
Proviant *m.* | provisions *f. pl.*
Prozeß *m.* (Klage) | procès *m.*, cause *f.*, instance *f.*; (Verfahren) procédé *m.*, opération *f.*
Prüf- | d'essai, d'épreuve.
Prüfklemme *f.* | borne *f.* d'essai, borne d'épreuve.
Prüfschaltung *f.* | couplage *m.* (montage *m.*, connexion *f.*) d'épreuve.
Prüfspannung *f.* | tension *f.* (voltage *m.*) d'essai.
prüfen | éprouver, essayer, examiner, vérifier.
Prüfer *m.* | essayeur *m.*
Prüfung *f.* (Rechnungs-) | apurement *m.*; (Leistungs-) examen *m.*, épreuve *f.*, vérification *f.*
Prüfungsbericht *m.* | procès verbal *m.* d'épreuve, rapport *m.*
puddeln | puddler.
Puddeln *n.* | puddlage *m.*
Puddelstahl *m.* | acier *m.* puddlé.
Puffer *m.* | tampon *m.*
pulsierend | pulsatoire, périodique.
Pulsierung *f.* | pulsation *f.*
Pulsometer *n.* | pulsimètre *m.*
Pulver *n.* | poudre *f.*
pulvern | pulvériser, réduire en poudre.
Pumpe *f.* | pompe *f.*
pumpen | pomper.
Pumpen- | de pompe.
Pumpenkolben *m.* | piston de pompe.
Punkt *m.* | point *m.*
punktieren | pointer.
Putz- | de nettoyage, à nettoyer.
Pyrometer *n.* (Hitzemesser m.) | pyromètre *m.*

Q.

Quader-stein *m.* | pierre *f.* de taille.
Quadrant *m.* | quadrant *m.*, quart *m.* de cercle.

Quadrant- | à quadrants.
Quadrat *n.* | carré *m.*
Quadratdezimeter *n.* | décimètre *m.* carré.
Quadrateisen *n.* | fer *m.* carré.
Quadratfuß *m.* | pied *m.* carré.
Quadratmeter *n.* | mètre *m.* carré.
Quadratzoll *m.* | pouce *m.* carré.
quadratisch | carré -e.
qualifizieren | qualifier.
Qualität *f.* (Beschaffenheit *f.*) | qualité *f.*
qualitativ | qualitatif -ve, -ment.
Quantität *f.* (Menge *f.*) | quantité *f.*
quantitativ | quantitatif -ve, -ment.
Quantum *n.* | quantité *f.*, portion *f.*
Quart (-format) *n.* | (format *m.*) in quarto, in 4°.
Quarz *m.* | quartz *m.*
Quecksilber *n.* | mercure *m.*, vif argent *m.*
Queck- | à (de) mercure.
Quecksilberkontakt *m.* | contact *m.* de mercure.
Quecksilberumschalter *m.* | commutateur *m.* à mercure.
Quelle *f.* | source *f.*
quer | transversal -e; à (en) travers.
Quer- | transversal -e.
Querfeld *n.* | champ *m.* transversal.
Querstange *f.* | traverse *f.*, barre *f.*
Quote *f.* (Anteil *m.*) | quote part *f.*, cote *f.*, contingent *m.*
Quotient *m.* (Teilzahl *f.*) | quotient *m.*

R.

Rad *n.* | roue *f.*; elektrisches — | tourniquet *m.* électrique.
Radanker *m.* | induit *m.* à roue.
radeln | pédaler.
Räderwerk *n.* | rouage *m.*, engrenage *m.*
Rad-felge *f.* (-kranz *m.*) | jante *f.*, limbe *m.*
radial (strahlenförmig) | radial -e.
Radialanker *m.* | induit *m.* radial.
Radialturbine *f.* | turbine *f.* radiale.
Radiation *f.* (Strahlung *f.*) | radiation *f.*, rayonnement *m.*
radieren (wegkratzen) | gratter.
Radiermesser *n.* | grattoir *m.*
radioaktiv | rayonnant -e.
Radiometer *n.* | radiomètre *m.*
Radio-(Funken-)telegraphie *f.* | radiotélégraphie *f.*
Radius *m.* | rayon *m.*, radius *m.*
Radschaufel *f.* | aube *f.*
Radspeiche *f.* | rais *m.*, rayon *m.*
Radspur *f.* | ornière *f.*
Rahmen *m.* | cadre *m.*, châssis *m.*
Rahmen- | à cadre, à châssis.
Rahmensäge *f.* | scie *f.* à châssis.
Rahmenwiderstand | rhéostat *m.* à cadre *m.*; résistance *f.* à cadre.
Ramm-bär *m.* (-klotz *m.*) | mouton *m.*
Rand *m.* | bord *m.*, rebord *m.*, tranche *f.*
Rand- | par le bord; marginal -e.
Randentladung *f.* | décharge *f.* par le bord.
Randvermerk *m.* | note *f.* marginale.
Rang *m.* | rang *m.*, ordre *m.*, classe *f.*
Raspel *f.* | râpe *f.*
raspeln | râper.
rational (berechenbar) | rationnel -le.
rationell (zweckmäßig) | rationel -le, raisonnable.
Ratschbohrer *m.* | cliquet *m.* à (pour) percer.
Rauch *m.* | fumée. *f*
Rauch- | à (de) fumée.

rauchen | fumer.
Rauchgas *m.* | gaz *m.* de fumée.
Rauchröhrenkessel *m.* | chaudière *f.* à tubes de fumée, — ignitubulaire.
rauch-verbrennend (-verzehrend) | fumivore.
rauh | rugueux -se, rude, âpre.
Raum *m.* | espace *m.*, chambre *f.*, local *m.*
Reagens *n.* | réactif *m.*
Reagenspapier *n.* | papier *m.* réactif *m.*
Reaktanz *f.* | réactance *f.*
Reaktion *f.* (Gegenwirkung *f.*) | réaction *f.*
Reaktions- | à (de) réaction.
Reaktionsmotor *m.* | moteur *m.* à réaction.
Reaktionsspule *f.* | bobine *f.* de réaction.
Rechenschieber *m.* | règle *f.* à calcul.
rechnen | compter, calculer.
Rechnung *f.* | compte *m.*, calcul *m.*
recht(-s) | droit -e; à droite.
Rechteck *n.* | rectangle *m.*
recht-eckig (-winklig) | rectangulaire.
rechter Winkel *m.* | angle *m.* droit.
recken (richten) | redresser; (strekken) étirer.
Reduktion *f.* | réduction *f.*, diminution *f.*
Reduktions- | de réduction.
Reduktionsventil *n.* | soupape *f.* de réduction.
Reduktor *m.* | réducteur *m.*
reduzieren | réduire.
reflektieren | refléter, réfléchir.
Reflektor *m.* | réflecteur *m.*
Reflexion *f.* | réflexion *f.*
Reflexions- | de réflexion, réfléchissant -e.
Reflexionsvermögen *n.* | pouvoir *m.* réfléchissant, — de réflexion.
Reflexionswinkel *m.* | angle *m.* de réflexion.
Refrigerator *m.* | réfrigérateur *m.*, refroidisseur *m.*
Regel *f.* | règle *f.*
regeln | régler; abwärts — | régler en diminution; aufwärts — | régler en augmentation.
regelnd | régulateur -trice.
regelmäßig | régulier -ère, uniforme.
Regelmäßigkeit *f.* | régularité *f.*, uniformité *f.*
regelrecht | correct -e, normal -e, régulier -ère, -ment.
Regelung *f.* | réglage *m.*, régulation *f.*
Regen-dach *n.* (-kappe *f.*) | parapluie *m.*
Regenerier- | à régénération.
Region *f.* | région *f.*
Registrier- | enregistreur, d'enregistrement.
Registrierapparat *m.* | enregistreur *m.*
registrieren | enregistrer, registrer.
Registriervorrichtung *f.* | mécanisme *m.* enregistreur, — d'enregistrement.
Reglement *n.* | règlement *m.*
Regulator *m.* | régulateur *m.*
Regulier- | régulateur -trice, à (de) reglage, à (de) régulation.
Regulierkontakt *m.* | contact *m.* de réglage, — régulateur.
Reguliermotor *m.* | moteur *m.* régulateur, — de réglage.
Regulierschraube *f.* | vis *f.* régulatrice, — de réglage, — de rappel, — de mise au point.

Regulierverlust *m.* | perte *f.* à la régulation, perte au réglage.
Regulierwiderstand *m.* | résistance *f.* réglable, rhéostat *m.*
regulierbar | réglable.
regulieren (regeln) | régler, régulariser.
Reib(e)- | à (de) friction.
Reibrad *n.* | poulie *f.* (roue *f.*) de friction.
reiben | frotter.
Reiber *m.* | frotteur *m.*
Reibung *f.* | frottement *m.*
Reibungs- | à (de, par) frottement, frottant -e.
Reibungselektrizität *f.* | électricité *f.* par frottement.
Reibungskontakt *m.* | contact *m.* frottant, — de frottement.
Reibungskuppelung *f.* | accouplement *m.* à friction.
Reibungswiderstand | résistance *f.* de frottement *m.*
reichen | porter, aller, s'élever.
Reif *m.* | frimas *m.*, givre *m.*, gelée blanche *f.*
Reifen *m.* | bandage *m.*, cercle *m.*, virole *f.*
Reihe *f.* | suite *f.*, série *f.*
Reihen- | en série.
Reihenschaltung *f.* | couplage *m.* (montage *m.*) en série.
rein | pur -e, net -te, clair -e, -ment.
Reingewinn *m.* | bénéfice *m.* net.
reinigen | nettoyer, purifier, épurer.
Reinigung *f.* | nettoyage *m.*, épuration *f.*
reinlich | propre, net -te, propret -te.
Reinlichkeit *f.* | propreté *f.*, netteté *f.*
Reise *f.* | voyage *m.*
reisen nach | aller à, se rendre.
Reißbrett *n.* | planche *f.* à dessiner.
Reißfeder *f.* | tire ligne *m.*
Reiß-nagel *m.* (-zwecke *f.*) | punaise *f.*
Reißzeug *n.* | boîte *f.* à compas, étui *m.* de mathématique.
reißen | se déchirer, rompre.
rekonstruieren | reconstruire.
Rektifikation *f.* | rectification *f.*
rektifizieren | rectifier.
Relais *n.* | relais *m.*
Relais- | de relais.
Relaisschaltung *f.* | couplage *m.* de relais.
relativ | relatif -ve, -ment.
remanent | rémanent -e, résiduel -le.
Remanenz *f.* | rémanence *f.*
rentabel (nutzbringend) | lucratif -ve, profitable, avantageux, utile.
Rentabilität *f.* | rapport *m.*, productivité *f.*
Rentabilitätsberechnung *f.* | calcul *m.* du rapport, — de la productivité.
Reparatur *f.* | réparation *f.*
reparieren | réparer.
Repräsentation *f.* | représentation *f.*
repräsentieren | représenter.
Repulsion *f.* (Rückstoß *m.*) | répulsion *f.*
Repulsionsmotor *m.* | moteur *m.* à répulsion.
Reserve- | de réserve, de rechange.
Reserveanker *m.* | induit *m.* de rechange, — de réserve.
Reservoir *n.* (Behälter *m.*) | réservoir *m.*
Residuum *n.* (Rückstand *m.*) | résidu *m.*

Resolution *f.* (Entschluß *m.*) | résolution *f.*
resolvieren | résoudre.
Resonanz *f.* | réson(n)ance *f.*
Resonanzkurve *f.* | courbe de réson(n)ance.
Resonator *m.* | résonnateur *m.*, révélateur *m.*
Respirator *m.* | respirateur *m.*
Resultante *f.* | résultante.
Resultat *n.* | résultat *m.*
resultieren | résulter, s'ensuivre.
Retorte *f.* | cornue *f.*
Retortengraphit *m.* | graphite *m.* de cornue.
retrograd (rückläufig) | rétrograde, en arrière.
reverberieren (zurückstrahlen) | réverbérer.
Reversiermotor *m.* (Umkehr-) | moteur *m.* réversible.
Revision *f.* (Durchsicht *f.*) | révision *f.*
Revisor *m.* | contrôleur *m.*
Revolver-bank *f.* (drehbar) | tour *m.* à revolver.
Rezipient *m.* (Sammler *m.*) | récipient *m.*
Rheostat *m.* (Widerstandsregler *m.*) | rhéostat *m.*
Rheotom *n.* (Unterbrecher *m.*) | rhéotome *m.*
Rhombus *m.* | losange *f.*, rhombe *m.*
Richt- | directeur -trice; à dresser; de niveau.
Richtlatte | latte *f.* de niveau.
Richtlinie *f.* | ligne *f.* directrice.
Richtzange *f.* | pince *f.* à dresser.
richten (gerade-) | dresser, redresser.
Richten *n.* | dressage *m.*
Richtholz *n.* | dressoir *m.*
Richt-(Bau-, Flucht-)linie *f.* | alignement *m.*
Richtung *f.* | sens *m.*, direction *f.*
Richtungs- | de direction, de sens; directeur -trice.
Richtungsanzeiger *m.* | indicateur *m.* de direction.
Richtungslinie *f.* | ligne *f.* directrice, — de direction.
Richtungswechsel *m.* | changement *m.* de sens, — de direction.
Riegel *m.* | verrou *m.*, traverse *f.*
Riem-en *m.* | courroie *f.*; geschränkter — | courroie croisée; offener — | courroie ouverte; senkrechter — | courroie verticale; wagerechter — | courroie horizontale.
Riemen- | à (de, par) courroie.
Riemenantrieb *m.* | commande *f.* par courroie.
Riemenscheibe *f.* | poulie *f.*; feste — | poulie fixe; lose — | poulie folle.
Riemenspannung *f.* | tension *f.* de courroie.
Riemenvorgelege *n.* | renvoi *m.* à courroie.
Riffelblech *n.* | tôle *f.* cannelée, — gaufrée, — striée.
Rille *f.* | encoche *f.*, fente *f.*, gorge *f.*, rainure *f.*
Rinde *f.* | écorce *f.*
Ring *m.* | anneau *m.*, bague *f.*, collier *m.*
Ring- | annulaire, circulaire, à (en) anneau, à bague(s).
Ringanker *m.* | induit *m.* en anneau, — annulaire.
Ringfassung *f.* | douille *f.* annulaire.
ringförmig | circulaire.
Ringleitung *f.* | canalisation *f.* (ligne *f.*) circulaire.
Ringnippel *m.* | raccord *m.* à anneau.

Ringschmierung *f.* | graissage *m.* à bagues.
Rinne *f.* | caniveau *m.*
Rippe *f.* | nervure *f.*, ailette *f.*
Rippen- | à nervures, à ailettes.
Rippenisolator *m.* | isolateur *m.* à ailettes, — à nervures.
Riß *m.* | fendille *f.*, fissure *f.*
roh | cru -e, brut -e, écru -e.
Rohgummi *m.* | caoutchouc *m.* brut.
Rohmaterial *n.* | matières *f.* premières.
Rohseide *f.* | soie *f.* crue, — écrue.
Rohr *n.* (hohler Zylinder) | tuyau *m.*, tube *m.*, conduit *m.*
Rohr- | de tuyau, à (de) tube(s); tubulaire.
Rohrbruch *m.* | rupture *f.* de tuyau.
Rohrmast *m.* | poteau *m.* tubulaire, — creux.
Rohrnetz | réseau *m.* de tuyaux.
Rohrpost | poste *f.* pneumatique.
Rohrpostkarte *f.* | petit bleu *m.*
Röhre *f.* | tube *m.*
Röhrenkessel *m.* | chaudière *f.* tubulaire.
Röhrenschalter *m.* | interrupteur *m.* à tubes.
röhrenförmig | tubulaire.
Rolle *f.* | rouleau *m.*, (Spule) bobine *f.*, (Walze) cylindre *m.*, (Rädchen) galet *m.*, (Scheibe) poulie *f.*, (Kranz) couronne *f.*
Rollenkondensator *m.* | condensateur *m.* à cylindre, — cylindrique.
Rollenblitzableiter *m.* | parafoudre *m.* à rouleaux.
Röntgenröhre *f.* | tube *m.* Rœntgen.
Röntgenstrahlen | rayons *m.* X, — de Rœntgen.
Rosette *f.* | rosace *f.*, patère *f.*
Rost *m.* (Eisen-) | rouille *f.*; (Feuer-) grille *f.*
rosten | rouiller.
rösten | griller.
rot | rouge.
Rotbuche *f.* | hêtre *m.*
rotglühend | chauffé -e (porté -e) au rouge.
Rotguß *m.* | laiton *m.* rouge.
Rotation *f.* (Umdrehung *f.*) | rotation *f.*
Rotations- | de rotation.
Rotationsfläche *f.* | surface *f.* de rotation.
rotieren (drehen) | tourner.
rotierend | tournant -e, rotatif -ve, rotatoire.
Rotor *m.* (beweglicher Anker *m.*, Läufer *m.*) | rotor *m.*, induit *m.*
Rotor- | de rotor, d'induit.
Rotorstrom *m.* | courant *m.* d'induit, — de rotor.
Rückentladung *f.* | décharge *f.* en retour.
Rückgang *m.* | retour *m.*
Rücklauf *m.* | recul *m.*
Rückleiter *m.* | conducteur *m.* de retour.
Rückleitung *f.* | canalisation *f.* (ligne *f.*) de retour.
Rückseite *f.* | derrière *m.*, côté *m.* (face *f.*) postérieur(e).
Rückstrom *m.* | courant *m.* de retour.
Ruf *m.* | appel *m.*
rufen | appeler.
Ruhe *f.* | repos *m.*
Ruhe- | de repos.
Ruhekontakt *m.* | plot *m.* (contact *m.*) de repos.
ruhig (geräuschlos) | silencieux -se.
Rumpf *m.* | corps *m.*

rund | rond -e.
Rundbrenner *m.* | bec *m.* rond.
Rundeisen *n.* | fer *m.* rond.
Ruß *m.* | suie *f.*

S.

Säge *f.* | scie *f.*
sägen | scier.
Sägespäne *m.* | sciure *f.*
Salmiaksalz *n.* | sel *m.* ammoniac.
Salpeter *m.* | salpètre *m.*, nitrate *m.* de potasse.
Salpetersäure *f.* | acide *m.* azotique, — nitrique.
Salzsäure *f.* | acide *m.* chlorhydrique.
sammeln | accumuler, capter, collecter, collectionner, recueillir.
Sammel- | collecteur -trice, de frottement, omnibus.
Sammelleitung *f.* | canalisation f. (ligne *f.*) collectrice.
Sammelring *m.* | bague *f.* de frottement.
Sammelschiene *f.* | barre *f.* collectrice, barre omnibus.
Sammler *m.* (Akkumulator) | accumulateur *m.*, (Stromsammler) collecteur *m.*
Sammelbatterie *f.* | batterie d'accumulateurs.
Sand *m.* | sable *m.*
Sandstrahlgebläse *n.* | sableuse *f.*
saturieren (sättigen) | saturer.
Sättigung *f.* | saturation *f.*
Satz (Reihe) | jeu *m.*
sauer | acide.
Sauerstoff *m.* | oxygène *m.*
Saug- | aspirant -e, aspiré -e, par (d') aspiration.
Sauggas *n.* | gaz *m.* pauvre, — aspiré, — de gazogène.
Sauggasgenerator *m.* | gazogène *m.* aspirant, — par aspiration.
Sauggasmotor *m.* | moteur *m.* à gaz pauvre, — à gaz pour force motrice.
Saughöhe *f.* | hauteur *f.* d'aspiration.
Saugkolben *m.* | piston *m.* aspirant.
Saugrohr *n.* | tuyau *m.* d'aspiration.
Saugventil *n.* | soupape *f.* d'aspiration.
Säule *f.* | colonne *f.*, pile *f.*
Säure *f.* | acide *m.*
Säure-messer *m.* (-wage *f.*) | acidimètre *m.*, densimètre *m.*, pèse acide *m.*
schaben | gratter, racler.
Schaber *m.* | grattoir *m.*, racloir *m.*
Schacht *m.* | puits *m.*
Schade(n) *m.* | dégât *m.*, dommage *m.*, ravage *m.*
schadhaft | défectueux -se, endommagé -e, gâté -e, détérioré -e.
Schaft *m.* | fût *m.*, tige *f.*
Schake *f.* | chaînon *m.*, maille *f.*
Schale *f.* (Behälter *m.*) | coquille *f.*, cuvette *f.*, (Lager-) coussinet *m.*
Schalldämpfer *m.* | sourdine *f.*
Schalt- (Verteilungs-) | de distribution.
Schalt-brett *n.* (-tafel *f.*) | tableau *m.* de distribution.
Schalthäuschen *n.* | kiosque *m.* de distribution.
Schaltraum *m.* | salle *f.* de distribution.
schalten | commuter, coupler; aus- — | ouvrir (rompre, interrompre) le circuit, mettre hors circuit; ein- — | fermer (intercaler) le circuit, mettre en circuit; um- — | permuter, changer de direction.

Schalter *m.* | commutateur *m.*; Aus-— | interrupteur *m.*, disjoncteur *m.*; Ein-— | conjoncteur *m.*; Um-— | permutateur *m.*

Schaltung *f.* | commutation *f.*, couplage *m.*; Aus-— | ouverture *f.* (disjonction *f.*, interruption *f.*, rupture *f.*) du circuit, mise hors circuit; Ein-— | fermeture *f.* (intercalation *f.*) du circuit, mise en circuit; Um-— | permutation *f.* (changement *m.* de direction) du circuit.

Schamotte *f.* | argile *f.* réfractaire.

scharf | aigu -ë, coupant -e, pointu -e, tranchant -e.

schärfen | aiguiser, affiler, affûter.

Scharnier *n.* | charnière *f.*

schätzen | estimer, évaluer.

Schätzung | *f.* estimation *f.*, évaluation *f.*

schätzungsweise | estimatif -ve.

Schaufel *f.* (Hand-) | pelle *f.*; (Rad-) aube *f.* aileron *m.*, ailette *f.*, palette *f.*

Schaufelrad *n.* | roue *f.* à aubes.

Schaufenster *n.* | étalage *m.*, vitrine *f.*

Schauloch *n.* | regard *m.*

Schaum *m.* | mousse *f.*, écume *f.*

Scheibe *f.* (Rundung) | disque *m.*, (Riem-) palier *m.*, (Loch-) rondelle *f.*, (Fenster-) carreau *m.*

Scheibenanker *m.* | induit *m.* en disque.

Scheibenumschalter | commutateur *m.* (permutateur *m.*) à plaques.

Scheibenwickelung *f.* | enroulement *m.* en disques.

Scheider *m.* | séparateur *m.*, trieur *m.*

Scheidewand *f.* | cloison *f.*, diaphragme *m.*, paroi *f.*

Scheidewasser *n.* | eau forte *f.*, eau régale *f.*

Scheidung *f.* | séparation *f.*

scheinbar | apparent -e.

Scheinwerfer *m.* | projecteur *m.*, réverbère *m.*

Schellack *m.* | gomme laque *f.*, laque *f.* en écailles, — en feuilles, — en plaques.

Schelle *f.* (Band) | collier *m.*, (Bügel) gâche *m.*

Schemel *m.* | tabouret *m.*

Schere (Blech-) | cisaille *f.*

scheuern (reinigen) | écurer, (reiben) raguer, (beizen) décaper.

Schicht *f.* (Lage) | couche *f.*, assise *f.*, strate *f.*; (Arbeits-) (travail *m.*) à la tâche.

Schichtenbildung *f.* | stratification *f.*

Schieber | coulant *m.*, curseur *m.*, tiroir *m.*

Schiebersteuerung *f.* | distribution *f.* à tiroir.

schief | oblique.

Schiefer *m.* | ardoise *f.*

Schiene *f.* | rail *m.*, barre *f.*

Schienen- | de rail, de barres.

Schienen-kopf *m.* | champignon *m.*; -steg *m.* | âme *f.*; -fuß *m.* | appui *m.*, patin *m.*

Schienenverbindung | raccordement *m.* (assemblage *m.*, jonction *f.*) des barres (collectrices) omnibus.

Schiff *n.* | bateau *m.*, navire *m.*, vaisseau *m.*

Schirm *m.* (Schutz *m.*) | écran *m.*, (Licht-) abat jour *m.*

Schlacke *f.* | scorie *f.*

Schlag *m.* | coup *m.*, choc *m.*

schlagen | battre, frapper.

Schlämmkreide *f.* | blanc *m.* de Meudon, — de Troyes.
Schlammventil *n.* | soupape *f.* de purge.
Schlangenrohr *n.* | serpentin *m.*
schleichend | rampant -e.
Schleif- | frottant -e, de contact, de frottement.
Schleifbürste *f.* | balai *m.* frottant.
Schleifkontakt *m.* | contact *m.* par frottement.
Schleifring *m.* | bague *f.* de frottement, — collectrice.
Schleifschiene *f.* | barre *f.* de contact.
Schleife *f.* | boucle *f.*
Schleifen- | bouclé -e, à boucle(s).
Schleifenwickelung *f.* | bobinage *m.* (enroulement *m.*) à boucles.
schleifen | affiler, affûter, aiguiser, émoudre, meuler.
Schleifstein *m.* | meule *f.* à aiguiser.
Schleuse *f.* | écluse *f.*
Schleusen- | d'écluse.
Schleusen-schieber *m.* (-wehr *n.*) | vanne *f.* d'écluse.
schlichten | adoucir, planer, replanir.
Schlichtfeile *f.* | lime *f.* douce.
Schließblech *n.* | fermoir *m.*, moraillon *m.*, platine *f.*
schließen | fermer, serrer.
Schließung *f.* | fermeture *f.*, clôture *f.*
Schlitten *m.* | chariot *m.*, curseur *m.*, traîneau *m.*
Schlitz *m.* | fente *f.*
Schlitz- | à fente, fendu -e.
Schlitzisolator *m.* | isolateur *m.* à fente, — à tête fendue.
Schloß *n.* | fermeture *f.*, serrure *f.*
Schlosser *m.* | serrurier *m.*
schlüpfen | glisser, couler.
Schlüpfung *f.* | glissement *m.*
Schlüpfungs- | de glissement.
Schlüpfungsmesser *m.* | indicateur *m.* de glissement.
Schlüssel *m.* | clef *f.*, clé *f.*; (Taster) manipulateur *m.*; (Stöpsel) fiche *f.*
Schmelz- | de fusion, fusible.
Schmelzpunkt *m.* | point *m.* de fusion.
schmelzbar | fusible.
Schmelzbarkeit *f.* | fusibilité *f.*
schmelzen | fondre.
Schmelzen *n.* | fusion *f.*
Schmelzdraht *m.* | fil *m.* fusible.
Schmelzpatrone *f.* | cartouche *f.* fusible.
Schmelzstreifen *m.* | lame *f.* fusible.
Schmelztiegel *m.* | creuset *m.*
Schmied *m.* | forgeron *m.*
schmiedbar | forgeable, malléable.
Schmiede *f.* | forge *f.*
Schmiede- | de forge, forgé -e.
Schmiedeeisen *n.* | fer *m.* forgé.
Schmiedekohle *f.* | charbon *m.* de forge.
schmieden | forger.
Schmier- | graisseur, de graissage, de lubrification, de lubréfaction, à graisse.
Schmierapparat *m.* | graisseur *m.*, lubrificateur *m.*; dispositif *m.* de lubréfaction, — de graissage.
schmieren | graisser, lubrifier.
Schmieröl *n.* | huile *f.* de graissage.
Schmierung *m.* | bague de graissage, — de lubrification.
Schmierung *f.* | graissage *m.*, lubrification *f.*
Schmirgel *m.* | émeri *m.*
Schmirgel- | à l'émeri.

Schmirgelpapier *n.* | papier *m.* à l'émeri.
schmirgeln | émeriller, meuler (roder) à l'émeri.
Schnecke *f.* (Schraube ohne Ende) | vis *f.* sans fin.
Schneid-eisen *n.* (-kluppe *f.*) | filière *f.*
Schneide *f.* | tranchant *m.*
schneiden | couper, tailler, trancher.
schnell | rapide, fréquent -e, vite; à haute fréquence, à grande vitesse.
Schnelligkeit *f.* | rapidité *f.*, vitesse *f.*
Schnur *f.* | conducteur *m.*, corde *f.*, cordon *m.*, ficelle *f.*
schnüren | lier, ficeler.
Schnurklemme *f.* | taquet *m.* pour cordon.
Schnürung *f.* (Drosselung) | étranglement *m.*
schonen | ménager, épargner.
Schornstein *m.* | cheminée *f.*
schraffieren | hacher.
Schraffierung *f.* | hachure *f.*
schräg | oblique, incliné -e, en biais.
Schräg-fläche *f.* (-kante *f.*) | biseau *m.*
Schrank *m.* | armoire *f.*
Schraube *f.* | vis *f.*
schrauben | visser.
Schrauben-gang *m.* (-gewinde *n.*) | pas *m.* (filet *m.*) de vis.
Schraubenmutter *f.* | écrou *m.*
Schraubenzieher | tourne vis *m.*
Schraubstock *m.* | étau *m.*
Schriftstück *n.* | écrit *m.*, document *m.*
schriftlich | par écrit.
Schritt *m.* | pas *m.*, démarche *f.*
Schrumpfring *m.* | frette *f.*
Schub *m.* | cisaillement *m.*
Schub- | de cisaillement.
Schubkraft *f.* | force *f.* cisaillante.
Schubspannung *f.* | tension *f.* de cisaillement.
Schuh *m.* (Kabel-) | cosse *f.*, soulier *m.*, (Bürsten-) sabot *m.*
Schund-ware *f.* | camelote *f.*, drogue *f.*, pacotille *f.*
Schutz- | d'appui *m.*, de protection *f.*, de sûreté.
Schutzblech *n.* | plaque *f.* de sûreté.
Schutzglocke *f.* | globe *m.* protecteur, — de protection.
Schutznetz *n.* | filet *m.* protecteur, réseau de protection.
schwach | faible, frêle, débile.
Schwach- | faible, de faible intensité.
Schwachstrom *m.* | courant *m.* faible, — de faible intensité.
schwächen | affaiblir.
Schwächung *f.* | affaiblissement *m.*
Schwächungs- | d'affaiblissement.
Schwalbenschwanz *m.* | queue *f.* d'aronde.
Schwamm *m.* | éponge *f.*
schwankend | variable, incertain -e, indécis -e, vague, précaire.
Schwankung *f.* | fluctuation *f.*, oscillation *f.*
schwarz | noir -e.
Schwarzblech *n.* | tôle *f.*
Schwefel *m.* | soufre *m.*
schwefeln | vulcaniser.
Schwefelsäure *f.* | acide *m.* sulfurique; gereinigte — | — purifié; konzentrierte — | — concentré; rauchende — | — fumant; — — brut; wasserfreie — | — anhydre.
Schweiß- | soudant- e, soudé -e, à souder.

schweißbar | soudable.
Schweißen *n.* | soudage *m.*, soudure *f.*
Schweißeisen *n.* | fer *m.* soudable, — soudant, — soudé.
Schweißhitze *f.* | chaude *f.* suante, — soudante.
Schweißstahl *m.* | acier *m.* soudable — soudant, — soudé.
schwer | pesant -e, lourd -e, fort -e, difficile.
Schwere *f.* | pesanteur *f.*
schwimmen | flotter, nager.
Schwimmer *m.* | flotteur *m.*, nageur *m.*
Schwind- | de retrait.
schwinden | se rétrécir, se perdre, diminuer.
Schwindmaß *n.* | échelle de retrait.
schwingen | osciller, vibrer.
Schwingung *f.* | oscillation *f.*, vibration *f.*
Schwingungs- | oscillatoire, vibratoire, d'oscillation, de vibration.
Schwingungsbogen *m.* | arc *m.* d'oscillation.
Schwingungskreis | circuit oscillatoire, — vibratoire.
Schwungrad *n.* | volant *m.*
Schwunggewicht *n.* | poids *m.* faisant volant.
Sediment *n.* | sédiment *m.*
Seele *f.* | âme *f.*
Segment *n.* | segment *m.*, lame *f.*, touche *f.*
Seide *f.* | soie *f.*
Seidendraht *m.* | fil *m.* guipé de soie.
Seil *n.* | corde *f.*, câble *m.*
Seil- | à corde, à (par) câble.
Seilbetrieb *m.* | commande *f.* par câble.
Seiltrommel *f.* | tambour *m.* à corde.
Seite *f.* | côté *m.*
Seiten- | latéral -e, de côté.
Seiteninduktion *f.* | induction *f.* latérale.
seitlich | latéral -e, -ment.
Sektion *f.* | section *f.*
Sektor *m.* | secteur *m.*
sekundär | secondaire.
Selbst- | auto-, self-.
Selbstanlasser *m.* | autodémarreur *m.*, demarreur *m.* automatique.
Selbstinduktion *f.* | selfinduction *f.*
Selbstkostenpreis *m.* | prix *m.* de revient.
selbsttätig | automatique.
Selen *n.* | sélénium *m.*
Semaphor *m.* | sémaphore *m.*
senden | transmettre, émettre.
Sender *m.* (Taster) | transmetteur *m.*, manipulateur *m.*
Senkblei *n.* | plomb *m.* de sonde.
senken | baisser, descendre, enfoncer, incliner.
senkrecht | perpendiculaire, vertical -e, à plomb.
Senkrechte *f.* | perpendiculaire *f.*
Senkung *f.* | affaissement *m.*, dépression *f.*, descente *f.*, enfoncement *m.*, tassement *m.*
Senkwage *f.* | pèse liqueur *m.*, aréomètre *m.*
Sensibilität *f.* | sensibilité *f.*
Serie *f.* | série *f.*
Serien- | en série.
Serien-(Hauptschluß-)dynamo *f.* | dynamo *f.* (génératrice *f.*) en série.
Serien-(Reihen-)schaltung *f.* | couplage (en tension) en série.
Serien-(Reihen-) | transformator *m.* transformateur *m.* en série.
Serpentine (Schlange) *f.* | serpentin *m.*
setzen | mettre, poser, placer.

Setzkopf *m.* | tête *f.* de pose.
Setzmeißel *m.* | tranche *f.*
Sicherheit *f.* | sûreté *f.*, sécurité *f.*
Sicherheits- | de sûreté, de sécurité.
Sicherheitsschalter *m.* | interrupteur *m.* de sécurité, — de sûreté.
Sicherheitswiderstand | rhéostat *m.* de sûreté *f.*; résistance *f.* de sûreté.
sichern | assurer, garantir, prémunir.
Sicherung *f.* | coupe circuit *m.*, fusible *m.*
Sicherungs- | à (de) fusible, à (de) coupe circuit.
Sicherungsdose *f.* | boîte *f.* à fusible, — à coupe circuit.
Sicherungselement *n.* | élément *m.* de fusible, — de coupe circuit.
Sicherungspatrone *f.* | cartouche *f.* fusible; fusible *m.* à cartouche.
Sieb *n.* | tamis *m.*, crible *m.*
sieben | tamiser, cribler.
Siede- | d'ébullition.
Siedepunkt *m.* | point *m.* d'ébullition.
sieden | bouillir.
Sieder- *m.* (rohr) *n.* | bouilleur *m.*
Siederkessel *m.* | chaudière *f.* à bouilleurs.
Siemens Martineisen *n.* | fer *m.* Siemens Martin.
Siemens Martinstahl *m.* | acier *m.* Siemens Martin.
Signal *n.* | signal *m.*
Silber *n.* | argent *m.*
Silber- | d'argent, argenté -e.
Silberdraht *m.* | fil *m.* d'argent.
Silberstahl *m.* | acier *m.* argenté.
Silizium *n.* | silicium *m.*
sinken | baisser, descendre, s'affaisser.
Sinus *m.* | sinus *m.*
Sinus- | de sinus, sinusoïdal -e.
Sinuskurve *f.* | sinusoïde *f.*, courbe *f.* de sinus.
Siphon *m.* | siphon *m.*
Situation *f.* (Lage *f.*) | situation *f.*
Sitz *m.* | siège *m.*
Skala *f.* (Leiter *f.*) | échelle *f.*
Skalen- | d'échelle.
Skalenlänge *f.* | longueur *f.* d'échelle.
Skizze *f.* (Entwurf *m.*) | croquis *m.*, ébauche *f.*, esquisse *f.*
skizzieren | ébaucher, esquisser.
Sockel *m.* (Säulenfuß *m.*) | base *f.*, culot *m.*, pied *m.*, socle *m.*
Soda *f.* | carbonate *m.* de soude.
Sohle *f.* (Boden *m.*) | fond *m.*, plancher *m.*, sol *m.*; (Schuh-) semelle *f.*
Solenoïd *n.* | solénoïde *m.*
solid | solide, -ment.
Solidität *f.* (Haltbarkeit *f.*) | solidité *f.*
Sonde *f.* (Lot) | sonde *f.*
Sonder- | indépendant -e, particulier -ère, séparé -e, spécial -e.
sondieren (prüfen) | sonder, tâter, approfondir.
sorgfältig | exact -e, minutieux -se, soigneux -se, -ment.
Sortiment *n.* | assortiment *m.*, collection *f.*
Spalte *f.* | fente *f.*, crevasse *f.*, fissure *f.*
spalten | diviser, fendre.
Spalter *m.* | diviseur *m.*
Spann- | de calage, de serrage, de tension; tendeur.
Spannplatte *f.* | châssis tendeur *m.*
Spannring *m.* | bague de calage, — de serrage; frette *f.*
Spannschraube *f.* | vis *f.* de tension.

spannen | tendre.
Spanner *m.* (Spann-wirbel *m.*, -schloß *n.*) | tendeur *m.*
Spannklemme *f.* | tendeur *m.* à pince.
Spann-schiene *f.* (-schlitten *m.*) | rail tendeur *m.*, glissières *f.* du tendeur.
Spannung *f.* | tension *f.*, pression *f.*, voltage *m.*, différence *f.* de potentiel.
Spannungs- | de potentiel, de tension, de voltage.
Spannungsregler | rhéostat régulateur *m.* de tension *f.*, — de voltage.
Spannungsregulierung *f.* | réglage *m.* (régulation *f.*) de la tension, — du voltage.
Spannungsschaltung *f.* | couplage *m.* (montage *m.*) en tension, — en série.
Sparlampe *f.* | lampe *f.* économique.
Sparschaltung *f.* | contre couplage *m.*, couplage différentiel.
Speckstein *m.* | stéalite *m.*, talc *m.*, craie *f.* de Briançon.
Speiche *f.* (Sprosse) | bras *m.*, croisillon *m.*, rais *m.*
Speichen- | à bras, à croisillons, à rais.
Speichenanker *m.* | induit *m.* à bras, — à croisillons, — à rais.
Speise- | alimentaire, d'alimentation.
Speisekabel *n.* | artère *f.* (câble *m.*) d'alimentation, conducteur *m.* (câble *m.*) alimentaire; feeder *m.*
speisen | alimenter.
Speisung *f.* | alimentation *f.*
Sperr- | d'arrêt, à déclic, à rochet.
Sperrfeder *f.* | ressort *m.* d'arrêt.
Sperrkegel *m.* | cliquet *m.*, encliquetage *m.*
Sperrad *n.* | roue *f.* à déclic, — à rochet.
sperren | arrêter, bloquer, encliqueter.
Sperrung *f.* | arrêt *m.*, arrêtage *m.*
Spesen *f.* | frais *m.*
speziell | spécial -e, détaillé -e, particulier -ère.
spezifisch | spécifique.
Sphäre *f.* | sphère *f.*
sphärisch | sphérique.
Spiegel *m.* | miroir *m.*
Spiegelgalvanometer *m.* | galvanomètre *m.* à miroir, — à réflexion.
Spiegelscheibe *f.* | glace *f.*
Spiel- (Hub *m.*) | tour *m.*; (Satz) jeu *m.*
Spindel *f.* | arbre *m.*, fuseau *m.*, tige *f.*
Spiral- | à (en) spirale, hélicoïdal -e.
Spiralnippel *m.* | raccord *m.* à spirale.
Spiralwickelung *f.* | bobinage *m.* hélicoïdal.
spitz | aigu -ë, pointu -e, piquant -e.
Spitze *f.* | pointe *f.*
spl(e)issen | épisser.
Spl(e)issung *f.* | épissure *f.*
Splitter *m.* | éclat *m.*, écharde *f.*
Spottpreis *m.* | prix *m.* dérisoire.
Sprachrohr *n.* | porte voix *m.*
Spreize (Strebe) | étai *m.*, étançon *m.*, étrésillon *m.*
Springbrunnen *m.* | fontaine *f.*, jet *m.* d'eau.
springen | sauter.
Spritze *f.* | pompe *f.*, seringue *f.*
spröde | cassant -e, fragile, frêle.
sprühen | cracher, projeter.
Sprung (Riß) | crevasse *f.*, fente *f.*
Spule *f.* | bobine *f.*
Spulenwiderstand *m.* | résistance *f.* de bobine.

Spundwand *f.* (Kofferdamm *m.*) | bâtardeau *m.*
Spur | empreinte *f.*, trace *f.*, indice *m.*
Spur-(Stütz-)lager *n.* | crapaudine *f.*
Stab *m.* | barre *f.*
Stab- | à (en) barre(s).
Stabanker *m.* | induit *m.* à barre.
Stabeisen *n.* | fer *m.* en barres.
Stabilität *f.* (Beständigkeit *f.*) | stabilité *f.*
Stacheldraht | fil *m.* barbelé, ronce *f.* artificielle, ronce d'acier.
Stadt- | de ville, communal -e, municipal -e, urbain -e.
Staffel *f.* | échelon *m.*, gradin *m.*
staffeln | échelonner, disposer en gradins.
Staffelung *f.* | échelonnage *m.*, échelonnement *m.*
Stahl *m.* | acier *m.*; gezogener — | acier laminé; kalt gezogener — | acier laminé à froid; warm gezogener — | acier laminé à chaud.
Stahlplatte *f.* | plaque *f.* d'acier.
Ständer *m.* (Stator) | stator *m.*, (Gestell) carcasse *f.*, chevalet *m.*; (Stütze *f.*) piedestal *m.*, support *m.*
Ständerphase *f.* | phase *f.* de stator.
Standort *m.* | point *m.*, emplacement *m.*
Stange *f.* | barre *f.*, bielle *f.*, perche *f.*, potelet *m.*, tige *f.*, tringle *f.*
Stan(n)iol *n.* | feuille *f.* d'étain.
Stanze *f.* | poinçon *m.*, poinçonneuse *f.*
stark | fort -e, intense, de haute (grande) intensité.
Starkstrom *m.* | courant *m.* intense, — fort, — de haute (grande) intensité.
Stärke *f.* | calibre *m.*, jauge *f.*, épaisseur *f.*, intensité *f.*
Stärkung *f.* | renforcement *m.*, affermissement *m.*
Statik *f.* (Gleichgewichtslehre *f.*) | statique *f.*
statisch | statique.
Station *f.* (Haltepunkt *m.*) | station *f.*, halte *f.*
stationär | stationnaire.
Stator *m.* (feststehender Anker) | stator *m.*, partie *f.* fixe.
Staub *m.* | poussière *f.*
stauchen | aplatir, écraser, rabattre, refouler.
Stauvorrichtung *f.* | vanne *f.* de barrage.
Stearin *n.* | stéarine *f.*
stecken | ficher, introduire.
Steckkontakt *m.* | contact *m.* à fiches, prise *f.* de courant à fiches.
Steife *f.* | étai *m.*, étançon *m.*
Steinkohle *f.* | houille *f.*, charbon *m.* minéral.
Steinmetz *m.* | tailleur *m.* de pierres.
Stell- | d'arrêt, de calage, de rappel, de réglage, de serrage.
Stellring *m.* | bague *f.* d'arrêt.
Stellschraube *f.* | vis *f.* de rappel, — de réglage.
Stellung *f.* | position *f.*, situation *f.*
Stempel *m.* (-marke *f.*) | timbre *m.*
Stern- | en étoile, étoilé -e.
Sternanker *m.* | induit *m.* en étoile, — étoilé.
Steuerung *f.* | commande *f.*, conduite *f.*, distribution *f.*; elektrische — | commande électrique.
Stichel *m.* | burin *m.*
Stickstoff *m.* | nitrogène *m.*, azote *m.*

Stift *m.* | baguette *f.*, crayon *m.*, cheville *f.*, fenton *m.*, goujon *m.*, goupille *f.*
still | silencieux -se, tranquille, calme.
stipulieren | stipuler.
Stopfwerg | étoupe *f.*
Stopfbüchse *f.* | presse étoupe *m.*, serre étoupe *m.*
stopfen | étouper.
Stöpsel *m.* | bouchon *m.*, (Pflock) cheville *f.*, fiche *f.*
Stöpselschalter *m.* | interrupteur *m.* à fiche.
Stöpselsicherung *f.* | coupe circuit *m.* à bouchon; bouchon *m.* fusible.
Stöpselwiderstand *m.* | rhéostat *m.* à chevilles *f.*, — à fiches *f.*
stören | déranger, interrompre.
Störung *f.* | dérangement *m.*, interruption *f.*, perturbation *f.*
Stoß *m.* | choc *m.*, secousse *f.*
Stoßkraft *f.* | force *f.* percutante.
Strahl *m.* | jet *m.*, rayon *m.*
strahlen | rayonner.
Strahlung *f.* | rayonnement *m.*
Straßenbahn *f.* | tramway *m.*
Straßenbauverwaltung *f.* | administration *f.* des ponts et chaussées.
Straßenbeleuchtung *f.* | éclairage *m.* municipal, — public, — des rues.
Straßendamm *m.* | chaussée *f.*
Strebe *f.* | contrefiche *f.*, étai *m.*, étrésillon *m.*, entretoise *f.*, étançon *m.*
streckbar | ductile, extensible.
Streckbarkeit *f.* | ductilité *f.*, extensibilité *f.*
strecken | étendre, étirer.
Strecken *n.* | étirage *m.*
Streichkontakt *m.* | contact *m.* va et vient, — de frottement.
streuen | disperser.
Streuung *f.* | dispersion *f.*
Strich *m.* | trait *m.*, ligne *f.*, barre *f.*, raie *f.*
Strom *m.* | courant *m.*; induzierender — | — inducteur; induzierter — | — induit; intermittierender — | — intermittent; konstanter — | — constant; primärer — | — primaire; sekundärer — | — secondaire.
Stromabnehmer *m.* | balai *m.*, — frottant.
Strom-anzeiger *m.*, -messer | am-(père)mètre *m.*
Stromerzeuger *m.* (Dynamo *f.*, Generator *m.*) | dynamo *f.*, génératrice *f.*
Stromerzeugungsaggregat *n.* | groupe *m.* électrogène.
Stromkreis *m.* | circuit *m.*; geschlossener — | — fermé; offener — | — ouvert; zusammengesetzter — | — composé.
Stromlauf *m.* | passage *m.* du courant.
Stromlieferung *f.* | fourniture *f.* (livraison *f.*) du courant.
Stromnetz *n.* | réseau *m.* électrique.
Stromregler *m.* (Stromregulator, Stromregulierungswiderstand *m.*) | rhéostat *m.*, régulateur *m.* de courant.
Stromrichtung *f.* | sens *m.* du courant.
Stromsammler *m.* (Stromwender *m.*, Kollektor *m.*) | collecteur *m.*, commutateur *m.*, inverseur *m.*, permutateur *m.*
Stromsammlung *f.* | captation *f.* du courant.
Stromschluß *m.* | fermeture *f.* du circuit.

Stromspannung *f.* | tension *f.*, pression *f.*, voltage *m.*
Stromstärke *f.* | intensité *f.* du courant.
Stromumwender *m.* (Umschalter) | commutateur *m.*, permutateur *m.*, inverseur *m.*
Strom-wendung *f.* (-umkehrung *f.*) | inversion *f.* du courant, changement de sens du courant.
Stromunterbrecher *m.* | interrupteur *m.* de courant.
Stromunterbrechung *f.* | interruption *f.* de courant.
Strom-verbrauch *m.* (-konsum *m.*) | consommation *f.* (dépense *f.*) du courant.
Stromversorgungsgebiet *n.* | secteur *m.*, rayon *m.* desservi, région *f.* desservie.
Stromverteilung *f.* | distribution *f.* du courant.
strömen | couler.
Struktur *f.* | structure *f.*
Stückkohle *f.* | gailletin *n.*, gaillette *f.*, gayette *f.*, gailleterie *f.*
Stufe *f.* | degré *m.*, gradin *m.*, marche *f.*
Stufen-scheibe *f.* (-rad *n*) | cône *m.* à gradins, poulie *f.* étagée.
Stufenturbine *f.* | turbine *f.* étagée.
Stufenventil *n.* | soupape *f.* à gradins.
stufenweise | par degrés, graduellement, à gradins.
Stumpf *m.* | bout *m.*, tronçon *m.*
Sturm *m.* | tempête *f.*, orage *m.*
stützen | soutenir, appuyer, accouder, supporter.
Stützlager *n.* | crapaudine *f.*
Stützpunkt *m.* | point *m.* d'appui.
Submission *f.* | soumission *f.*
Submittent *m.* | soumissionnaire *m.*
Subskribent *m.* | souscripteur *m.*
subskribieren | souscrire.
Südlicht *n.* | aurore *f.* australe.
Sulfat *n.* | sulfate *m.*
Summe *f.* | somme *f.*
summen | bourdonner, résonner.
Summen *n.* | bourdonnement *m.*
Sumpfwasser *n.* | eau *f.* morte.
Superoxyd *n.* | peroxyde *m.*
suspendieren (auf-hängen) | suspendre.
Symbol *n.* | symbole *m.*
Symmetrie *f.* (Ebenmaß *n.*) | symétrie *f.*
symmetrisch | symétrique, -ment.
synchron (gleichzeitig) | synchronique.
Synchronismus *m.* | synchronisme *m.*
System *n.* | système *m.*

T.

Tabelle *f.* | tableau *m.*, table *f.*
Tachograph *m.* (Geschwindigkeitsschreiber *m.*) | tachygraphe *m.*, tachymètre *m.* enregistreur.
Tachometer *m.* (Geschwindigkeitsmesser *m.*) | tachymètre *m.*, indicateur *m.* de vitesse.
Tafel *f.* | table *f.*, tableau *m.*, plaque *f.*, plateau *m.*
Tagebuch *n.* | journal *m.*
Talg *m.* | suif *m.*
Talk *m.* | talc *m.*
Talon *m.* | talon *m.*
Tampon *m.* (Pfropfen *m.*) | tampon *m.*
Tandem(Dampf)maschine *f.* | machine *f.* tandem.
Tangential- | tangentiel -le.
Tangentialbürste *f.* | balai *m.* tangentiel.

Tangentialkraft *f.* | force *f.* tangentielle.
Tank *m.* | cuve *f.*, réservoir *m.*
tarieren | tarer.
Tarif *m.* | tarif *m.*
Taschen- | de poche.
Taschenkompaß *m.* | boussole *f.* de poche.
Taste *f.* | clef *f.*, touche *f.*, manipulateur *m.*
Taster *m.* | manipulateur *m.*
Tastenwerk *n.* | clavier *m.*
Tauch- | plongeur -euse.
Tauchanker *m.* | armature *f.* plongeuse.
tauchen | plonger.
Taucher (Plunger *m.*) | plongeur *m.*
tauschen | permuter, échanger.
Taxe *f.* | taux *m.*
taxieren | taxer.
Techniker *m.* | technicien *m.*
technisch | technique.
Technologie *f.* | technologie *f.*
Teer *m.* | goudron *m.*
teeren | goudronner.
Teil- | gradué -e, partiel -le.
Teilscheibe *f.* | disque *m.* gradué.
Teilstrom *m.* | courant *m.* partiel.
teilbar | divisible.
Teilbarkeit *f.* | divisibilité *f.*
teilen | diviser.
Teilnehmer *m.* | abonné *m.*
Teilung *f.* graduation *f.*, subdivision *f.*
Telegramm *n.* | télégramme *m.*, dépêche *f.*
Telegraph *m.* | télégraphe *m.*
Telegraphie *f.* | télégraphie *f.*
telegraphieren | télégraphier.
telegraphisch | par télégraphe.
Telephon *n.* | téléphone *m.*
telephonisch | par téléphone.
Temperatur- | de température.
Temperaturwechsel *m.* | changement *m.* (variation *f.*) de température.
temporär | temporaire, -ment, volant -e.
Terpentinöl *n.* | essence *f.* de térébenthine.
Terrain *n.* (Gelände *n.*) | terrain *m.*
T-förmig | à T.
T-Eisen *n.* | fer *m.* en T.
Theodolith *m.* | théodolite *m.*
Theorem *n.* (Lehrsatz *m.*) | théorème *m.*
theoretisch | théorique, -ment; idéal -e, -ment.
Theorie *f.* | théorie *f.*
Thermo- (Wärme-) | thermo-.
Thermometer *n.* | thermomètre *m.*
Thomaseisen *n.* | fer *m.* Thomas.
Thomasstahl *m.* | acier *m.* Thomas.
Tiegelstahl *m.* | acier *m.* fondu au creuset.
tilgen | amortir.
Tilgung *f.* | amortissement *m.*
Tinte *f.* | encre *f.*
Tisch *m.* | table *f.*, banc *m.*, établi *m.*
Tischler *m.* | menuisier *m.*
Tischlerei *f.* | menuiserie *f.*
Titel *m.* | titre *m.*
Titular *m.* (Inhaber *m.*) | titulaire *m.*
Toleranz *f.* (Duldung *f.*) | tolérance *f.*
Ton *m.* -erde *f.* | argile *f.*
Ton- | céramique; en poterie, d'(en) argile cuite.
Tonrohr *n.* | tuyau *m.* céramique, — en poterie, — en argile cuite.
Tonne *f.* (1000 Kilo) | tonne *f.*
Torf *m.* | tourbe *f.*
Torsions- (Drehungs-) | à (de) torsion.

Torsionsaufhängung | suspension *f.* à torsion.

Torsionsfeder *f.* | ressort *m.* de torsion.

tot | mort -e; -er Punkt | point *m.* mort.

Tour *f.* (Umdrehung *f.*) | tour *m.*, révolution *f.*, rotation *f.*

Tourenzähler *m.* | compte tours *m.*, compteur *m.* de tours.

Trace *f.* (Linienführung) | trace *m.*

tracieren (abstecken) | tracer.

tragbar | portatif -ve, mobile.

tragen | porter, supporter, rapporter.

Träger *m.* (Stütze *f.*) | support *m.*; (Balken *m.*) poutre *f.*, portant *m.*

Trägheits- | d'inertie.

Trägheitskraft *f.* | force *f.* d'inertie.

tränken | imbiber, imprégner, injecter.

Tränkung *f.* | imprégnation *f.*, injection *f.*

Transformator (Umformer) *m.* | transformateur *m.*

Transformator- | de transformateur.

Transformatormantel *m.* | cuirasse *f.* de transformateur.

Transformatorkern *m.* | noyau *m.* de transformateur.

transformieren | transformer; herab- (abwärts-) | dévolter, réduire le voltage, diminuer la tension; hinauf- (aufwärts-) | survolter, élever le voltage, augmenter la tension.

Transformierung (Umformung) *f.* | transformation *f.*

Transformierungsverhältnis *n.* | rapport *m.* de transformation.

Transmission *f.* | transmission *f.*

Transparent *n.* | transparent *m.*

Transport- (Beförderungs- *f.*) | de transport.

Transportkosten | frais *m.* de transport.

transportabel | portatif -ve, transportable.

Transporteur (Frachtführer) *m.* | transporteur *m.*, voiturier *m.*; (Winkelmesser) rapporteur *m.*

transportieren (befördern) | transporter; (übertragen) reporter, porter à nouveau.

transversal (quer) | transversal -e.

Tratte *f.* | traite *f.*, mandat *m.*, effet *m.*

treiben (an- be-treiben) | actionner, commander, faire marcher, mettre en fonctionnement (mouvement); (ausnützen, -beuten) exploiter, faire valoir, tirer profit de.

Treib-, (Trieb-) | moteur-trice; d'actionnement, de commande, d'impulsion.

Treibriemen *m.* | courroie *f.* de commande, — de transmission.

Trenn- | séparateur -trice, de séparation, de coupure.

Trennschalter *m.* | interrupteur *m.* séparateur, — de séparation.

Trennstellung *f.* | position *f.* de coupure, — de séparation.

Treppenbeleuchtung *f.* | éclairage *m.* des escaliers.

Trichter *m.* | entonnoir *m.*

Triebfeder *f.* | ressort *m.*

Triebkraft *f.* | force *f.* (énergie *f.*) motrice, propulsion *f.*

Triebwerk *n.* | mécanisme *m.* d'actionnement, — de commande.

Trip(p)el *m.* | tripoli *m.*

Trinkwasser *n.* | eau *f.* potable.
trocken | sec, sèche.
Trockenofen *m.* | séchoir *m.*, étuve *f.* à sécher.
Trog *m.* | auge *f.*
Trommel- | à (en) tambour.
Trommelanker *m.* | induit *m.* en (à) tambour.
Tropfen *m.* | goutte *f.*
Tropföler *m.* | graisseur *m.* (godet *m.*), — compte gouttes.
Tropfring *m.* | bague *f.* d'égouttage.
Trumm *n.* | brin *m.*, gezogenes — | brin conduit; ziehendes — | brin conducteur.
Tuch *n.* | drap *m.*
Tunnel *m.* | tunnel *m.*
Turbine *f.* | turbine *f.*
Turbodynamo *f.* | turbodynamo *f.*, turbogénératrice *f.*
Turmuhr *f.* | horloge *f.*
Turmalin *m.* | tourmaline *f.*
Tusche *f.* | encre *f.* de Chine.
Typus *m.* | type *m.*

U.

Über- | sur-, hyper-, exagéré -e.
Überanstrengung *f.* | effort *m.* exagéré.
Überhitzer *m.* | surchauffeur *m.*
überhitzen | surchauffer.
Über-last (-belastung, -ladung *f.*) | surcharge *f.*
überladen | surcharger.
Überkommutierung *f.* | hypercommutation *f.*, commutation *f.* exagéré.
Überblick *m.* | aperçu *m.*
Überdruckturbine *f.* | turbine *f.* à réaction.
Übergang *m.* | passage *m.*
Überlandzentrale *f.* | centrale *f.* intercommunale.
Übernahme *f.* | réception *f.*, prise *f.* de livraison.
Überlaufrohr *n.* | tuyau *m.* de trop plein.
Übersättigung *f.* | sursaturation *f.*
überschreiten | traverser.
Überschuß *m.* | excédent *m.*
Über-setzer (-trager *m.*) | translateur *m.*
Über-setzung (-tragung *f.*) | translation *f.*
Übersichtstafel *f.* | tableau *m.* indicateur.
überspinnen | guiper, tresser.
übertragen | transporter, reporter, porter à nouveau.
Übertragung *f.* | translation *f.*, transmission *f.*, transport *m.*, report *m.*
überwachen | surveiller.
Überwachung *f.* | surveillance *f.*
überweisen | assigner, faire transporter, faire virer.
Überweisung *f.* | virement *m.* (de fonds).
überzählig | surnuméraire.
überziehen | recouvrir, revêtir.
Überzug *m.* (Schicht *f.*) | couche *f.*, enduit *m.*, recouvrement *m.*, revêtement *m.*; (Hülle *f.*) couverture *f.*, gaine *f.*
U-förmig | en U.
U-Eisen *n.* | fer en U.
Uhr *f.* (Turm-, elektrische —) | horloge *f.*, (Taschen —) montre *f.*, (Gas —) compteur *m.*
Umdrehung *f.* | tour *m.*, révolution *f.*, rotation *f.*
Umdrehungs- | de tours, de révolutions.

Umdrehungsanzeiger | indicateur *m.* de tours, — de révolutions.
Umfang *m.* | circonférence *f.*, périphérie *f.*, ampleur *f.*
Umfangs- | périphérique, tangentiel -le.
Umfangsgeschwindigkeit *f.* | vitesse périphérique, — tangentielle.
umfassen | embrasser, envelopper.
umfassend | ample, vaste, large, étendu -e.
umformen | transformer.
Umformerstation *f.* | station de réception, — réceptrice; station de transformation, — transformatrice.
Umgang *m.* (Windung *f.*) | circonvolution *f.*
umgeben | entourer, embrasser.
umgebend | ambiant -e.
umhüllen | envelopper, revêtir.
Umhüllung *f.* | enveloppe *f.*, revêtement *m.*
Umkehr- *f.* | inverseur, d'inversion.
Umkehranlasser *m.* | démarreur inverseur *m.*
Umkehrfeld *n.* | champ *m.* d'inversion.
umkehren | inverser, renverser.
umkehrbar | réversible.
Umkehrbarkeit *f.* | réversibilité *f.*
Umkehrmotor *m.* | moteur *m.* réversible.
Umkehrung *f.* | inversion *f.*, renversement *m.*
um-klöppeln, (-spinnen) | guiper, tresser.
Umklöppelung *f.* | guipage *m.*, tressage *m.*
Umkreis *m.* | périphérie *f.*
umladen | transborder.
Umladung *f.* | transbordement *m.*
umlaufen (kreisen) | circuler.
Umlauf (Kreislauf) | circulation *f.*
Umriß *m.* | contour *m.*
Umschalt- | de commutation, de permutation, d'inversion.
Umschalttafel *f.* | tableau *m.* de commutation.
Umschaltvorrichtung *f.* | appareil *m.* (dispositif *m.*) de permutation.
Umschaltwalze *f.* | cylindre *m.* d'inversion.
umschalten | commuter, permuter.
Umschalter *m.* | commutateur *m.*, permutateur *m.*
Umschaltung *f.* | commutation *f.*, permutation *f.*, changement *m.* de direction.
umschließen | enclaver, entourer.
umschmelzen | refondre.
umstellen (wenden) | permuter, transposer, renverser.
Umstellung *f.* | permutation *f.*, renversement *m.*, inversion *f.*, changement *m.*
Umwälzung *f.* | révolution *f.*
umwenden | renverser, tourner, inverser, changer le sens.
umwickeln | envelopper, enrouler, entourer.
Umwickelung *f.* | bandage *m.*, enroulage, enroulement *m.*, enveloppe *f.*, frette *f.*
un- | non-, in-, im-.
unabhängig | indépendant -e.
unbelastet | à vide.
unbeweglich | immobile, dormant -e.
unbiegsam | inflexible.
undurchlässig | étanche, imperméable.
uneben | inégal -e, raboteux -se, rugueux -se, accidenté -e.
Unfall *m.* | accident *m.*, malheur *m.* désastre *m.*

ungedämpft | non amorti -e, inamorti -e.
ungefähr | approximatif -ve, -ment.
ungeglättet | non calandré -e.
ungerade | impair -e.
ungesichert | non protégé -e.
uniform | uniforme.
unipolar | unipolaire.
Universal- | universel -le.
Universalfutter *n.* | mandrin *m.* universel.
Universalklemme *f.* | borne *f.* universelle.
Universalkuppelung *f.* | accouplement *m.* universel.
unlöslich | insoluble.
unpolarisierbar | impolarisable.
Unschlitt *m.* (Talg *m.*) | suif *m.*
unschmelzbar | infusible.
Unterbau *m.* | soubassement *m.*, fondement *m.*, substruction *f.*
unterbrechen | interrompre.
Unterbrecher | interrupteur *m.*, disjoncteur *m.*
Unterbrechung *f.* | interruption *f.*, rupture *f.*
Unterbrechungs- | interrupteur, d' interruption, de rupture.
Unterbrechungsfeder *f.* | ressort *m.* interrupteur.
Unterbrechungsfunke | étincelle *f.* de rupture.
Unterbrechungsstellung *f.* | position *f.* d'interruption, — de rupture.
untererregt | sousexcité -e.
Untererregung *f.* | sousexcitation *f.*
unterhalten (erhalten) | entretenir.
Unterhaltung *f.* | entretien *m.*
Unterhaltungskosten | frais *m.* d' entretien.
unterirdisch | souterrain -e.
unternehmen | entreprendre.
Unternehmer *m.* | entrepreneur *m.*
Unternehmung *f.* | entreprise *f.*
unterschreiben | signer, souscrire à.
Unterschrift *f.* | signature *f.*, souscription *f.*
unterseeisch | sousmarin -e.
untersuchen | éprouver, essayer, examiner, vérifier.
Untersuchung *f.* | essai *m.*, épreuve *f.*, examen *m.*, vérification *f.*
unterwerfen | soumettre.
Unterwerfung *f.* | soumission *f.*
unterzeichnen | signer.
ununterbrochen | ininterrompu -e.

V.

vag (unbestimmt) | vague.
Vakuum *n.* | vide *m.*, vacuum *m.*
Vakuum- | à (de) vide.
Vakuumfritter *m.* | cohéreur *m.* à vide.
Vakuummeter *n.* | vacuomètre *m.*, indicateur *m.* de vide.
Valuta *f.* | valeur *f.*
Velociped *n.* (Fahrrad *n.*) | vélocipède *m.*
Ventil *n.* | soupape *f.*, valve *f.*, clapet *m.*
Ventil- | à soupape(s), à valve(s).
Ventilsteuerung *f.* | distribution *f.* à soupapes, — à valves.
Ventilation *f.* | ventilation *f.*, aérage *m.*
Ventilations- | de ventilation.
Ventilationsscheibe *f.* | disque *m.* de ventilation.
Ventilator *m.* | ventilateur *m.*, aérateur *m.*
ventilieren (lüften) | ventiler, aérer.

veränderlich (wechselnd) | variable, changeant -e; (unbeständig) altérable.
verändern | changer, transformer, varier, altérer.
Veränderung *f.* | changement *m.*, transformation *f.*, variation *f.*; altération *f.*
verankern | ancrer, (Seil) haubaner.
Verankerung *f.* | ancrage *m.*, (Seil-) haubanage *m.*
Verankerungs- | d'ancrage, de haubanage.
Verankerungsbolzen *m.* | boulon d'ancrage.
Verankerungsdraht *m.* | fil de haubanage, hauban fil.
verbessern | améliorer, perfectionner, corriger.
Verbesserung *f.* | amélioration *f.*, perfectionnement *m.*, correction *f.*
verbinden | combiner, connecter, joindre, lier, raccorder, relier, réunir.
Verbinder *m.* | connecteur *m.*
Verbindlichkeit *f.* | obligation *f.*, engagement *m.*; ohne — | sans engagement; ohne Gewähr (Obligo) | sans garantie.
Verbindung *f.* | accouplement *m.*, assemblage *m.*, combinaison *f.*, communication *f.*, connexion *f.*, jointure *f.*, jonction *f.*, liaison *f.*, raccord *m.*, raccordement *m.*, réunion *f.*
Verbindungs- | d'accouplement, d'assemblage, de connexion, de jonction, de raccordement.
Verbindungsbogen *m.* | arc *m.* de connexion, — de jonction, — de raccordement.
Verbindungsmuffe *f.* | manchon *m.* d'accouplement, — d'assemblage, — de jonction, — de raccordement.
verbleien | plomber.
Verbleiung *f.* | plombage *m.*
verbolzen | boulonner.
Verbolzung *f.* | boulonnage *m.*
Verbrauch *m.* | consommation *f.*, dépense *f.*
verbrauchen | consommer, dépenser, employer.
Verbraucher *m.* | consommateur *m.*
Verbrauchs- | de consommation, d'utilisation.
Verbrauchsmesser *m.* | compteur *m* de consommation.
Verbrauchsspannung *f.* | tension *f.* de consommation, voltage *m.* d'utilisation.
verbrennen | brûler, consumer.
Verbrennung *f.* | brûlement *m.*, brûlure *f.*, combustion *f.*
Verbund- (Compound-) | compound.
Verbund (Dampf) maschine *f.* | machine *f.* (à vapeur) compound.
Verbundwickelung *f.* | enroulement *m.* compound.
verdampfen | vaporiser, évaporer.
Verdampfung *f.* | vaporisation *f.*, évaporation *f.*
Verdampfungs- | de vaporisation.
Verdampfungs-fähigkeit *f.*, (-vermögen *n.*) | puissance *f.* de vaporisation.
verdingen | donner (prendre): (unter Festsetzung des Preises) à forfait, (der Lieferzeit) à la tâche; (des Stücklohns) à la pièce.
Verdingung *f.* | soumission *f.*, engagement *m.*: à la tâche, — à forfait, — à la pièce.

verdoppeln | doubler, redoubler, jumeler.
Verdoppelung *f.* | doublage *m.*, redoublement *m.*
verdrängen (verschieben) | décaler, déplacer; (unterdrücken) supprimer, évincer, supplanter.
Verdrängung *f.* | décalage *m.*, déplacement *m.*; suppression *f.*, supplantation *f.*
verdünnen | diluer, raréfier.
Verdünnung *f.* | dilution *f.*, raréfaction *f.*
verdunsten | s'évaporer, vaporiser.
Verdunstung *f.* | évaporation *f.*, vaporisation *f.*
vereinigen | connecter, joindre, raccorder.
Vereinigung *f.* | connexion *f.*, jonction *f.*, raccordement *m.*
verengen | rétrécir, contracter, resserrer.
Verengung *f.* | rétrécissement *m.*, contraction *f.*, resserrement *m.*
verfahren | procéder, agir.
Verfahren *n.* | procédé *m.*, manière *f.* d'agir.
verflüchtigen | volatiliser, s'évaporer.
Verflüchtigung *f.* | volatilisation *f.*, évaporation *f.*
verfügbar | disponible.
Verfügbarkeit *f.* | disponibilité *f.*
vergleichen | comparer, collationner.
Vergleich- *m.* (-ung *f.*) | comparaison *f.*
Vergleichswiderstand *m.* | rhéostat *m.* de comparaison.
vergolden | dorer.
Vergoldung *f.* | dorure *f.*
vergrößern | agrandir, augmenter, grossir.
Vergrößerung *f.* | agrandissement *m.*, grossissement *m.*
Verhältnis *n.* | rapport *m.*, proportion *f.*, raison *f.*
verjüngen (mindern) | réduire, raccourcir, rétrécir, diminuer.
Verjüngung *f.* | réduction *f.*, raccourcissement *m.*, rétrécissement *m.*, diminution *f.*
Verkaufspreis *m.* | prix *m.* de vente.
verketten | enchaîner, joindre, relier.
Verkettung *f.* | jonction *f.*, raccordement *m.*
Verkettungspunkt *m.* | point *m.* de jonction.
verkleiden (verhüllen) | envelopper, parer, revêtir.
Verkleidung *f.* | enveloppe *f.*, parement *m.*, revêtement *m.*
verkohlen | carboniser.
Verkohlung *f.* | carbonisation *f.*
verkupfern | cuivrer.
Verkupferung *f.* | cuivrage *m.*, cuivrure *f.*
verlaschen | éclisser.
Verlaschung *f.* | éclissage *m.*
verlegen (Kabel) | poser, placer, établir.
Verlegung *f.* | pose *f.*, placement *m.* établissement *m.*
Verlegungs- | de pose, de placement.
Verlegungskosten | frais *m.* de pose.
Verlegungsscheibe *f.* | moulinet *m.* de pose, dévidoir *m.*
ver-litzen (-seilen) | toronner, commettre en torons.
Verlitzmaschine *f.* | toronneuse *f.*
Verlitzung *f.* | toronnage *m.*, commettage *m.* en torons.
verlöten | souder.

Verlötung *f.* | soudure *f.*
Verlust *m.* (Abgang *m.*) | perte *f.*, déperdition *f.*
Verlustmaximum *n.* | maximum *m.* de perte, perte *f.* maximum.
Verlustminimum *n.* | minimum *m.* de perte, perte *f.* minimum.
vermehren | augmenter.
Vermehrung *f.* | augmentation *f.*
vermieten | louer.
Vermietung *f.* | location *f.*, louage *m.*
vermodern | pourrir, moisir.
Vermoderung *f.* | pourriture *f.*, moisissure *f.*, putréfaction *f.*, putridité *f.*
Vermögen *n.* (Kraft) | pouvoir *m.*, puissance *f.*, faculté *f.*
vernickeln | nickeler.
Vernickelung *f.* | nickelage *m.*
vernieten | river.
Vernietung *f.* | rivure *f.*, rivetage *m.*, rivement *m.*
verpflichten | engager, obliger.
Verpflichtung *f.* | engagement *m.*, obligation *f.*
verriegeln | verrouiller, fermer au verrou.
Verriegelung *f.* | fermeture *f.* au verrou.
verringern | diminuer, réduire, amoindrir.
Verringerung *f.* | diminution *f.*, réduction *f.*, amoindrissement *m.*
verschalen | revêtir de planches.
verschieben | déplacer, déranger.
Verschiebung *f.* | déplacement *m.*, dérangement *m.*
Verschleiß (Abnutzung *f.*) | usure *f.*, (Absatz *m.*) débit *m.*
verschleißen | user; débiter.
verschließbar sein (mit Deckel) | fermer à couvercle, (mit Schlüssel) — à serrure, — à clef.
verschlingen (verwickeln) | s'embrouiller, s'enchevêtrer, s'entortiller, s'entrelacer, se mélanger.
Verschlingung *f.* (Verwickelung *f.*) | enchevêtrement *m.*, (Würgverbindung *f.*) torsade *f.*
Verschluß *m.* | fermeture *f.*, clôture *f.*, joint *m.*; unter — | sous clef.
verschwinden | disparaître, s'évanouir, se perdre.
Verschwinden *n.* | disparition *f.*, évanouissement *m.*, perte *f.*
versehen (ausrüsten) | garnir, munir, pourvoir, revêtir.
versenken | enchâsser, enfoncer, immerger, submerger, noyer, plonger.
Versenkung *f.* | enchâssement *m.*, enfoncement *m.*, submersion *f.*
versichern (sichern) | assurer; (zusichern) affirmer, garantir, protester.
Versicherung *f.* | assurance *f.*; affirmation *f.*, garantie *f.*
versilbern | argenter.
Versilberung *f.* | argenture.
versorgen | alimenter, desservir.
Versorgung *f.* | alimentation *f.*, débit *m.*
Versorgungsgebiet *n.* | rayon *m.* (région *f.*, secteur *m.*) desservi(e), alimenté(e).
verstählen | aciérer.
Verstählung *f.* | aciérage *m.*
verstärken | fortifier, renforcer.
Verstärkung | renfort *m.*, renforcement *m.*
verstecken | dissimuler, cacher, couvrir.

versteifen | étayer, étançonner.
Versteifung *f.* (Stütze) | étayage *m.*, étaiement *m.*, étançonnage *m.*, étançonnement *m.*
verstellbar | ajustable, déplaçable, mobile, réglable.
verstellen | changer de place, déplacer, ajuster, régler.
Verstellung *f.* | changement *m.* de place, déplacement *m.*
verstopfen | boucher, engorger, obstruer, étouper.
Verstopfung *f.* | bouchage *m.*, engorgement *m.*, obstruction *f.*, étoupement *m.*
verstreben | étayer, étançonner.
Versuch *m.* | essai *m.*, épreuve *f.*, expérience *f.*
verteilen | distribuer, disperser, répartir.
Verteiler *m.* | distributeur *m.*, répartiteur *m.*
Verteilung | distribution *f.*, dispersion *f.*, répartition *f.*, branchement *m.*
Verteilungs- | de distribution, de dispersion, de répartition, de branchement, de départ; distributeur -trice.
Verteilungskasten *m.* | boîte *f.* de distribution, — de dispersion, — de départ.
Verteilungsnetz *n.* | réseau *m.* de distribution.
Verteilungsrahmen *m.* | cadre *m.* de répartition, — de dispersion.
Verteilungsring *m.* | bague *f.* de départ, — de dispersion, — de distribution.
Verteilungsschiene *f.* | barre *f.* de distribution, — distributrice.
Verteilungstafel *f.* | tableau *m.* de distribution, — de branchement.
vertikal | vertical -e, -ment.
Vertrag *m.* | contrat *m.*, convention *f.*, accord *m.*, traité *m.*
verunstalten | déformer, défigurer, déparer.
verwalten | administrer, gérer, régir, gouverner, diriger.
Verwalter *m.* administrateur *m.*, gérant *m.*, régisseur *m.*, directeur *m.*
Verwaltung *f.* | administration *f.*, gestion *f.*, régie *f.*, direction *f.*
Verwaltungs- | administratif -ve, d'administration.
Verwaltungsbehörde *f.* | administration *f.*, autorité *f.* administrative.
Verwaltungsrat *m.* | conseil *m.* d'administration.
verwendbar | applicable, adaptable.
Verwendbarkeit *f.* | utilité *f.* pratique.
verwenden | employer, appliquer, utiliser.
Verwendung *f.* | emploi *m.*, application *f.*
verwickeln | embrouiller, entortiller, mêler.
verzahnen | endenter, engrener.
Verzahnung *f.* | denture *f.*, endentement *m.*, engrenage *m.*
verziehen, sich — | se déjeter.
verzinken | zinguer.
Verzinken *n.* (-ung *f.*) | zincage *m.*
verzinnen | étamer.
Verzinnen *n.* -ung *f.* | étamage *m.*
verzögern | retarder, différer, ajourner.
Verzögerung *f.* | retard *m.*, retardement *m.*, ajournement *m.*

Verzweigung *f.* | branchement *m.*
Vestibül *n.* (Vorhalle) | vestibule *m.*
Vibration *f.* (Schwingung *f.*) | vibration *f.*
vibrieren (zittern) | vibrer.
viel-fach | multi-, poly-, plusieurs.
vielphasig | polyphasé -e.
Vielphasenstrom *m.* | courant *m.* polyphasé.
vielpolig | multipolaire.
Vielpolanker *m.* | induit *m.* multipolaire.
Viereck *n.* | carré *m.*
viereckig | carré -e, en carré.
vierphasig | tétraphasé -e.
virtuell (wirkungsfähig) | virtuel -le.
visieren (ausgleichen) | ajuster, jauger.
Voll-, voll (völlig) | plein -e, total -e, massif -ve.
Vollanschluß *m.* | raccordement *m.* total.
vollbelastet | à (en) pleine charge.
Volldraht *m.* | fil *m.* plein, — massif.
Volt *m.* | volte *m.*, Maßeinheit für elektrische Stromspannung; gek. V.
Volta (Alessandro), Volta, geb. Como 1745, gest. Pavia 1825; italienischer Physiker, Erfinder der Voltaschen Säule.
Volt-, Volta- | volt-, voltaïque, de Volta.
Voltaelement *n.* | élément *m.* (pile *f.*) voltaïque.
Voltampere *n.* (Watt *n.*) | voltampère *m.*
Voltmesser *m.* (-meter *n.*) | voltmètre *m.*
Volumen *n.* (Umfang *m.*) | volume *m.*
Vorbedeutung *f.* | auspice *m.*
Vorderseite *f.* | devant *m.*, façade *f.*, face *f.*, côté *m.* antérieur.
voreilen | avancer, devancer.
Vorgelege *n.* | renvoi *m.*; pièce *f.* (engrenage *m.*) intermédiaire, système *m.* de renvoi.
Vorrichtung *m.* | dispositif *m.*, appareil *m.*
vor-rücken (-stellen) | avancer.
vorschalten | coupler (monter) en série.
Vorschaltwiderstand *m.* | résistance *f.* additionnelle en série.
Vorschuß *m.* | avance *f.*, prêt *m.*
Vorsicht *f.* | précaution *f.*, prévoyance *f.*
Vorstecker *m.* | clavette *f.*, goupille *f.*
Vorwärmer *m.* | réchauffeur *m.*
Vorwärmung *f.* | réchauffage *m.*, réchauffement *m.*
Vulkanisation *f.* | vulcanisation *f.*
vulkanisieren | vulcaniser.

W.

Wachs *n.* | cire *f.*
Wachsdraht *m.* | fil *m.* ciré, — isolé à la cire.
Wachsleinwand *f.* | toile *f.* cirée.
Wachspapier *n.* | papier *m.* ciré.
Wächter *m.* | garde *m.*, gardien *m.*, veilleur *m.*
Wage *f.* | balance *f.*
Wag(e)- | de balance.
Wagebalken *m.* | fléau *m.* de balance.
Wagschale *f.* | plateau *m.* (bassin *m.*) de balance.
Wagen | voiture *f.*, chariot *m.*, charette *f.*, wagon *m.*
wagerecht | horizontal -e, de niveau.

Wahl *f.* | choix *m.*, sélection *f.*, alternative *f.*

Wähler (Strom-) | sélecteur *m.*

Wahrscheinlichkeit *f.* | vraisemblance *f.*, probabilité *f.*

Walrat *m.* | blanc *m.* de baleine, spermaceti *m.*

walzbar | laminable.

Walz- | laminé -e.

Walzeisen *n.* | fer *m.* laminé.

Walze *f.* | rouleau *m.*, cylindre *m.*, tambour *m.*

walzen | laminer.

Walzen- | à cylindre, cylindrique.

Walzenanlasser *m.* | démarreur *m.* à cylindre.

Walzenkessel *m.* | chaudière *f.* cylindrique.

Walzwerk *n.* | laminoir *m.*

Wand *f.* | mur *m.*, paroi *f.*

Wand- | mural -e, au mur.

Wandabstand *m.* | distance *f.* au mur.

Wandanschluß *m.* | jonction *f.* murale.

Wandbohrmaschine *f.* | foreuse *f.* (perceuse *f.*) murale.

Wandschalter *m.* | interrupteur mural *m.*

Wanne *f.* | cuve *f.*, baquet *m.*

warm | chaud -e; in —em Zustande | à chaud.

Wärme *f.* | chaleur *f.*

Wärme- | de chaleur.

Wärmeeinheit *f.* | unité *f.* de chaleur, calorie *f.*

Wärmestrahlung *f.* | rayonnement *m.* de chaleur.

Wärmeverlust *m.* | perte *f.* de chaleur.

Warnung *f.* | avertissement *m.*

Warnungstafel *f.* | écriteau *m.* (plaque *f.*, tableau *m.*) d'avertissement.

Wärter *m.* | garde *m.*, gardien *m.*, surveillant *m.*

Wasser- | d'eau, à eau; hydraulique.

wasserdicht | étanche, imperméable.

Wasserbehälter *m.* | réservoir *m.* à eau.

Wasserdruck *m.* | pression *f.* d'eau, — hydraulique.

Wassergefälle *n.* | chute *f.* d'eau.

Wasserkraft *f.* | puissance *f.* d'eau, force *f.* hydraulique.

Wasserreinigung *f.* | épuration *f.* d'eau.

Wasserrad *n.* | roue *f.* hydraulique, — à eau.

Wasserrohr *n.* | tube *m.* d'eau.

Wasserrohrkessel *m.* | chaudière *f.* aquatubulaire, — à tubes d'eau.

Wasserstandsglas *n.* | indicateur *m.* (tube *m.*) de niveau d'eau.

Wasserturbine *f.* | turbine *f.* à eau, — hydraulique.

Wasserwiderstand *m.* | résistance *f.* hydraulique.

Watt (James) | Watt, geb. Greenock 1736, gest. Heathfield 1819, Erfinder der Dampfmaschine.

Watt *n.* | watt *m.*, gek. W, voltampère; Maßeinheit für elektrische Energie: 1 Watt = 1 Volt × 1 Ampere = 1 Voltampere; scheinbares — | watt apparent; wirkliches — | watt efficace.

Wattmeter *n.* | wattmètre *m.*

Wattstunde *f.* | wattheure *f.*

Wattstundenzähler *m.* | wattheuremètre *m.*

Wechsel *m.* (Veränderung *f.*) | changement *m.*, variation *f.*

Wechsel- | alternatif -ve, inverseur.

Wechselhebel *m.* | levier *m.* inverseur.

Wechselstrom *m.* | courant *m.* alternatif; einphasiger — | courant monophasé; zweiphasiger | courant (alternatif) biphasé (diphasé) mehrphasiger — | ; — polyphasé; dreiphasiger — (Drehstrom) | courant (alternatif) triphasé.

Wechselstromanker | induit *m.* à courant *m.* alternatif.

Wechselstrom-dynamo *f.* (-erzeuger *m.*, -generator *m.*) | alternateur *m.*, (dynamo *f.*, génératrice *f.*) à courant alternatif.

Wechselstromleitung *f.* | canalisation *f.* (ligne *f.*) à courant alternatif.

Wechselstromregler | rhéostat *m.* (régulateur *m.*) de courant *m.* alternatif.

Wechselstromtransformator *m.* | transformateur *m.* à courant alternatif.

Wechselstromzähler *m.* | compteur *m.* à courant alternatif.

wechselseitig | mutuel -le, -ment.

Wecker *m.* | reveil *m.*, sonnerie *f.* d'appel.

Weg *m.* | chemin *m.*, route *f.*, trajet *m.*, parcours *m.*, voie *f.*; chaussierter — | route empierrée, — macadamisée.

Wehr *n.* | barrage *m.*, bâtardeau *m.* déversoir *m.*

Wehrkrone *f.* | crête *f.* de barrage.

weich | doux, douce.

Weichblei *n.* | plomb *m.* doux.

Weicheisen *n.* | fer *m.* doux.

Weiche *f.* (Schiene) | aiguille *f.*, changement *m.* de voie; (Strom-) permutation *f.*, alternation *f.*

Weichenhebel *m.* | levier *m.* d'aiguille.

Weichenzunge *f.* | rail *m.* mobile, aiguille *f.*

Weide *f.* | saule *m.*

Weiß- | blanc, blanche.

Weißblech *n.* | ferblanc *m.*

Weißbuche *f.* | charme *m.*

Weißglut *f.* | incandescence *f.*

Weite *f.* | largeur *f.*, capacité *f.*, diamètre *m.*, calibre *m.*

Welle *f.* (Achse) | arbre *m.*, cylindre *m.*; hohle — | arbre creux; volle — | arbre plein, — massif; (Woge) onde *f.*, ondulation *f.*, oscillation *f.*, vibration *f.*

Well-en- | de l'arbre; d'onde, ondulé -e.

Wellblech *n.* | tôle *f.* ondulée.

Wellenerreger *m.* | oscillateur *m.*, vibrateur *m.*

Wellengeschwindigkeit *f.* | vitesse *f.* de l'arbre.

Wellenlänge *f.* | longueur *f.* d'onde.

Wellenmesser *m.* | ondemètre *m.*

Wellenrohr *n.* | tube *m.* ondulé.

Wellenstumpf *m.* | bout *m.* d'arbre; mit freiem — | en (avec) bout d'arbre libre.

wenden (umdrehen) | changer le sens, inverser, renverser.

Wender (Strom-) | inverseur *m.*, renverseur *m.*

Wendung *f.* (Umkehrung *f.*) | changement *m.* de sens, inversion *f.*, renversement *m.*

werfen (sich krümmen) | se gondoler, se déverser, se tourmenter.

Werft *f.* | chantier *m.*

Werg *n.* (Hede *f.*) | étoupe *f.*
Werk *n.* | œuvre *f.*, ouvrage *m.*; an dem Werkplatz (der Baustelle) | à pied d'œuvre.
Werk-bank *f.*, (-tisch *m.*) | établi *m.*
Werkführer *m.* | chef *m.* d'atelier.
Werkmeister *m.* | maître *m.*, contremaître *m.*, monteur *m.*
Werkstatt *f.* | atelier *m.*
Werkzeug *n.* | outil *m.*
Wert *m.* | valeur *f.*
wickeln | enrouler, bobiner.
Wickelung *f.* | enroulement *m.*, bobinage *m.*, zusammenhängende — | bobinage continu.
Widerstand *m.* (Hinderung *f.*) | résistance *f.*; (Reguliervorrichtung) rhéostat *m.*; äußerer — | résistance extérieure; effektiver — | résistance effective; induktiver — | résistance inductive; induktionsfreier — | résistance non inductive; innerer — | résistance intérieure; resultierender — | résistance résultante; scheinbarer — | résistance apparente; spezifischer — | résistance spécifique.
Widerstands- | de résistance.
Widerstandsmoment *n.* | moment *m.* de résistance.
Widerstandsspule *f.* | bobine *f.* de résistance.
wiegen | peser.
Wiegen *n.* | pesage *m.*
Wind *m.* | vent *m.*
Winddruck *m.* | pression *f.* du vent.
Winde *f.* (Haspel *f.*) | treuil *m.*, (Leier *f.*) vilebrequin *m.*
Windrose *f.* | rose *f.* des vents.
Windung *f.* | spire *f.*, tour *m.*
Windungs- | de spire, de tour.
Windungsbreite *f.* | largeur de spire, — de tour.
Winkel *m.* | angle *m.*, cornière *f.*, équerre *f.*
Winkel- | angulaire, en cornier, coudé -e, d'encognure.
Winkeleisen *n.* | fer (en) cornière.
Winkelgeschwindigkeit | vitesse *f.* angulaire.
Winkelhebel *m.* | levier *m.* coudé.
Winkelisolator *m.* | isolateur *m.* d' encognure.
Winkelmaß *n.* | équerre *f.*
Winkelmesser *m.* | rapporteur *m.*
Wippe *f.* | bascule *f.*, interrupteur *m.*
Wirbel *m.* | tourbillon *m.*
Wirbelströme *m.* | courants *m.* parasites, — de Foucault.
wirklich | effectif -ve, efficace, réel -le, -ment.
wirksam | actif -ve, efficace, utile.
Wirksamkeit *f.* | activité *f.*, efficacité *f.*
Wirkung *f.* | effet *m.*, action *f.*; ablenkende — | action déviatrice; entmagnetisierende — | action désaimantante; magnetisierende — | action aimantante.
Wirkungs- | actif -ve, d'action, de rendement.
Wirkungsfeld *n.* | champ *m.* d'action, zone *f.* active.
Wirkungsgrad *m.* | effet *m.* utile, rendement *m.* (dynamique), efficacité *f.*
Wirkungsgrenze *f.* | limite *f.* de rendement.
Wirkungsprüfung *f.* | essai *m.* de rendement.
Wismut *n.* | bismuth *m.*
Wölbung *f.* | voûte *f.*, courbure *f.*

Wolfram *n.* | tungstène *m.*, wolfram *m.*
Wolle *f.* | laine *f.*
Würfel *m.* | dé *m.*, cube *m.*
würgen | torser.
Würgverbindung *f.* | torsade *f.*

X.

X-Strahlen *m.* | rayons *m.* X, rayons de Rœntgen.

Z.

Zacke (Zahn *m.*) | dent *f.*
zäh(e) | tenace, coriace, visqueux -se.
Zähigkeit *f.* | tenacité *f.*, viscosité *f.*
Zahl *f.* | nombre *m.*, quantité *f.*
Zähler *m.* (Bruch) | numérateur *m.*, (Meßinstrument *m.*) compteur *m.*
zahlreich | nombreux -se.
Zahlung *f.* | paiement *m.*, règlement *m.*, acquittement *m.*
Zahn *f.* | dent *f.*
Zahn- | denté -e, de dent(s), d'engrenage.
Zahnabmessung *f.* | dimension *f.* des dents.
Zahnbreite *f.* | largeur *f.* de dent.
Zahnrad *n.* | roue *f.* dentée, — d'engrenage.
Zahnstange *f.* | crémaillère *f.*
Zahnteilung *f.* | pas *m.* des dents.
Zahntiefe *f.* (-höhe *f.*, -länge *f.*) | hauteur *f.* de dent.
Zange *f.* | pince *f.*, tenaille(s) *f.*
Zapfen *m.* | cheville *f.*, goujon *m.*, tenon *m.*, tourillon *m.*, pivot *m.*
Zapfen- | du tourillon, à tenon.
Zapfenkuppelung *f.* | accouplement *m.* à tenons.
Zapfenlänge *f.* | longueur *f.* du tourillon.
Zeder *f.* | cèdre *m.*
Zeichen *n.* | signe *m.*, caractère *m.*, signal *m.*, marque *f.*, chiffre *m.*
zeichnen | dessiner, tracer, crayonner, signer, souscrire à.
Zeichner *m.* | dessinateur *m.*
Zeichnung *f.* | dessin *m.*, signature *f.*, souscription *f.*
Z-Eisen *n.* | fer *m.* en Z.
Zeigefinger *m.* | index *m.*
zeigen | indiquer, montrer.
Zeiger *m.* | indicateur *m.*, aiguille *f.*
Zeitdauer *f.* | durée *f.*
Zelle *f.* (Schiffs-) | cabine *f.*, (Schalt-) élément *m.*, (Masche) alvéole *m.*
zellenförmig | alvéolaire.
Zellenspannung *f.* | voltage *m.* (tension *f.*) d'élément.
Zelluloid *n.* | celluloïd *m.*
Zellulose *f.* | cellulose *f.*
Zement *m.* | ciment *m.*
Zement- | en ciment.
Zementmast *m.* | poteau *m.* en ciment.
Zementrohr *n.* | tube *m.* en ciment.
Zenti- (hundertstel) | centi-.
Zentigramm *n.* | centigramme *m.*
Zentimeter *n.* | centimètre *m.*
Zentner *m.* | quintal *m.*
Zentrale *f.* | centrale *f.*, installation *f.*, station *f.*, usine *f.* génératrice.
zentrieren | centrer.
zentriert | centré -e.
Zentrierung *f.* | centrage *m.*
zentrifugal | centrifuge.
Zentrifugal-, (Flieh-)kraft | force *f.* centrifuge.
zentripetal | centripète.
Zentripetal-, (Zustreb-)kraft *f.* | force *f.* centripète.
zerlegbar | démontable, décomposable.

zerlegen | analyser, décomposer, démonter.
Zerlegung *f.* | analyse *f.*, décomposition *f.*, démontage *m.*
zerreißen | déchirer, rompre.
Zerreißung *f.* | rupture *f.*
zerschmettern | broyer, écraser, fracasser, foudroyer.
zerschneiden | découper, dépecer, tailler.
zersetzen | décomposer.
Zersetzungs- | de décomposition.
Zersetzungspunkt *m.* | point *m.* de décomposition.
zerstäuben | pulvériser, se désagréger.
Zerstäubung *f.* | pulvérisation *f.*, désagrégation *f.*
zerstören | détruire, démolir, ravager, dévaster.
Zerstörung *f.* | destruction, démolition *f.*, ravage *m.*, dévastation *f.*
Zeugnis *n.* | certificat *m.*
Ziegel(-stein) | brique *f.*
Ziegelwerk | en briques; briquetage *m.*, maçonnerie *f.*
ziehen (zeichnen) | tracer, rayer; (zerren) tirer, traîner; (strecken) étirer, tréfiler.
Zieheisen *n.* | filière *f.*
Zier- | décoratif -ve.
zieren | décorer, orner.
Ziffer *f.* | chiffre *m.*, nombre *m.*
Zifferblatt *n.* | cadran *m.*
Zimmer *n.* | appartement *m.*, chambre *f.*
Zimmermann *m.* | charpentier.
zimmern | charpenter, équarrir.
Zink *n.* | zinc *m.*
Zinkblech *n.* | zinc laminé *m.*
Zinkvitriol *n.* | sulfate *m.* de zinc.
Zinn *n.* | étain *m.*
Zinnober *m.* | cinabre *m.*, vermillon *m.*
Zinsfuß *m.* | taux *m.* d'intérêts.
Zirkel *m.* | compas *m.*
Zirkulation *f.* | circulation *f.*
Zitronensäure *f.* | acide *m.* citrique.
Zoll *m.* (Maß) | pouce *m.*
Zone *f.* | zone *f.*
Zopfende *n.* (Mast) | cime *f.* (tête *f.*, sommet *m.*) du poteau.
Zubehörteile *m.* | accessoires *m.*
zufällig | accidentel -le, -ment; par accident.
zufließen | affluer.
Zufluß *m.* | affluence *f.*
zuführen | amener, conduire.
Zuführung *f.* | amenée *f.*
Zuführungs- | d'amenée, d'arrivée.
Zuführungsleitung *f.* | ligne *f.* (canalisation *f.*) d'amenée, — d'arrivée.
Zug *m.* | tirage *m.*, traction *f.*, courant *m.*
Zugfestigkeit *f.* | résistance *f.* à la traction.
Zugkraft *f.* | force *f.* de traction.
Zugschalter *m.* | commutation *m.* à tirage.
Zugang *m.* | accès *m.*, abord *m.*
zugänglich | accessible, abordable.
Zugänglichkeit *f.* | accessibilité *f.*
zulassen | admettre, permettre.
zulässig | admis -e, permis -e.
Zulässigkeit *f.* | admissibilité *f.*
Zulassung *f.* | admission *f.*
Zuleitungsschiene *f.* | barre *f.* d'amenée, — conductrice.
Zunahme | augmentation *f.*, accroissement *m.*
zunehmen | augmenter, accroître.
zünden | allumer, embraser.
Zünder *m.* | allumoir *m.*, exploseur *m.*

Zündholz *n.* | allumette *f.*
Zündung *f.* | allumage *m.*
Zunge *f.* | langue *f.*, languette *f.*
Zungenkontakt *m.* | contact *m.* à languette.
zurücklegen (Strecke) | parcourir.
zurückschnellen | sauter en arrière.
zurückweichen | reculer.
zusammenpressen | comprimer.
zusammenschnüren | étrangler, serrer.
Zusatz-, (zusätzlich) | additionnel -le, supplémentaire.
Zusatzwiderstand *m.* | résistance *f.* additionnelle, rhéostat *m.* additionnel.
Zuschlag- *m.* (Zuschlaggebühr *f.*) | taxe *f.* supplémentaire.
Zuschnitt *m.* | coupe *f.*, taille *f.*, façon *f.*
zuschreiben | adjuger, attribuer, ajouter.
zuwerfen (füllen) | combler, remplir.
Zwecke *f.* | fiche *f.*, broquette *f.*, broche *f.*, pointe *f.*
zweckmäßig | rationnel -le, opportun -e, pratique, utile.
Zwei- | bi-, di-, à deux.
zweidrähtig | bifilaire.
zweiphasig | biphasé -e, diphasé -e.
Zweiphasendynamo *f.* | dynamo *f.* biphasée, alternateur *m.* diphasé.
zweipolig | bipolaire; -e; Wicklung | bobinage *m.* (enroulement *m.*) bipolaire.
Zweig- | dérivé -e, de dérivation, de branchement.
Zweigleitung | ligne *f.* (canalisation *f.*) dérivée, — de dérivation, — de branchement.
Zweigschalter *m.* | interrupteur *m.* de dérivation, — de branchement.
Zweileiter- | bifilaire, à deux fils, à deux conducteurs.
Zweileitersystem *n.* | système *m.* bifilaire, — à deux fils, — à deux conducteurs.
Zwillings- | double, jumelé -e.
Zwillingsklemme *f.* | borne *f.* double, — jumelée.
Zwillingsklinke *f.* | jack *m.* jumelé, conjoncteur *m.* double.
Zwischen- | intermédiaire.
Zwischenfeld *n.* | panneau *m.* intermédiaire.
Zylinder (Glas-) | verre *m.* à lampe; (Walze) cylindre *m.*
Zylinder- | à cylindre, cylindrique.
Zylinderkessel *m.* | chaudière *f.* cylindrique.
Zylinder- (Rollen-)kondensator *m.* | condensateur *m.* à cylindre.
Zylinderwicklung *f.* | enroulement *m.* (bobinage) cylindrique.

Französisch-Deutsches Wörterbuch.

A.

abaissement *m.* | Niederdrücken *n.*, Senken *n.*, Sinken *n.*

abaisser | erniedrigen, mindern, mäßigen.

abat jour *m.* | Lampenschirm *m.*

abonné *m.*, -ée *f.* | Abonnent *m.*, -in *f.*

abonner | abonnieren.

absence *f.* | Abwesenheit *f.*; — de courant | Stromlosigkeit *f.*

absolu -e | unbedingt, unumschränkt, rein, absolut.

absorbant -e | aufsaugend; Absorptions-.

absorber | aufsaugen, aufbrauchen, absorbieren.

accès *m.* | Zutritt *m.*, Zugang *m.*

accessible | zugänglich.

accessibilité *f.* | Zugänglichkeit *f.*, Zutritt *m.*

accessoire | zugehörig; Neben-, Hilfs-.

accessoires *m. pl.* | Zubehörteile *m.*

accident *m.* | Unfall *m.*

accidenté -e | uneben, ungleich, wechselnd; terrain *m.* — | kupiertes Gelände *n.*

accidentel -le, -ment | zufällig, unerwartet.

accorder gewähren, übereinkommen, akkordieren.

accotement *m.* | Steig *m.* (am Bahngleis), Bankett *n.*

accouder | stützen.

accouplement *m.* | Kuppelung *f.*; — à articulation | Gelenkkuppelung; — à baïonnette | Bajonettkuppelung; — à dé(sem)brayage | Ausrückkuppelung; — à embrayage | Einrückkuppelung; — à friction | Reibungs-, Friktionskuppelung; — à griffes | Klauenkuppelung; — à plateaux | Flanschen-, Scheiben-kuppelung; — à tenons | Zapfenkuppelung; — par manchon | Muffenkuppelung; — élastique | elastische Kuppelung; — inamovible, — fixe | feste Kuppelung; — mobile, — amovible, — à débrayage | lose Kuppelung; — universel | Universalkuppelung.

accoupler | kuppeln.

accrocher | anklammern; s'— | in Tritt kommen.

accroître | steigern, vermehren; s'— | zunehmen, steigen.

accumulateur *m.* | Sammler *m.*, Sammelständer *m.*, Akkumulator *m.*

accumuler | sammeln, aufspeichern.

accusé *m.* de réception | Empfangsanzeige *f.*, -bestätigung *f.*, -bescheinigung *f.*

accuser | bestätigen, anzeigen, melden; anklagen, beschuldigen.

acide | sauer.

acide *m.* | Säure *f.*; — acétique | Essigsäure *f.*; — azotique, — nitrique | Salpetersäure; — carbonique | Kohlensäure; — chlorhydrique | Salzsäure; — chromique | Chromsäure; — citrique | Zitronensäure; — oxalique | Oxalsäure; — phénique | Karbolsäure; — stéarique | Stearinsäure; — sulfurique | Schwefelsäure.
acidifère | säurehaltig.
acidimètre *m.* | Säuremesser *m.*
aciduler | ansäuern.
acier *m.* | Stahl; — argenté | Silberstahl; — brut | Rohstahl; — cémenté | Zementstahl; — fondu | Gußstahl; — fondu au creuset | Tiegelstahl; — homogène | Flußstahl; — laminé | gezogener Stahl; — laminé à chaud | warm gezogener Stahl; — laminé à froid kalt gezogener Stahl; — malléable | schmiedbarer Stahl; — naturel | natürlicher Stahl; | — puddlé | Puddelstahl; — raffiné | Gerbstahl; — soudable, — soudant, — soudé | Schweißstahl; — Bessemer | Bessemerstahl; — Siemens Martin | Siemens-Martinstahl; — Thomas | Thomasstahl.
aciérage *m.* | Verstählung *f.*
aciération *f.* | Stahlbereitung *f.*
acoustique | Gehör *n.* (Schall *m.*) betreffend, Schall leitend, akustisch.
acoustique *f.* | Schall-, Klang-lehre *f.*, Akustik.
acquéreur *m.* | Erwerber *m.*, Käufer *m.*
acquérir | erwerben, erlangen.
acquittement *m.* | Tilgung *f.*, Zahlung *f.*
acquitter | tilgen, entlasten, quittieren.
actif *m.* | Vermögen *n.*, Aktiva *n. pl.*
actif -ve, -ment | tätig, wirksam.
action *f.* | Tat *f.*, Tätigkeit *f.*, Kraft *f.*, Wirkung; Aktie; — aimantante | magnetisierende Wirkung; — désaimantante | entmagnetisierende Wirkung; — déviatrice | ablenkende Wirkung.
actionnement *m.* | Antrieb *m.*
actionner | treiben, an-, be-treiben, in Gang setzen, wirken.
activer | beleben, beschleunigen, in Tätigkeit bringen.
activité *f.* | Wirksamkeit *f.*, Tätigkeit *f.*, Betrieb *m.*, Gang *m.*, Aktivität *f.*
adaptable | geeignet, passend, verwendbar.
adaptation *f.* | Anpassung *f.*, Anwendbarkeit *f.*, Anwendung *f.*
adapter | an-, ein-passen, anbringen.
addition *f.* | Zugabe *f.*, Beigabe *f.*, Hinzufügung *f.*
additionnel -le | zusätzlich; Zusatz-, Zuschlag-.
additionner | vermischen, zusetzen, zusammenzählen, addieren.
adhérence *f.* | Anhaften *n.*, Anhängen *n.*, Ankleben *n.*, Adhäsion *f.*
adhérent -e | anhaftend, anhängend, anklebend.
adhérer | anhaften, zustimmen, einverstanden sein.
adhésif -ve | anhaftend, anziehend.
adhésion *f.* | Anhaftung *f.*, Oberflächenhaftung *f.*, Anziehung *f.*, Adhäsion *f.*; Beitritt *m.*, Zustimmung *f.*
adjacent *m.* | Grenz-, Flur-nachbar *m.*

adjacent -e | angrenzend, anliegend; Grenz-, Neben-.
adjudicataire *m.* | Bewerber *m.*, Steigerer *m.* (bei Ausschreibungen und Verdingungen).
adjudicateur *m.* | Ausschreiber, Verdinger (bei Ausschreibungen und Verdingungen).
adjudication *f.* | Ausschreibung *f.*, Verdingung *f.*, Lizitation *f.*, Zuschlagserteilung *f.*, Auktion *f.*
adjuger | zuerkennen, zuschlagen, Zuschlag erteilen.
admettre | zulassen, gestatten, erlauben, billigen.
administrateur *m.* -trice *f.* | Verwalter *m.* -in *f.*
administratif -ve, -ment | verwaltend, behördlich, Verwaltungs-.
administration *f.* | Verwaltung *f.*, Behörde *f.*; — des chemins de fer | Eisenbahndirektion; — des ponts et chaussées | Straßenbauverwaltung *f.*; — des postes et télégraphes | Oberpostdirektion *f.*
admis -e | zulässig, statthaft, gültig, gestattet.
admissible | zulässig, statthaft.
admission *f.* | Zulassung *f.*, Einlaß *m.*, Eintritt *m.*
adopter | annehmen, aneignen, adoptieren.
adossement *m.* | Böschung *f.*, Abdachung *f.*, Anlehnung *f.*
adosser | anlehnen, stützen, lehnen.
adoucir | mildern, lindern; (Stahl) anlassen, glätten, polieren.
adresse *f.* | Geschicklichkeit *f.*, Fertigkeit *f.*; Wohnungsangabe *f.*, Adresse *f.*; — abrégée | gekürzte Adresse; — convenue | verabredete Adresse; — télégraphique | Telegrammadresse.
adresser | richten, schicken, adressieren.
adversaire *m.* | Gegner *m.*, Gegenpartei *f.*
adverse | entgegenstehend; Gegen-.
adversité *f.* | Widerwärtigkeit *f.*, Mißgeschick *n.*
aérage *m.* | aération *f.*, Lüftung *f.*, Wetterführung *f.*
aérer | lüften.
aérien -ne | oberirdisch; Luft-, Frei-.
aérostat *m.* | Luftschiff *n.*
aérostation *f.* | Luftschiffahrt *f.*
affaiblir | schwächen, entkräften, mindern.
affaiblissement *m.* | Abnahme *f.*, Schwächung *f.*, Minderung *f.*
affaire *f.* | Geschäft *n.*, Angelegenheit *f.*; avoir — à | zu tun haben mit; avoir — avec | in Verbindung stehen mit.
affiler | wetzen, schleifen, abziehen.
affinage *m.* | Scheiden *n.*, Läutern *n.*, Reinigen *n.*, Frischen *n.*, Affinieren *n.*, Raffinieren *n.*
affiner | frischen, scheiden, läutern, reinigen, affinieren, raffinieren.
affinité *f.* | Verwandtschaft *f.*, Affinität *f.*
affluence *f.* | Zufluß *m.*, Einströmung *f.*
affluent -e | zufließend, einmündend, einströmend; Zu-, Neben-.
affluer | zufließen, einmünden, einströmen.
affranchir | freimachen, befreien, frankieren.
affranchissement *m.* | Freimachung *f.*, Befreiung *f.*, Frankatur *f.*, Frankierung *f.*

agate *f.* | Achat *m.*
agiter | rühren, bewegen.
agrafe *f.* | Kralle *f.*, Klemme *f.*, Haken *m.*, Schraube *f.*; — de courroie | Riemen-kralle, -schraube; — de jonction de câble | Seilschloß; — d'isolateur | Isolatorklemme.
aigu -ë | scharf, spitz.
aiguille *f.* | Nadel *f.*, Zeiger *m.*, Weiche *f.*; — aimantée, — de boussole | Magnetnadel; — d'horloge | Uhrzeiger; — de repère | Merkzeiger; — s astatiques | Magnetnadelpaar *n.*
aiguilleur *m.* | Weichensteller *m.*
aiguiser | wetzen, schleifen.
aile *f.* | Flügel *m.*
ailette *f.* | Turbinenschaufel *f.*, Rippe *f.*, Flügel *m.*
aimant *m.* | Magnet *m.*; — artificiel | künstlicher Magnet; — compensateur, — de compensation | Ausgleichmagnet; — correcteur, — de correction | Richtmagnet; — naturel, pierre d'— | Magneteisen *n.*
aimantation *f.* | Magnetisierung *f.*
aimanter | magnetisieren.
aire *f.* | Fläche *f.*, Diele *f.*, Tenne *f.*; — de vent | Windstrich *m.*
ajustage *m.* | Ausgleichen *n.*, Zurichten *n.*, Justieren *n.*, Einstellen *n.*, Anpassen *n.*
ajuster | ausgleichen, anpassen, einstellen, eichen, adjustieren.
alarme *f.* | Lärm *m.*, Getöse *n.*
alcali *m.* | Aschensalz, Alkali *n.*; — minéral, — marin | Soda *f.*; — végétal | Pottasche *f.*; — volatil | Ammoniak *n.*
alcalin -e | alkalisch.
alcool *m.* | Alkohol *m.*, Weingeist *m.*
alésage *m.* | Bohrung *f.*, Ausbohrung *f.*; — de l'inducteur | Ankerbohrung *f.*
aléser | (Seele) bohren, aus- bohren.
alésoir *m.* | Kaliberbohrer *m.*, Reibahle *f.*
alignement *m.* | Richtlinie *f.*, Bauflucht *f.*
aligner | abmessen, abstecken, (schnur-)gerade richten.
alimentaire | Speise-, Nähr-.
alimentation *f.* | Speisung *f.*, Versorgung *f.*; — de chaudière | Kesselheizung *f.*; — hydraulique *f.* | Wasserversorgung *f.*
alimenter | versorgen, speisen.
aller et retour *m.* | Hin- und Her-bewegung *f.*
alliage *m.* | Verbindung *f.*, Mischung *f.*, Legierung *f.*
allocation *f.* | Geldentschädigung *f.*, — kilométrique | Reisevergütung *f.*, Tage-, Kilometer-geld *n.*
allongement *m.* | Dehnung *f.*, Verlängerung *f.*
allumage *m.* Anzündung *f.*; — électrique | elektrische Zündung *f.*
allumer | anbrennen, entflammen, zünden.
allumette *f.* | Zünd-, Streichholz *n.*
allumoir *m.* | Zünder *m.*
aloi *m.* | Feingehalt *m.*; de bon — | fein, gediegen.
alourdir | beschweren, schwerfällig machen.
altération *f.* | Veränderung *f.*, Beschädigung *f.*; Verstümmelung *f.*, Aufregung *f.*
altérer | verändern, verderben; ängstigen, aufregen; Durst erregen.

alternance *f.* | Wechsel *m.*; — de polarité | Polwechsel *m.*
alternateur *m.*, (dynamo *f.*, génératrice *f.* à courant alternatif) | Wechselstromerzeuger *m.*, Wechselstromdynamo *f.*, Wechselstrommaschine *f.*, Wechselstromgenerator *m.*, Alternator *m.*
alternateur (à courant) biphasé (diphasé) | Zweiphasenstromerzeuger *m.*; — monophasé, (dynamo *f.* génératrice *f.*) monophasée | Einphasendynamo *f.*
alternateur *m.* triphasé, (génératrice *f.*, dynamo *f.*) triphasée | Drehstromerzeuger *m.*, Dreiphasendynamo *f.*, Dreiphasenstromerzeuger *m.*
alternateur *m.* polyphasé | Mehrphasenstromerzeuger *m.*
aluminium *m.* | Aluminium *n.*
alun *m.* | Alaun *m.*
alvéolaire | zellenförmig.
alvéole *m.* | Zelle *f.*
amalgamation *f.* | Verquicken *n.*, Amalgamierung *f.*
amalgame *m.* | Quickmetall *n.*, Amalgam *n.*
amalgamer | verquicken, amalgamieren.
amas *m.* | Haufe *m.*, Anhäufung *f.*
amasser | ansammeln, anhäufen.
ambre *m.* jaune | Bernstein *m.*
âme *f.* | Bohrung *f.*, Bohrloch *n.*; — du câble | Kabelseele *f.*
amélioration *f.* | Verbesserung *f.*, Verfeinerung *f.*, Veredelung *f.*
améliorer | verbessern, verfeinern.
amende *f.* | Geld-, Ordnungs-strafe *f.*; sous peine d'— | bei Strafe.
amender | abändern, verbessern.
amenée *f.* | Zuführung *f.*, Zufuhr-, Speise-; — de charbon | Kohlenzufuhr.
amener | zuführen, zuleiten.
amiante *m.* | Asbest *m.*, Steinflachs *m.*
ammoniaque *f.* | Ammoniak *n.*
amorçage *m.* | Erregen *n.*, Glühen *n.*, d'— | Heiz-, Glüh-.
amorce *f.* | Lunte *f.*, Zünder *m.*; — de quantité | Glühzünder; — de tension | Funkenzünder.
amortir | dampfen, lindern; tilgen, ertöten.
amortissement *m.* | Dämpfung *f.*; Tilgung *f.*
amortisseur *m.* | Dämpfer *m.*; dispositif *m.* amortisseur | Dämpfungsvorrichtung *f.*
Ampère (André Marie) né à Lyon 1775, mort à Marseille 1836, mathématicien et physicien français, inventeur de l'électrodynamique | Ampère.
ampère *m.*, unité pratique de mesure pour l'intensité du courant électrique | Ampere *n.*, gek. A.
ampérage *m.* | Stromstärke in Ampere ausgedrückt.
ampèreheure *f.* | Amperestunde *f.*
am(père)mètre *m.* | Amperemeter *n.*, Strommesser *m.*
ampèretours *m. pl.* | Amperewindungen *f. pl.*
ample | umfassend, geräumig, reichlich.
ampleur *f.* | Umfang *m.*, Weite *f.*, Breite *f.*
amplitude *f.* | Schwingungs-bogen *m.*, -weite *f.*, Abweichungswinkel *m.*, Amplitude *f.*

ampoule *f.* | Glasbirne *f.*; — de lampe à incandescence | Glühlampe *f.*
analogie *f.* | Gleichartigkeit *f.*, Ähnlichkeit *f.*, Analogie *f.*
analogue | gleichartig, ähnlich, analog.
analyse *f.* | Untersuchung *f.*, Zersetzung *f.*, Zerlegung *f.*, Analyse *f.*
analyser | untersuchen, zerlegen, zersetzen, analysieren.
analytique | auflösend, zergliedernd, analytisch.
ancre *f.* | Schiffsanker *m.*
ancrer | verankern.
angle *m.* | Winkel *m.*, Kante *f.*, Ecke *f.*; — adjacent | Nebenwinkel; — aigu | spitzer Winkel; — alterne | Wechselwinkel; — droit | rechter Winkel; — externe | Außenwinkel; — interne | Innenwinkel; — obtus | stumpfer Winkel.
angulaire | eckig, Eck-.
anhydre | wasserfrei.
anion *m.* | Anion *n.*
anneau *m.* | Ring *m.*; — graisseur | Schmierring *m.*
annexe *f.* | Beilage *f.*, Anhang *m.*, Neben-.
annexer | beifügen, beilegen, einverleiben, annektieren.
annulaire | ringförmig, Ring-.
annuel -le, -ment | jährlich, Jahres-.
annuité *f.* | Jahreszahlung; par —s | in Jahresraten.
anode *f.* | Anode *f.*
anomal -e | abweichend, ungewöhnlich, abnorm.
anthracite *m.* | Glanzkohle *f.*, Anthrazit *m.*
anti- | Gegen-, Anti-.
anticohéreur *m.* | Gegenfritter *m.*, Antikohärer *m.*
aperçu *m.* | Über-blick *m.*, -schlag *m.*, -sicht *f.*; — des frais | Kostenanschlag *m.*
apériodique | unperiodisch, aperiodisch.
aplanir | einebenen, abhelfen, beseitigen.
aplatir | stauchen, strecken, abflachen.
aplomb *m.* | Bleilot *n.*, Senkblei *n.*; Zuversichtlichkeit *f.*; d'— | lot-, senk-recht.
appareil *s. m.* | Verband *m.*, Verbandzeug *n.*, Vorkehrung *f.*, Vorrichtung *f.*, Gerät *n.*, Maschine *f.*, Apparat; — d'allumage | Zündvorrichtung *f.*; — d'avertissement | Alarmglocke *f.*; — de chauffage | Heizapparat *m.*; — de commutation | Umschaltvorrichtung *f.*; — de contrôle | Kontrollvorrichtung *f.*; — de désembrayage, — de débrayage | Ausrück(ungs)vorrichtung *f.*; — de distribution | Verteilungsapparat *m.*; — d'éclairage | Beleuchtungskörper *m.*; — de graissage | Schmiervorrichtung *f.*; — de mesure | Meßapparat *m.*; — de sécurité | Sicherheitsapparat *m.*
apparence *f.* | Aussehen *n.*, Augenschein *m.*,; en — | anscheinend.
apparent -e | augenscheinlich, offenbar, scheinbar.
appartement *m.* | Wohnung *f.*; d'— | Haus-, Wohnungs-.
appel *m.* | Ruf *m.*, Zu-, Ab-ruf *m.*, Zeichen *n.*, Signal *n.*
appeler | rufen.

arbre *m.* | Baum *m.*, Welle *f.*, Spindel *f.*; — coudé | Kurbel *f.*; — coudé équilibré | Kurbel mit Gegengewicht; — de commande, — moteur | Triebwelle; — de l'hélice | Propellerwelle *f.*; — de turbine | Turbinenwelle *f.*; — coudé | gekröpfte Welle *f.*; — creux | hohle Welle; — horizontal | liegende Welle; — plein, — massif | volle Welle; — vertical | stehende Welle.

arc *m.* | Bogen; — voltaïque | Lichtbogen *m.*

aréomètre *m.* | Senk-, Schwimmwage *m.*, Areometer *n.*, Densimeter *n.*, Gravimeter *n.*

argent *m.* | Silber *n.*, Geld *n.*

argenter | versilbern.

argenture *f.* | Versilberung *f.*

argile *f.* | Lehm *m.*; terre d'— | Lehmerde *f.*

armature *f.* | Ausrüstung *f.*, Beschlag *m.*, Bewickelung *f.*; — de câble | Kabelarmierung, Kabelbewehrung; — de fer | Eisenbewehrung; — de plomb | Bleibewehrung; — de machine électrique | Anker *m.*, Dynamoanker; vgl. induit *m.*

armer | bewehren, armieren, panzern.

armoire *f.* | Schrank *m.*; — de distribution | Schalt-schrank *m.* -kasten *m.*

arracher | abreißen, abscheuern.

arrêt *m.* | Hemmung *f.*, Sperrung *f.*, Feststellung *f.*, Anschlag *m.*, Arretierung *f.*; d'— | Abspann-, Abstell-, Absperr-, Sperr-, Arretier-; dent d'— | Sperrzahn *m.*; levier d'— | Sperrhebel *m.*; ressort *m.* d'— | Sperrfeder; volant d'— | Sperrrad *n.*

arrêtage *m.* | Hemmung *f.*, Sperrung *f.*, Anschlag *m.*, Arretierung *f.*

arrêter | aufhalten, abstellen, hemmen, sperren, arretieren.

arrivée *f.* | Ankunft *f.*, Eintritt *m.*, Hin-, Zu-führung *f.*

arriver | ankommen, eintreffen, eintreten, geschehen, sich ereignen.

arsenic *m.* | Arsenik *n.*

articulation *f.* | Gelenk *n.*

articulé -e | gegliedert, gefügt.

artificiel -le, -ment | künstlich.

ascenseur *m.* | Aufzug *m.*, Fahrstuhl *m.*

asphalte *m.* | Asphalt *m.*, Erdharz *n.*

asphalter | asphaltieren.

aspiration *f.* | Saugen *n.*; d'— | Saug-.

aspirer | saugen.

assemblage *m.* | Verband *m.*, Verbindung *f.*

assembler | vereinigen, verbinden, zusammenfügen.

assise *f.* | Unterlage *f.*, Lagerschicht *f.*, Fundament *n.*

assortiment *m.* | Auswahl *f.*, Zusammenstellung *f.*, Sortiment *n.*

assurance *f.* | Versicherung *f.*, Zusicherung *f.*, Sicherheit *f.*, Selbstvertrauen *n.*

astasie *f.* | Unrast *f.*, Astasie *f.*

astatique unbeständig, astatisch.

asynchrone | nicht gleichzeitig, asynchron.

atelier *m.* | Werkstatt *f.*, Atelier *n.*

atmosphère *f.* | Dunstkreis *m.*, Luft hülle *f.*, Atmosphäre *f.*

atmosphérique | atmosphärisch.

attache *f.* | Befestigung *f.*, Band *n.*, Schnur *f.*, Riemen *m.*, Seil *n.*, Kette *f.*

attacher | befestigen, verbinden, heften, schnüren, spannen, ketten.

attaque *f.* | Antrieb *m.*; — par manivelle | Handkurbelantrieb: — avec bout d'arbre libre | Antrieb mit freiem Wellenende.

attaquer antreiben.

attenant -e | angrenzend, Neben-, Grenz-.

attente *f.* | Erwartung *f.*, Warten *n.*

atténuer | mindern, mildern, verringern, abschwächen.

atterrir | landen, an Land gehen.

atterrissement *m.* | Landung *f.*; d' — | Landungs-, Küsten-.

attirer | anziehen, anlocken.

attouchement *m.* | Berührung *f.*

attraction *f.* | Anziehungskraft.

attribuer | zuschreiben, beilegen.

aube *f.* | Turbinen-, Rad-schaufel.

auge *f.* | Trog *m.*, Bütte *f.*

auget *m.* | Zelle *f.*; — distributeur | Leitzelle *f.* (der Turbine).

augmentation *f.* | Zunahme *f.*, Vermehrung *f.*, Vergrößerung *f.*, Steigerung *f.*, Erhöhung *f.*

augmenter | zunehmen, vermehren, steigern.

auréole *f.* | Lichthülle *f.*, Strahlenkrone *f.*

aurore *f.* | Morgenröte *f.*; — australe | Südlicht *n.*; — boréale | Nordlicht *n.*; — polaire | Polarlicht *n.*

auspice *m.* | günstiges Anzeichen *n.* Schutz *m.*; sous les auspices | auf Empfehlung, gestützt auf.

auto- | selbst-, Selbst-, self-.

automatique | selbsttätig.

autodémarreur *m.* | Selbstanlasser *m.*

automobile *m.* | Kraftwagen *m.*, Automobil *n.*

autorisation *f.* | Genehmigung *f.*, Ermächtigung *f.*, Bevollmächtigung *f.*

autoriser | genehmigen, ermächtigen, bevollmächtigen.

autorité *f.* | Ansehen *n.*, Autorität *f.*; Behörde *f.*; —s communales | Gemeindevorstand *m.*, Magistrat *m.*

auxiliaire | mitwirkend, helfend; Hilfs-, Neben-.

avance *f.* | Vorrücken *n.*, Voreilen *n*,, Vorschuß *m.*, Darlehn *n.*; d'— | im voraus.

avancer | vorrücken, fortschreiten, befördern, vorgreifen, behaupten.

avertir | melden, benachrichtigen, warnen.

avertissement *m.* | Meldung *f.*, Anzeige *f.*, Warnung *f.*, Vorwort *n.*

avertisseur *m.* | Melder *m.*, Läutewerk *n.*

avis *m.* | Meinung *f.*, Ansicht *f.*; Benachrichtigung *f.*, Anzeige *f.*

aviser | benachrichtigen, warnen.

avoir *m.* | Haben *n.*, Guthaben *n.*, Aktivum *m.*

axe *m.* | Achse *f.*, Welle *f.*, Spille *f.*, Spindel *f.*

axial -e | Achsen-, achsen-, Mitte-.

B.

bac *m.* | Back *n.*, Becken *n.*, Kasten *m.*

bâche *f.* | Behälter *m.*; Plane *f.*, Wagendecke *f.*; — à eau | Wasserbehälter *m.*, -kasten *m.*

bâcher | mit Plane zudecken.

bâclage *m.* | Pfuscharbeit *f.*

bâcler | schnell und schlecht arbeiten, pfuschen.

bague *f.* | Ring *m.*; — d'arrêt | Stellring; — de calage | Klemmring; — du collecteur | Kollektorring; — collectrice | Sammelring; — de court circuit | Kurzschlußring — de distribution | Verteilungsring; — de fond | Spurring; — de freinage | Bremsring; — de frottement | Schleifring; — de lubréfaction | Schmierring; — de serrage | Spannring.
baguette *f.* | Stäbchen *n.*, Stift *m.*, Leiste *f.*; — de charbon | Kohlenstift *m.*
bain *m.* | Bad *n.*; — d'huile | Ölbad.
baisser | sinken, senken, neigen.
balai *m.* | Besen *m.*, Bürste *f.*; — de charbon | Kohlenbürste; — du collecteur | Abnehmerbürste, Stromabnehmer *m.*; — de contact | Kontaktbürste; — frottant | Stromabnehmer.
balance *f.* | Wage *f.*
balancer | schaukeln, schwanken; saldieren.
ballon *m.* | Ballon *m.*; — d'essai | Versuch *m.*, Experiment *n.*
bandage *m.* | Bandage *f.*; — d'induit | Ankerbandage.
bande *f.* | Band *n.*, Streifen *m.*, Binde *f.*; — de contact | Kontaktstreifen; — de fer | Eisenband *n.*; sous — | unter Kreuzband.
barillet *m.* | Federtrommel *f.*, Gehäuse *n.*
barrage *m.* | Wehr *n.*, Sperre *f.*; — de retenue | Stauwehr; — de vallée | Talsperre.
barre *f.* | Stange *f.*, Stab *m.*, Schiene *f.*; — d'amenée | Zuleitungsschiene; — collectrice, — omnibus | Sammelschiene; — distributrice, — de distribution | Verteilungsschiene, — d'éclairage | Lichtschiene; — guide, — directrice, — de guidage | Führungsstange.
barrer | verschließen, absperren, versperren.
barrière *f.* | Schlagbaum *m.*, Schranke *f.*, Gatter *n.*
baryum *m.* | Barium *n.*
bas, basse | niedrig, tief, klein.
bascule *f.* | Wippe *f.*, Kipper *m.*, Schaukel *f.*
base *f.* | Grundfläche *f.*, Sockel *m.*, Basis *f.*
baser | gründen, fußen, basieren.
bassin *m.* | Becken *n.*, Bassin *n.*
bâtardeau *m.* | Abdämmung *f.*, Spundwand *f.*, Kofferdamm *m.*
bâti *m.* | Gestell *n.*, Rahmen *m.*, Gerippe *n.*; — de dynamo | Dynamogestell.
bâtiment *m.* | Bau *m.*, Gebäude *n.*, Fahrzeug *n.*
bâtir | bauen, errichten.
battant *m.* | Schwengel *m.*, Klöppel *m.*, Klinke *f.*
batterie *f.* | Batterie *f.*; — d'accumulateurs | Akkumulatorenbatterie; — à auge | Trogbatterie; — en cascade | Stufenbatterie; — d'éclairage | Beleuchtungsbatterie; — d'essai | Probebatterie; — sèche | Trockenbatterie; — tampon | Ausgleich-, Puffer-batterie; — de traction | Traktionsbatterie; — à treuil | Tauchbatterie.
bec *m.* | Schnabel *m.*, Brenner *m.*; — d'âne (bédane) | Nuteneisen *f.*, Stechbeitel *m.*
benzine *f.* | Benzin *n.*

bélier *m.* | Rammklotz *m.*
besoin *m.* | Bedürfnis *n.*; au — | im Notfall.
bichromate *m.* de potasse | doppelt chromsaures Kali *n.*
bielle *f.* | Pleuel-, Kurbel-, Gelenk-, Schub-stange *f.*
biffer | durchstreichen, streichen.
bifilaire | zweidrähtig, bifilar.
bifurcation *f.* | Gabelung *f.*, Abzweigung *f.*
bifurquer | gabeln, abzweigen.
bille *f.* | Kugel *f.*; — d'acier | Stahlkugel.
bi-, di-phasé -e | zweiphasig; Zweiphasen-.
bipolaire | zweipolig.
biseau *m.* | schräge Kante *f.*
biseauter | abschrägen.
bismuth *m.* | Wismut *n.*
bitume *m.* | Bitumen *m.*, Erdpech *n.*
bitumineux -se | bituminös.
blanc *m.* | Weiße *n.*; — de baleine | Walrat *m.*; — de Meudon, — de Troyes | Schlämmkreide *f.*; — de zinc | Zinkweiß *n.*; — soudant | Schweißhitze *f.*
blanc, blanche | weiß.
bleu *m.* | Blaupause *f.*; Rohrpostbrief *m.*, Depesche *f.*; Hundertfrankenschein *m.*
blindage *m.* | Zimmerung *f.*, Panzerung *f.*
blinder | auszimmern, panzern.
bloc *m.* | Klotz *m.*, Block *m.*; en — | im ganzen, in Bausch und Bogen.
blocage *m.* | Anhalten *n.*, Absperren *n.*, Arretieren *n.*, Blockieren *n.*
bloquer | sperren, blockieren.
bobinage *m.* | Wickelung *f.*; — compound | gemischte —, Doppel-, Compound-wickelung; — continu | zusammenhängende Wickelung; — cylindrique | Zylinderwickelung; — en dérivation, — shunt | Nebenschlußwicklung *f.*; — en série | Hauptschluß-, Hauptstrom-, Reihenwickelung *f.*
bobine *f.* | Rolle *f.*, Spule *f.*; — à câble | Kabelrolle; — de champ, — d'inducteur, — inductrice | Erregerspule; — d'induit | Ankerspule; — de réactance, — de réaction | Drosselspule; — de résistance | Widerstandsspule; — en série, — d'intensité | Strom-, Hauptstrom-, Hauptschlußspule.
bobiner | bewickeln, aufspulen.
bobineuse *f.* | Spulmaschine *f.*
bobinoir *m.* | Wickel-, Spindel-bank.
bois *m.* | Holz *n.*; — de charpente | Bauholz; — de construction, — d'œuvre | Nutzholz.
boîte *f.* | Schachtel *f.*, Hülse *f.*, Büchse *f.*, Kapsel *f.*, Dose *f.*, Behälter *m.*, Kasten *m.*, Muffe *f.*; — d'accès | Zugangskasten; — à billes | Kugellager *n.*; — à compas | Reißzeug *n.*; — de départ, — de dispersion, — de distribution | Verteilungskasten; — à étoupe | Stopfbüchse; — à huile | Ölkanne *f.*; — d'interrupteur | Schaltdose; — de jonction | Verbindungsmuffe.
boiter | hinken, lahmen.
boiteux -se | hinkend, lahm.
borax *m.*, borate *m.* de soude | Borax *m.*
bord *m.* | Rand *m.*, Kante *f.*, Saum *m.*, Ufer *n.*; — supérieur | Oberkante.

border | ein-fassen, -säumen, berändern.
borne *f.* | Klemme *f.*; — de branchement, — de dérivation, — shunt | Abzweigklemme; — de connexion, — de raccordement | Anschlußklemme; — de cohéreur | Fritterklemme; — d'épreuve, — d'essai | Prüfklemme; — d'excitation | Erregerklemme; — de jonction | Befestigungsklemme; — à oreilles | Flügelklemme; de sortie Ausführungsklemme; — à vis | Klemmschraube *f.*
bosse *f.* | Buckel *m.*, Höcker *m.*, Schleife *f.*; — du câble | Kabelstopper *m.*
bouche *f.* | Mund *m.*, Mundstück *n.*, Öffnung *f.*; — d'accès | Mannloch *n.*, Einsteigöffnung *f.*
bouchon *m.* | Stöpsel *m.*, Verschluß *m.*; — de contact | Kontaktstöpsel *m.*; — fusible | Stöpselsicherung *f.*, Sicherungspatrone *f.*, Schmelzdraht *m.*; — de tube | Rohrverschluß.
boucle *f.* | Schleife *f.*, Ring *m.*, Öse *f.*, Schnalle *f.*; — de fil | Drahtschleife.
bouclier *m.* | Schild *n.*, Schutzblech *n.*
bouée *f.* | Boje *f.*; — de câble | Kabelboje *f.*
bougie *f.* | Kerze *f.*; — heure *f.* | Kerzenstunde *f.*; — normale | Normalkerze.
bouilleur *m.* | Siederohr *n.*, Sieder *m.*
bouillir | sieden, kochen.
boule *f.* | Kugel *f.*
boulon *m.* | Bolzen *m.*, Schraube *f.*; — des bornes | Klemmenständer *m.*; — de butée | Anschlagbolzen *m.*; — de chapeau | Deckel-, Lagerdeckel-schraube; — de fondation | Fundamentschraube; — d'induit | Ankerbolzen; — de raccordement | Anschlußbolzen; — de scellement | Steinschraube; — de traversée | Durchführungsbolzen.
boulonnage *m.* | Verbolzung *f.*
boulonner | verbolzen, verschrauben.
bourdonnement *m.* | Summen *n.*
bourdonner | summen.
boussole *f.* | Kompaß *m.*, Bussole *f.* — de déclinaison | Deklinationsbussole; — d'inclinaison | Neigungskompaß, Inklinatorium *n.*; — de poche | Taschenkompaß.
bout *m.* | Ende *n.*, Stumpf *m.*, Spitze *f.*; — d'arbre | Wellenstumpf; à (en) — d'arbre | am Ende der Welle; — de doigt | Fingerspitze.
bouteille *f.* | Flasche *f.*; — de Leyde | Leydener Flasche.
bouton *m.* | Knopf *m.*, Taste *f.*, Zapfen *m.*; — d'appel | Druckknopf.
branche *f.* | Ast *m.*, Zweig *m.*, Schenkel *m.*
branchement *m.* | Abzweigung *f.*, Verzweigung *f.*; — de câble | Kabelabzweigung; — de courant | Stromverzweigung.
brancher | abzweigen, verzweigen.
bras *m.* | Arm *m.*, Speiche *f.*, Schwengel *m.*; — de levier | Hebelarm.
braser | hart löten.
brasure *f.* | Hartlöten *n.*; Hartlot *n.*
brevet *m.* | Patent *n.*, Diplom *n.*; — de capacité | Prüfungszeugnis *n.*

breveter | patentieren.
bride *f.* | Flansch *m*, Bügel *m.*; — aveugle, — feinte, — pleine | Blindflansch *m.*
brillant -e | glänzend.
brin *m.* | Trumm *n.*; — conducteur | ziehendes Trumm; — conduit | gezogenes Trumm.
brique *f.* | Ziegelstein *m.*
briser | brechen, knicken, zerreißen.
brisure *f.* | Bruch *m.* Knick *m.*
bronze *m.* | Bronze *f.*; — de coussinet | Lagerbronze.
broquette *f.* | Zwecke *f.*
brosse *f.* | Bürste *f.*
brouter | springen, schnarren.
brûler | brennen, verbrennen.
brûleur *m.* | Brenner *m.*
brûlure *f.* | Verbrennung *f.*, Brandwunde *f.*
brunir | bräunen, polieren, brünieren.
brunissage *m.* | Glanzpolitur *f.*, Brünieren *n.*
brunissoir *m.* | Polierstahl *m.*
brusque | plötzlich, ungestüm.
brut -e | roh, unbearbeitet; Brutto.
buis *m.* | Buchsbaum *m.*
bulle *f.* | Blase *f.*; — d'air | Luftblase.
bureau *m.* | Amt *n.*, Amtszimmer *n.*; — télégraphique | Telegraphenamt; — téléphonique | Fernsprech-amt, -stelle *f.*
burette *f.* | Kanne *f.*; — à huile | Öl-, Schmier-kanne.
burin *m.* | Meißel *m.*, Stichel *m.*
buriner | meißeln, stechen.
butée *f.* | Anschlag *m.*, Widerlager *n.*, Arretierung *f.*
buter | an-, auf-schlagen.
but(t)oir *m.* | Anschlag, -stift *m.*, Prellbock *m.*

C.

cabine *f.* | Kajüte *f.*, Kabine *f.*; Zelle *f.*; — téléphonique | Telephonzelle.
câblage *m.* | Verseilung *f.*
câble *m.* | Kabel *n.*, Tau *n.*; — aérien | Luft-, oberirdisches Kabel, oberirdisches Luftkabel; — alimentaire, — d'alimentation | Speisekabel; — armé | bewehrtes (armiertes) Kabel; — de chanvre | Hanfseil; — de coton | Baumwollseil; — de levage, — de mine | Förderseil; — métallique | Drahtseil; — de remorque | Schlepptau; — sousmarin | Unterseekabel; — souterrain | Erdkabel; — télégraphique | Telegraphenkabel; — téléphonique | Telephonkabel; — transatlantique | transatlantisches Kabel.
câblegramme *m.* (câblogramme *m.*) | Kabeldepesche *f.*
cadenas *m.* | Hänge-, Vorlege-schloß *n.*
cadmium *m.* | Kadmium *n.*
cadran *m.* | Zifferblatt *n.*
cadre *m.* | Rahmen *m.*
cage *f.* | Gehäuse *n.*
cahier *m.* | Heft *n.*; — de charges | (Lastenheft) Kauf-, Pacht-, Lieferungs-bedingungen.
caisse *f.* | Kasse *f.*, Kasten *m.*, Kiste *f.*, Lade *f.*, Gehäuse *n.*
caisson *m.* | Deckelwagen *m.*, Versenkungskasten *m.*
calage *m.* | Einstellung *f.*, Verkeilung *f.*
calandre *f.* | Rolle *f.*, Mangel *f.*, Glättwalze *f.*, Kalander *m.*
calcination *f.* | Ausglühen *n.*, — en vase clos | Verkoken *n.*

calcium *m.* | Kalzium *n.*, Calcium *n.*
calcul *m.* | Berechnung *f.*, Rechnung *f.*, Kalkulation *f.*
calculer | rechnen, berechnen.
cale *f.* | Keil *m.*, Bremsschuh *m.*
caler | einstellen, verkeilen.
calibre *m.* | Lehre *f.*, Kaliber *n.*; Seele *f.*, Bohrungsdurchmesser *m.*, — coulant | Schublehre; — à vis | Gewindelehre.
calorie *f.* | Wärmeeinheit *f.*, Kalorie *f.*
calorimètre *m.* | Wärmemesser *m.*, Kalorimeter *n.*
calque *m.* | Pause *f.*; — en bleu | Blaupause.
calquer | durchpausen, pausen.
came *f.* | Daumen *m.*, Knagge *f.*, Hebearm *m.*, Steife *f.*
camelote *f.* | Schundware *f.*, Pfuscherei *f.*
campagne *f.* | Betriebsdauer *f.*, Arbeitszeit *f.*
canal *m.* | Kanal *m.*; — d'amenée | Zuleitung *f.*; — de chauffe | Heizkanal.
canalisation *f.* (ligne *f.*) | Leitung *f.* — aérienne | Frei-, Luft-, oberirdische Leitung; — alimentaire, — d'alimentation | Speiseleitung; — d'amenée, — d'arrivée | Zuführungsleitung; — auxiliaire | Hilfsleitung; — de branchement, — de dérivation, — dérivée | Zweigleitung; — circulaire | Ringleitung; — collectrice | Sammelleitung; — de compensation | Ausgleichsleitung; — à longue distance | Fernleitung; — de distribution | Verteilungsleitung; — à fil unique, — simple | Einfachleitung; — à deux fils, — à double fil, — bifilaire | Zweifach-Zweileiter-leitung; — à trois fils, — à triple fil, — trifilaire | Dreifach-, Dreileiter-leitung; — domestique, — intérieure | Haus-, Innen-, Steig-leitung; — de jonction, — de raccordement | Verbindungsleitung; — municipale, — urbaine | Stadtleitung; — principale | Hauptleitung; — de retour | Rückleitung; — de secours | Verstärkungsleitung.
candélabre *m.* | Kandelaber *m.*
canevas *m.* | Stickgaze *f.*, Kanevas *m.*
caniveau *m.* | Kabel-rinne *f.*, -röhre, -kanal *m.*
canneler | kehlen, auskehlen.
cannelure *f.* | Hohlkehle *f.*
canton *m.* | Bezirk *m.*
caoutchouc *m.* | Kautschuk *m.*, Gummi *m.*; — durci | Hartgummi, — vulcanisé | vulkanisierter Kautschuk.
capacitance *f.* | Kapazitanz *f.*
capacité *f.* | Fähigkeit *f.*; — de chauffe | Heizfähigkeit.
capillaire | haarförmig, Kapillar-.
capillarité | Kapillarität *f.*
capote *f.* | Schutzkappe *f.*
capsule *f.* | Kapsel *f.*
captation *f.* | Sammlung *f.*, Fassung *f.*
caractéristique *f.* | Charakteristik *f.*
carbolinéum *m.* | Karbolineum *n.*
carbonate *m.* de soude | Soda *f.*
carbone *m.* | Kohlenstoff *m.*
carbonisation *f.* | Verkohlung *f.*
carboniser | verkohlen.
carbure *m.* de calcium | Karbid *n.*
carcasse *f.* | Gehäuse *n.*, Gestell *n.*
Carcel, lampiste français, inventeur de la lampe carcel | Carcel.

carcel *m.* unité de lumière en France, = 9,62 bougies décimales | Carcel *n.*
carré -e | viereckig, quadratisch.
carré *m.* | Viereck *n.*, Quadrat *n.*
carreau *m.* | Fliese *f.*, Fensterscheibe *f.*
carton *m.* | Pappe *f.*
cas *m.* | Fall *m.*, Lage *f.*; faire — de schätzen; — d'urgence | Notfall *m.*
cascade *f.* | Wasserfall *m.*
cassant -e | spröde, zerbrechlich.
cathode *f.* | Kathode *f.*
cathodique | kathodisch.
cèdre *m.* | Zeder *f.*
ceinture *f.* | Gürtel *m.*; en — | ringförmig.
celluloïde *m.* | Zelluloid *n.*
cellulose *f.* | Zellulose *f.*
centi- | hundertstel, Zenti-.
centimètre *m.* | Zentimeter *n.*; — carré | Quadratzentimeter; — cube | Kubikzentimeter.
centrage *m.* | Zentrierung *f.*
centrale *f.* | Zentrale *f.*; — communale | städtische Zentrale; — intercommunale | Überlandzentrale.
centre *m.* | Brenn-, Mittel-, Schwerpunkt *m.*, Zentrum *n.*
centrer | dem Mittelpunkt zustreben, zentrieren.
centrifuge | vom Mittelpunkt fortstrebend, zentrifugal.
cercle *m.* | Kreis *m.*, Ring *m.*
certificat *m.* | Zeugnis *n.*, Bescheinigung *f.*
chaîne *f.* | Kette *f.*
chaînon *m.* | Kettenglied *n.*, Schake *f.*
chaleur *f.* | Hitze *f.*, Wärme *f.*; — d'incandescence, — du blanc, — blanche | Weißglühhitze; — de fusion | Schmelzwärme; — du rouge | Rotglühhitze.
chalumeau *m.* | Lötrohr *n.*
chambre *f.* | Raum *m.*, Kammer *f.*; — des chaudières | Kesselraum *m.*; — réfrigérante | Kühlraum; — des turbines | Turbinenkammer.
champ *m.* | Feld *n.*; — électrique | elektrisches Feld; — électromagnétique | elektromagnetisches Feld; — d'action | Wirkungsfeld; — du courant | Stromfeld; — efficace, — utile | Nutzfeld; — d'excitation | Erregerfeld; — d'inversion | Umkehrfeld; — des rainures | Nutenfeld.
chandelier *m.* | Leuchter *m.*
changer | ändern, umwandeln; — de | austauschen, wechseln.
chantier *m.* | Werft *f.*, Holzhof *m.*, Zimmerplatz *m.*
chanvre *m.* | Hanf *m.*
chape *f.* | Kappe *f.*, Klappe *f.*, Mantel *m.*
chapeau *m.* | Hut *m.*, Haube *f.*, Deckel *m.*, Kappe *f.*; — de protection | Schutzkappe.
chaperon *m.* | Haube *f.*, Kappe *f.*
chapiteau *m.* | Kapitäl *n.*, Knauf *m.*, Aufsatz *m.*
charbon *m.* | Kohle *f.*; — animal, — d'os | Knochenkohle, Beinschwarz; — artificiel | Kohlen stift; — de bois, — végétal | Holzkohle; — de cornue | Gaskohle; — de forge | Schmiedekohle; — à mèche — Dochtkohle; — minéral, — de terre | Steinkohle.

charge *f.* | Obliegenheit *f.*, Verpflichtung *f.*, Stellung *f.*, Amt *n.*; Last *f.*, Belastung *f.*, Beanspruchung *f.*, Inanspruchnahme *f.*; — admissible | zulässige Belastung *f.*; — alternante | wechselnde Belastung; — apparente | scheinbare Belastung; — constante | ruhende —, konstante Belastung; — effective | wirkliche Belastung; — maximum | Höchst-, Maximal-belastung; — — minimum | niedrigste —, Mindest-belastung; — pleine | volle Belastung.

chargement *m.* | Laden *n.*, Be-, Ver-laden *n.*; Einschreibung *f.*, Wertangabe *f.*

charger | laden, belasten, beanspruchen, beschicken; Wert angeben, einschreiben lassen.

chariot *m.* | Wagen *m.*, Schlitten *m.*; — pour câble | Kabelwagen *m.*, — de contact | Kontaktschlitten *m.*

charme *m.* | Weißbuche *f.*

charnière *f.* | Gelenkband *n.*, Scharnier *n.*

charpente *f.* | Gebälk *n.*, Balkenwerk *n.*, Gerüst *n.*

charpentier *m.* | Zimmermann *m.*

charrette *f.* | Karren *m.*

chasse coin *m.* | Keilhammer *m.*

chasse pointes *m.*, — rivets *m.* | Niethammer *m.*

chasser | vertreiben, verjagen, jagen.

châssis *m.* | Gestell *n.*, Rahmen *m.*

chaud -e | warm, heiß; à — | im warmen Zustande.

chaude *f.* | Hitze *f.*, Glühhitze *f.*; — soudante | Schweißhitze *f.*

chaudière *f.* (à vapeur), générateur *m.* | Kessel *m.*, Dampfkessel *m.*; chaudière à bouilleurs | Siederkessel *m.*; — multibouilleurs | Batteriekessel; — aquatubulaire, — à tubes d'eau | Wasserrohrkessel; — ignitubulaire, — à foyer intérieur, — à tubes foyers | Flammrohrkessel, Kessel mit Innenfeuerung; — à tubes de fumée | Rauchrohrkessel; — cylindrique | Zylinderkessel; — horizontale | liegender Kessel; — verticale | stehender Kessel; — de réserve | Aushilfs-, Reserve-kessel.

chaudron *m.* | Kessel *m.*, Waschkessel *m.*

chaudronnier *m.* | Kesselschmied *m.*

chauffage *m.* | Heizung *f.*, Feuerung *f.*

chauffe *f.* | Heizen *n*; de — Heiz-.

chauffer | heizen, erwärmen, erhitzen.

chauffeur *m.* | Heizer *m.*

chaussée *f.* | Straßendamm *m.*, Fahrstraße *f.*

chaux *f.* | Kalk; — éteinte | gelöschter Kalk; — vive | gebrannter Kalk.

chef *m.* | Meister *m.*, Vorgesetzter *m.*, Chef *m.*; — d'atelier | Werkführer *m.*; — de bureau | Bureauvorstand *m.*; — de train | Zugführer *m.*

chemin *m.* | Weg *m.*, Bahn *f.*; — de fer | Eisenbahn; — à crémaillère | Zahnradbahn; — funiculaire | Drahtseilbahn.

cheminée *f.* | Schornstein *m.*, Esse *f.*, Schlot *m.*, Kamin *m.*; — de lampe | Zylinder *m.*

chemise *f.* | Hülle *f.*, Mantel *m.*, Umkleidung *f.*; — en plomb | Bleimantel.

chenal *m.* | Fahrwasser *n.*, Fahrrinne *f.*

cheval vapeur *m.* gek. chev. | Pferdestärke *f.*; 75 kilogrammètre par seconde; — à l'arbre, — au frein, — effectif | wirkliche Pferdestärke, an der Achse abgegebene Kraft, Bremspferdestärke; — indiqué | indizierte Pferdestärke, im Zylinder gemessene Kraft.

chevalet *s. m.* | Gestell *n.*, Gerüst *n.*, Lagerbock *m.*

chevillage *s. m.* | Verbolzen *n.*, Einzapfen *n.*

cheville *f.* | Stöpsel *m.*, Bolzen *m.*, Stift *m.*

chiffon *m.* | Lappen *m.*

chiffre *m.* | Ziffer *f.*, Zahl *f.*, Zeichen *n.*

chiffrer | chiffrieren, in Geheimschrift schreiben.

chimie *f.* | Chemie *f.*

chimique | chemisch.

chimiste | Chemiker *m.*

chlore *m.* | Chlor *n.*

chlorure *m.* de chaux | Chlorkalk *m.*

chrome *m.* | Chrom *n.*

chute *f.* | Fall *m.*, Abfall *m.*; — d'eau | Gefälle; — de potentiel, — de tension, — de voltage | Spannungsabfall.

ciel *m.* | Decke *f.*, Deckel *m.*

cime *f.* | Gipfel *m.*, Spitze *f.*; — de poteau | Zopfende *n.* des Mastes.

ciment *m.* | Zement *m.*

cintre *m.* | Bogen *m.*, Gewölbe *n.*

cintrer | biegen, wölben.

circonférence *f.* | Umfang *m.*

circonvolution *f.* | Umgang *m.*, Umdrehung *f.*

circuit *m.*, canalisation et appareils traversés par le courant électrique | Stromkreis; — fermé | geschlossener Stromkreis; — ouvert | offener Stromkreis; — extérieur | äußerer Stromkreis; — intérieur | innerer Stromkreis; — de dérivation, — dérivé | Zweigstromkreis; — principal | Hauptstromkreis; — inducteur, — primaire | primärer Stromkreis; — induit, — secondaire | sekundärer Stromkreis.

circulaire | ring-, kreisförmig; Kreis-, Rund-.

circulaire *f.* | Rundschreiben *n.*, Zirkular *n.*

circulation *f.* | Umlauf *m.*, Verkehr *m.*, Zirkulation *f.*

cire *f.* | Wachs *n.*; — d'abeilles | Bienenwachs *n.*; — fossile | Erd-Berg-wachs.

cisaille -s *f.* | Blechschere.

cisaillement *m.* | Einschneiden *n.*, Schub *m.*

ciseau *m.* | Meißel *m.*

ciseler | meißeln.

clameau *m.* | Eisenklammer.

clapet *m.* | Klappe *f.*, Fallklappe *f.*, Ventil *n.*

clavetage *m.* | Keilverbindung *f.*

claveter | keilen, aufkeilen.

clavette *f.* | Keil *m.*

clavier *m.* | Tastenwerk *n*, Griffbrett *n.*

clef (clé) *f.* | Schlüssel; — anglaise | Franzose *m.*, Engländer *m.*

cliquet *m.* | Sperr-kegel *m.*, -haken *m.*, -klinke *f.*

cloche *f.* | Glocke *f.*

cloison *f.* | Scheidewand *f.*, Zwischenwand *f.*
clou *m.* | Nagel *m.*
clouer | nageln, an-, zu-, ver-nageln.
cloutier *m.* | Nagelschmied *m.*
cobalt *m.* | Kobalt *m.*
coéfficient *m.* | Wertziffer *f.*, Koeffizient *m.*
cohéreur *m.* | Fritter *m.*, Kohärer *m.*; — à limailles | Körner-, Feilspänefritter; — à vide | Vakuumfritter.
cohésion *f.* | Frittung *f.*, Bindekraft *f.*, Kohäsion *f.*
coïncidence *f.* | Zusammentreffen *n.*, Koinzidenz *f.*, Kongruenz *f.*
colle *f.* | Leim *m.*, Kitt *m.*; — d'amidon, — de farine | Kleister *m.*
collecter (capter, recueillir) | (Strom)sammeln; collectionner (faire une collection) | sammeln, vereinigen.
collecteur *m.* | Stromsammler *m.*, Stromwender *m.*, Kollektor *m.*; — frontal, — vertical | Stirnkollektor; — horizontal | Plankollektor.
collecteur -trice | Sammel-.
coller | leimen, kleben, kitten.
collet *m.* | Hals *m.*, Kragen *m.*, Rand *m.*, Flansch *m.*
collier *m.* | Schelle *f.*, Bügel *m.*, Band *n.*; — pour câble | Kabelschelle; — de porte balai | Bürstenring *m.*
collodion *m.* | Kollodium *n.*
colonne *f.* | Säule *f.*
colophane *f.* | Kolophonium *n.*
combinaison *f.* | Verbindung *f.*, Berechnung *f.*, Kombination *f.*
combinateur *m.* | Fahrschalter *m.*, Kontroller *m.*
combiner | verbinden, berechnen, kombinieren.
combler | ausfüllen, zuwerfen, füllen.
combustibilité *f.* | Brennbarkeit *f.*
combustible *m.* | Brenn-stoff *m.*, -material *n.*
combustion *f.* | Verbrennung *f.*
commande *f.* | Antrieb *m.*, Steuerung *f.*, Angriff *m.*, Getriebe *n.*; Bestellung *f.*, Auftrag *m.*; — par bouton de pression | Druckknopfsteuerung *f.*; — par câble | Seil(an)trieb *m.*; — par courroie | Riemenantrieb *m.*
commun -e | gemeinsam.
communication *f.* | Mitteilung *f.*, Verbindung *f.*, Anschluß *m.*; — téléphonique | Fernsprechanschluß *m.*
communiquer | verbinden, mitteilen, anschließen.
commutateur *m.* | Schalter *m.*; — de charge | Ladeumschalter; — de décharge | Entladeschalter; — à une (seule) direction | Einwegschalter; — à trois directions | Dreiwegschalter; — à plusieurs directions | Mehrwegschalter; — à levier | Hebelumschalter; — à manivelle | Kurbelumschalter; — à mercure | Quecksilberumschalter; — à pédale | Fußumschalter; — à plaques | Scheibenumschalter; — à ressort | Federumschalter; — à tirage | Zugumschalter; — multipolaire | mehrpoliger Umschalter; — unipolaire | einpoliger Umschalter.
commutation *f.* | Umschaltung *f.*
commutatrice *f.* | Dreh-, Einankerumformer *m.*

commuter | schalten, einschalten.
comparaison *f.* | Vergleich *m.*, Vergleichung *f.*
comparateur *m.* | Vergleicher; —de phases | Phasenvergleicher *m.*
compas *m.* | Zirkel *m.*, Kompaß *m.*
compensateur *m.* | Ausgleicher *m.*, Kompensator *m.*
compensateur -trice | ausgleichend, Ausgleichs-.
compensation *f.* | Ausgleich *m.*, Kompensierung *f.*
compenser | ausgleichen, kompensieren.
compliqué -e | verwickelt, verworren, kompliziert.
composante *f.* | Seitenkraft *f.*, Komponente *f.*
composition *f.* | Mischung *f.*, Zusammensetzung *f.*, Legierung *f.*, Komposition *f.*
compresseur *m.* | Verdichtungspumpe *f.*, Kompressor *m.*
compression *f.* | Verdichtung *f.*, Kompression *f.*
comprimer | zusammendrücken, verdichten, komprimieren.
comprimé -e | Preß-.
compte | *m.* Rechnung *f.*, Zählung *f.*, Konto *n.*; — tours | Tourenzähler *m.*; — gouttes | Tropföler *m.*
compteur *m.* | Zähler *m.*; — de consommation | Verbrauchsmesser; — de courant | Stromzähler; — électrique | Elektrizitätszähler; — de tours | Tourenzähler.
concentration *f.* | Zusammenziehung *f.*, Konzentration *f.*
concentrique | gemeinschaftlichen Mittelpunkt aufweisend, konzentrisch.
concession *f.* | Zugeständnis *n.*, Genehmigung *f.*, Konzession *f.*
condensateur (d'électricité) | elektrischer Verdichter *m.*, Kondensator *m.*; — à air | Luftkondensator *m.*; — cylindrique, — à cylindre | Rollenkondensator; — étalon | Normalkondensator *m.*; — à mica | Glimmerkondensator; — à papier | Papierkondensator; — à plaques | Blätter-, Plattenkondensator; — sphérique | Kugelkondensator; — à haute tension, — à haut voltage, — à v. élevé | Hochspannungskondensator.
condensation *f.* | Verdichtung *f.*, Abkühlung *f.*, Verflüssigung *f.*, Kondensation *f.*
condenser | verdichten, verflüssigen, kondensieren.
condenseur (de vapeur) | Verdichter *m.*, Abkühler *m.*, Kondensator *m.*; — par (à) mélange, — par (à) injection | Einspritzkondensator; — par (à) surface | Oberflächenkondensator; — tubulaire | Röhrenkondensator.
condition *f.* | Bedingung *f.*, Zustand *m.*, Lage *f.*
conductance *f.* (conductibilité *f.*, conductivité *f.*) | Leit(ungs)fähigkeit *f.*, Konduktanz *f.*
conducteur *m.* | Leiter *m.*, Leitung *f.*; bon — | guter Leiter; mauvais — | schlechter Leiter; non — | Nichtleiter; semi — | Halbleiter; à un —, à — unique | einfacher, einadriger Leiter; à double —, à deux — (s) | Zweileiter, zweiadriger; à trois —, à quatre —, à cinq —s | Drei-, Vier-, Fünfleiter.

conducteur -trice | leitend; Leitungs-.

conduire | leiten.

conduit *m.* | Leitungsrohr *n.*, Kanal *m.*; — d'aspiration | Saugleitung; — de pression | Druckleitung; — de ventilation | Luftkanal *m.*

conduite *f.* | Leitung *f.*, Führung *f.*; — d'eau | Wasserleitung; — à vapeur | Dampfleitung.

cône *m.* | Kegel *m.*, Konus *m.*

confection *f.* | Herstellung *f.*, Anfertigung *f.*

conique | kegelförmig, konisch.

conjoncteur *m.* | Einschalter *m.*

connecter | verbinden, verknüpfen.

connecteur *m.* | Verbinder *m.*

connexion *f.* | Anschluß *m.*, Verbindung *f.*, Verknüpfung *f.*

conservation *f.* | Erhaltung *f.*, Konservierung *f.*

consistent -e | fest, haltbar, konsistent.

console *f.* | Stütze *f.*, Träger *m.*, Konsole *f.*

consolidation *f.* | Befestigung *f.*, Konsolidierung *f.*

consolider | befestigen, sichern, vereinigen, konsolidieren.

consommateur *m.* | Verbraucher *m.* Abnehmer *m.*, Konsument *m.*

consommation *f.* | Verbrauch *m.*, Abnahme *f.*, Konsum *m.*

consommer | verbrauchen, verzehren, konsumieren.

constant -e | feststehend, gleichbleibend, unveränderlich, konstant.

constante *f.* | unveränderliche Grösse *f.*, Konstante *f.*

constater | feststellen, nachweisen, konstatieren.

constructeur *m.* | Erbauer *m.*, Entwerfer *m.*, Berechner *m.*, Konstrukteur *m.*

construction *f.* | Erbauung *f.*, Bauart *f.*, Berechnung *f.*, Konstruktion *f.*

consumer | vernichten, zerstören, verzehren.

contact *s. m.* | Berührung, Schaltung, Stromschluß, Kontakt; établir le — | den Stromschluß herstellen; mettre en — | in Berührung bringen, einschalten; — de court circuit | Kurzschlußkontakt; — à fiches | Steckkontakt; — par frottement, — frotteur | Reibungs-, Schleif-kontakt; — de (par) glissement | Gleitkontakt; — à pédale | Tretkontakt; — de (par) pression | Druckkontakt; — de réglage | Regulierkontakt; — en regard | gegenüberstehender Kontakt; — à ressort | Federkontakt; — par traction | Zugkontakt; — va et vient | Streichkontakt.

continu -e | stetig, fortlaufend, ununterbrochen; Gleich-.

contour *m.* | Außenlinie *f.*, Umriß *m.*, Kontur *f.*

contractant *m.* | Vertragschließende *m.*, Kontrahent *m.*

contraction *f.* | Zusammenziehung *f.*, Verengung *f.*, Kontraktion *f.*

contrat *m.* | Vertrag *m.*, Kontrakt *m.*

contre- | Gegen-, Wider-, gegen-, wider-.

contreaimanter | gegenmagnetisieren.

contrecouplage *m.* | Gegenschaltung *f.*

contrecourant *m.* | Gegenstrom *m.*
contrefiche *f.* | Strebe; à — | verstrebt.
contremaître *m.* | Werkmeister *m.*
contrepoids *m.* | Fallgewicht *n.*
contrepression *f.* | Gegendruck *m.*
contrevapeur *f.* | Gegendampf *m.*
contrôlable | kontrollierbar.
contrôle *m.* | Beaufsichtigung *f.*, Überwachung *f.*, Kontrolle *f.*
contrôleur *m.* | Fahrschalter *m.*, Kontroller *m.*; Aufseher, Aufsichtsbeamter *m.*, Kontrolleur *m.*
convergence *f.* | Annäherung *f.*, Zusammenströmen *n.*, Konvergenz *f.*
convertir | umwandeln, umformen, wechseln, konvertieren.
convertisseur *m.* | Dreh-, Einankerumformer *m.*; Bessemerbirne *f.*, Konverter *m.*
coque *f.* | Schale *f.*, Umkleidung *f.*, Knoten *m.*
coquille *f.* | Schale *f.*, Muschel *f.*, Kokille *f.*
corde *f.* | Seil *n.*, Tau *n.*; à — | Seil-.
corne *f.* | Horn *n.*
corné -e | hornartig.
cornier -ère | Winkel-, Eck-;
cornière *f.* (fer de [à] —) | Kehlrinne *f.*; Winkeleisen *n.*
cornue *f.* | Retorte *f.*; — à gaz | Gasretorte.
corps *m.* | Körper *m.*, Rumpf *m.*
correction *f.* | Berichtigung *f.*, Korrektur *f.*
correctif *m.* | Milderung *f.*, Berichtigung *f.*
corroder | ätzen, zerfressen, korrodieren.
corrosion *f.* | Zerfressen *n.*, Korrosion *m.*
cosinus, gek. cos. *m.* | Kosinus *m.*
cosse *f.* | Hülse *f.*; Öse *f.*; — de câble | Kabelschuh *m.*, Kabelöse; — d'équerre | Winkelverbindung *f.*
cote *f.* | Kurszettel *m.*, Anteil *m.*, Quote *f.*
côte *f.* | Küste *f.*, Strand *m.*
côté *m.* | Seite *f.*; — postérieur | Rückseite.
couche *f.* | Schicht *f.*, Lage *f.*, Überzug *m.*
coude *m.* | Ellbogen *m.*, Knie *n.*, Kröpfung *f.*; Kniestück *n.*, Knierohr *n.*
coudée | Knie-.
coudre | nähen, heften, verbinden.
coulage *m.*, coulée *f.* | Guß *m.*; — d'acier | Stahlguß.
couler | gießen, strömen, fließen, sinken.
coulisse *f.* | Führung *f.*, Kulisse *f.*
Coulomb (Charles Augustin de), né à Angoulième 1736, mort à Paris 1806; physicien français, inventeur de la balance de torsion | Coulomb.
coulomb *m.*, unité pratique de quantité d'électricité; | Coulomb *n.*, gek. C.; 1 Coulomb = 1 Ampere × 1 Sekunde = Amperesekunde *f.*
coup *m.* | Schlag *m.*, Hub *m.*; — de sifflet | Pfiff *m.*
coupe *f.* | Schnitt *m.*, Schnittfläche *f.*, Durchschnitt *m.*, Profil *n.*; — longitudinale | Längsschnitt; — transversale | Querschnitt.
coupecircuit *m.* (fusible *m.*, sûreté *f.*) | Sicherung *f.*, Abschmelzsicherung *f.*; — pour faible intensité, — pour courants faibles |

Schwachstromsicherung; — pour grande intensité, — pour courants forts | Starkstromsicherung; — à antennes, — à cornes | Hörnersicherung; — à cartouche | Patronensicherung; — à lame | Streifensicherung; — à pont | Brückensicherung; — à tabatière | Schaltsicherung; — à tube | Röhrensicherung; enlever le — | die Sicherung herausnehmen; insérer le —, intercaler le — | die Sicherung einsetzen; remplacer le — | die Sicherung auswechseln.

couper | schneiden, abschneiden, trennen; — la vapeur | den Dampf absperren.

couplage *m.* (montage *m.*, mise *f.* en circuit) | Schaltung *f.*; — en carré | Viereckschaltung; — d'essai, — d'épreuve | Prüfschaltung; — en étoile | Sternschaltung; — d'induit | Ankerschaltung; — mixte | Gruppenschaltung; — en parallèle | Parallelschaltung; — en série | Hintereinander-, Reihenschaltung; — en triangle | Dreieckschaltung.

couple *m.* | Paar *n.*, Element *n.*; — de forces | Kräftepaar *n.*

coupler (monter, mettre en circuit) | schalten.

coupleur *m.* | Fahrschalter *m.*, Kontroller *m.*

courant *m.* | Strom *m.*; — alternatif | Wechselstrom, alternierender Strom; — monophasé | Einphasenstrom; — biphasé, — diphasé | Zweiphasenstrom; — déphasé, — à phases décalées | phasenverschobener Strom; — triphasé | Drehstrom, Dreiphasenstrom; — polyphasé | Mehr-, Viel-phasenstrom; — continu, — redressé | Gleichstrom, gleichgerichteter Strom; — intermittent | aussetzender Strom; — permanent | andauernder Strom; — inducteur, — primaire | induzierender Strom, Primärstrom; — induit, — secondaire | induzierter Strom, Sekundärstrom; — faible, — de faible intensité | Schwachstrom; — fort, — intense, — de haute (grande) intensité | Starkstrom; — normal, — de régime normal | Normalstrom; — à basse tension, — à faible voltage | Niederspannungsstrom; — à haute tension, — à voltage élevé | Hochspannungsstrom; — à basse fréquence | Niederfrequenzstrom; — à haute fréquence | Hochfrequenzstrom; — inverse, contre — | entgegengesetzter Strom, Gegenstrom; — de retour | Rückstrom; — compensateur, — égalisateur | Ausgleichstrom; — maximum | Maximalstrom; — minimum | Minimalstrom; — auxiliaire | Hilfsstrom; — de branchement | Zweigstrom; — de court circuit | Kurzschlußstrom; — dérivé, — shunt | Nebenschlußstrom; — différentiel | Differenz-, Differentialstrom; — idéal, — théorique | ideeller Strom, theoretischer Strom; — partiel | Teilstrom; — principal | Hauptstrom; — utile | Nutzstrom.

courbe *f.* | Krümmung *f.*, Bogen *m.*, Kurve *f.*; — de charge | Lade-

kurve; — du collecteur, — du potentiel | Kollektor-, Potentialkurve; — de commutation | Kommutierungskurve; — de glissement | Schlüpfungskurve; — de rendement | Wirkungsgradkurve; — de tension | Spannungskurve.
courber | biegen, krümmen.
courbure *f.* | Krümmung *f.*, Wölbung *f.*
couronne *f.* | Kranz *m.*, Krone *f.*, Rolle *f.*; — de fil | Drahtrolle.
courroie *f.* | Riemen *m.*; — croisée | gekreuzter (geschränkter) Riemen; — horizontale | wagerechter Riemen; — ouverte | offener Riemen; — verticale | senkrechter Riemen; — double | Doppelriemen; — de commande, — menante | Treibriemen.
course *f.* | Weg *m.*, Hub *m.*, Hubhöhe *f.*
court -e | kurz.
court circuit *m.* | Kurzschluß *m.*
court circuiter | kurzschließen.
court circuiteur *m.* | Kurzschließer *m.*
coussin *m.* | Kissen *n.*
coussinet *m.* | Kissen *n.*, Wulst *f.*, Pfanne *f.*, Lager *n.*, Lagerschale *f.*
couteau *m.* | Messer *n.*
couture *f.* | Naht *f.*
couvercle *m.* | Deckel *m.*
couverture *f.* | Decke *f.*, Überzug *m.*
crachement *m.* | Spritzen *n.*, Sprühen *n.*
cracher | sprühen, spritzen.
craie *f.* | Kreide *f.*
crampe *f.* | Krampf *m.*, Krampe *f.*
crampon *m.* | Klammer *f.*, Krampe *f.*
cramponner | klammern, anklammern.
crapaudine *f.* | Stütz-, Spur-, Fußlager *n.*; Lagerpfanne *f.*
crayon *m.* | Stab *m.*, Stift *m.*, Bleistift *m.*; — de charbon | Kohlestift; — de l'indicateur | Indikatorstift.
crémaillère *f.* | Zahnstange *f.*
créosote *f.* | Kreosot *n.*
crépitement *m.* | Prasseln *n.*, Knistern *n.*, Knattern *n.*
crête *f.* | Kamm *m.*, Rücken *m.*, Grat *m.*; — de barrage | Wehrkrone *f.*
creuser | aussparen, ausgraben, aushöhlen.
creuset *m.* | Schmelztiegel *m.*
creux -se | hohl.
creux *m.* | Aussparung *f.*, Höhlung *f.*, Nut *f.*; — de l'induit | Ankerbohrung *f.*
crevasse *f.* | Riß *m.*, Sprung *m.*
crible *m.* | Sieb *n.*
cribler | sieben.
cristallin -e | kristallinisch.
cristallisation *f.* | Kristallisation *f.*
cristalliser | kristallisieren.
critique | kritisch.
croc *m.* | Haken *m.*
crochet *m.* | Häkchen *n.*, Haken *m.*
crochu -e | krumm, zackig.
croisement *m.* | Kreuzung *f.*
croiser (se — sich) | kreuzen.
croisillon *m.* | Speiche *f.*, Arm *m.*, Querholz *n.*
croquis *m.* | Skizze *f.*, Entwurf *m.*
cube *m.* | Würfel *m.*, Kubus *m.*, kubisch, Kubik-.
cuiller *m.* | Löffel *m.*
cuir *m.* | Leder *n.*; de (en) — | Leder-; — de choix, — de première qualité | Kernleder.
cuirasse *f.* | Panzer *m.*

cuirassement *m.* | Panzerung *f.*
cuirasser | panzern.
cuivre *m.* | Kupfer *n.*; à (de, en) — | Kupfer-; — écroui | Hartkupfer; — jaune | Gelbguß *m.*, Messing *n.*
cuivrer | verkupfern.
cuivrure *f.*, cuivrage *m.* | Verkupferung *f.*
culot *m.* | Unterteil *n.*; — de lampe à incandescence | Glühlampensockel *m.*
curseur *m.* | Läufer *m.*, Schlitten *m.*; — de contact | Kontaktschlitten.
cuve *f.* | Wanne *f.*, Behälter *m.*, Tank *m.*, à câble | Kabeltank.
cuvette *f.* | Schale *f.*, Napf *m.*, Bekken *n.*; — de rotule | Kugelschale.
cylindre *m.* | Zylinder *m.*, Welle *f.*, Baum *m.*, Rolle *f.*, Walze *f.*; — de démarrage | Anlaßwalze; — guide, — de guidage | Führungs-Leit(ungs)rolle; — d'inversion | Umschaltwalze; — rugueux | Rauhwalze; à — | Zylinder-.
cylindrique | walzenförmig, zylindrisch.

D.

dalle *f.* | Platte *f.*, Fliese *f.*
date *f.* | Datum *n.*, Ausfertigungstag *m.*
débit *m.* | Absatz *m.*, Ertrag *m.*, Leistung *f.*, Verschleiß *m.*; Soll *n.*, Debet *n.*
débiter | leisten, liefern, verschleissen.
débobiner | abwickeln, abspulen.
débrayage *m.* | Ausrückung *f.*, Ausrückvorrichtung *f.*
débrayer | ausrücken, loskuppeln.
débris *m.* | Trümmer *m.*, Scherben *f.*, Abfälle *m.*
décalage *m.* | Verschiebung *f.*, Verstellung *f.*; — de phases | Phasenverschiebung.
décaler | verschieben, verstellen; die Verkeilung entfernen.
décalque *m.* | Abdruck *m.*, Abzug *m.*, Pause *f.*
décharge *f.* | Entladung *f.*; Entlastung *f.*; — maximum, maximum de — | Höchstentladung.
décharger | entladen; entlasten.
déchets *m.*, | Abfälle *m.*, Abgang *m.*
déchirer | zerreißen.
déci- | Zehntel, Dezi-; — mètre | Dezimeter *n.*
déclanchement *m.* | Auslösung *f.*; Ausrückung *f.*
décla(e)ncher | auslösen, ausrücken.
décla(e)ncheur *m.* | Auslösemagnet *m.*
déclic *m.* | Sperrklinke *f.*, Auslösung *f.*
déclinaison *f.* | Abweichung *f.*, Deklination *f.*
décomposer | zerlegen, zergliedern, zersetzen; verwesen.
décomposition *f.* | Zerlegung *f.*, Zergliederung *f.*, Zersetzung *f.*; Verwesung *f.*
déconnecter | abschalten.
déconnexion *f.* | Abschaltung *f.*
décoratif -ve | verzierend, Zier-.
décoration *f.* | Verzierung *f.*, Schmuck *m.*
découper | zerschneiden, lochen.
découpoir *m.* | Abschneider *m.*, Locher *m.*
défaut *m.* | Mangel *m.*, Fehler *m.*, Defekt *m.*; faire — | ausbleiben.

défectueux -se | mangel-, fehler-, schad-haft.
définir | erklären, bestimmen, definieren.
déformation *f.* | Formenänderung *f.*, Mißbildung *f.*, Verunstaltung *f.*
déformer | verändern, verunstalten, umgestalten.
dégager | loslösen, befreien.
dégât *m.* | Schaden *m.*, Beschädigung *f.*
degré *m.* | Grad *m.*, Stufe *f.*, Staffel *f.*
dégrossir | behauen, zustutzen.
déjeter | werfen; se — | windschief werden.
délai *m.* | Frist *f.*, Zeitraum *m.*, Zeit *f.*
démagnétiser | entmagnetisieren.
demande *f.* | Bedarf *m.*, Nachfrage *f.*
demander | fordern, nachsuchen, verlangen, bitten; — à | fragen.
démarrage *m.*, (mise *f.* en marche) | Anlassen *n.*, Anlaufen *n.*; —s fréquents | häufiges Anlassen; —s par saccades | ruckweises Anlassen.
démarrer | anlassen.
démarreur *m.* | Anlasser *m.*; — automatique | Selbstanlasser; — à cylindre | Anlaßwalze *f.*; — inverseur *m.* | Umkehranlasser; — de réglage | Regulieranlasser; — à l'huile | Anlasser mit Ölkühlung; — à liquide | Anlasser mit Flüssigkeitskühlung; — à refroidissement naturel | Anlasser mit Luftkühlung.
demi- (mi-) | Halb-, halb-.
demi cercle | Halbkreis; mi fermé -e | halbgeschlossen.
démolir | abtragen, einreißen, zerstören, demolieren.
démontage *m.* | Auseinandernehmen *n.*, Abrüsten *n.*, Zerlegen *n.*
démonter | auseinandernehmen, zerlegen, demontieren.
dénominateur *m.* | Nenner *m.*
densité *f.* | Dichte *f.*, Dichtigkeit *f.*; — de charge | Ladedichte.
dent *f.* | Zahn *m.*, Zacke *f.*, Scharte *f.*
denté -e | gezähnt, Zahn-.
denture *f.* | Zahnung *f.*, Verzahnung *f.*
départ *m.* | Ausgang *m.*, Abfluß *m.*; Anfang *m.*, Verteilung *f.*
dépêche *f.* | Drahtnachricht *f.*, Depesche *f.*
dépense *f.* | Ausgabe *f.*, Aufwand *m.*, Verbrauch *m.*
dépenser | ausgeben, aufwenden, verbrauchen.
déperdition *f.* | Verlust *m.*, Abgang *m.*
déplaçable | verstellbar.
déplacement *m.* | Ver-schiebung *f.*, -stellung *f.*, -drängung *f.*
dépolarisation *f.* | Depolarisation *f.*
dépolariser | depolarisieren.
déposer | ab-setzen, -scheiden; hinterlegen.
dépôt *m.* | Absatz *m.*, Niederschlag *m.*; Hinterlegung *f.*, Verwahrungsort *m.*
dérangement *m.* | Störung *f.*, Abhaltung; Unordnung *f.*, Verwirrung *f.*, Verschiebung *f.*
déranger | stören, verwirren, verschieben.
dérivation *f.*, shunt *m.* | Ableitung *f.*, Nebenschluß *m.*
dériver | ab-zweigen, -leiten, -weichen.

dérouler | abrollen, abwickeln.
désagrégation *f.* | Zerstäubung *f.*
désaimantation *f.* | Entmagnetisierung *f.*
désaimanter | entmagnetisieren.
désembrayage *m.* | Ausrückung *f.*, Ausrückvorrichtung *f.*
désembrayer | ausrücken. loskuppeln.
description *f.* | Beschreibung *f.*, Darstellung *f.*
désintéresser | abfinden, schadlos halten.
desserrer | lockern, lösen.
desservir | versorgen, versehen.
dessin *m.* | Zeichnung *f.*
dessinateur *m.* | Zeichner *m.*
destinataire *m.* | Empfänger *m.*, Adressat *m.*
destination *f.* | Bestimmung *f.*, Bestimmungsort *m.*
destiner | bestimmen.
destruction *f.* | Zerstörung *f.*
détail *m.* | Einzelheit *f.*, Detail *n.*
détaillé -e | vereinzelt, speziell.
détecteur *m.* | Entwickler, Detektor *m.*
détente *f.* | Ausdehnung *f.*, Absperrung *f.*, Expansion *f.*
déterminant *m.* | Bestimmungszahl *f.*, Determinante *f.*
détermination *f.* | Bestimmung *f.*, Entschließung *f.*
déterminer | bestimmen, beschliessen.
détruire | zerstören, niederreißen.
devant *m.* | Vorderseite *f.*
développement *m.* | Entwickelung *f.*, Ausbreitung *f.*
développer | entwickeln, ausbreiten.
déverser | abfließen, überfließen.
déversoir *m.* | Abfluß *m.* -graben *m.*, Erguß *m.*, Wehr *n.*
déviation *f.* | Ablenkung *f.*, Abweichung *f.*
dévider | abhaspeln, abwickeln.
dévier | abweichen.
devis *m.* | Anschlag *m.*; — estimatif | Kostenschätzung *f.*; — approximatif | Kostenüberschlag *m.*
dévisser | abschrauben, losschrauben.
dévolter | herabtransformieren.
dévolteur *m.* | Abwärts-umformer *m.*, Herabtransformator *m.*
diagonal -e | schräglaufend, diagonal.
diagonale *f.* | Ecklinie *f.*, Diagonale *f.*
diagramme *m.* | Schaulinie *f.*, Diagramm *n.*
diamant *m.* | Diamant *m.*
diamagnétique | vom Magneten abgestoßen, diamagnetisch.
diamètre *m.* | Durchmesser *m.*, Diameter *n.*
diaphane | durchscheinend, durchsichtig, diaphan.
diaphragme *m.* | Scheidewand *f.*, Blendung *f.*, Blende *f.*; — en charbon | Kohlenplatte *f.*
diélectrique | nichtleitend, dielektrisch.
différence *f.* | Unterschied *m.*, Differenz *f.*
différentiation *f.* | Hervorhebung *f.* des Unterschieds, Differenzierung *f.*
différentiel -le | differential, Differenz-.
différentier | den Unterschied hervorheben, differenzieren.

dilatation *f.* | Erweiterung *f.*, Dehnung *f.*
diffuser | zerstreuen.
diluer | verdünnen.
dilution *f.* | Verdünnung *f.*
dimension *f.* | Ausdehnung *f.*, Dimension *f.*
diminuer | vermindern, verringern, abnehmen, sich verjüngen.
diminution *f.* | Minderung *f.*, Verjüngung *f.*, par — Abwärts-.
direct -e, -ment | gerade, unmittelbar, direkt.
directeur -trice | leitend, lenkend; Richt-, Leit-.
direction *f.* | Leitung *f.*, Führung *f.*; Vorstand, *m.* Direktion *f.*
diriger | leiten, dirigieren.
disjoncteur *m.* (interrupteur *m.*) | Ausschalter *m.*, Unterbrecher *m.*
disjonction *f.* (interruption *f.*) | Ausschaltung *f.*, Unterbrechung *f.*
disparaître | verschwinden.
disparition *f.* | Verschwinden *n.*
disperser | streuen.
dispersion *f.* | Streuung *f.*
disponible | verfügbar, disponibel.
disposer | anordnen, verfügen, disponieren; — sur | ziehen, trassieren.
dispositif *m.* | Vorrichtung *f.*, Vorkehrung *f.*, Anordnung *f.*; Apparat *m.*, Instrument *n.*
disposition *f.* | Anordnung *f.*, Maßregel *f.*, Verfügung *f.*; Entnahme *f.*, Tratte *f.*
disque *m.* | Scheibe *f.*
dissimulé -e | versteckt, gebunden.
dissolvant *m.* | Lösungsmittel *n.*
dissoudre | lösen, auflösen.
distance *f.* | Abstand *m.*, Entfernung *f.*, Distanz *f.*
distribuer | verteilen.
distributeur -trice | verteilend, Verteilungs-.
distribution *f.* | Verteilung *f.*; Steuerung *f.*; — de force motrice | Kraftverteilung; — à coulisse | Kulissensteuerung; — à détente | Expansionssteuerung; — à tiroir | Schiebersteuerung; — à soupapes, — à valves | Ventilsteuerung.
district *m.* | Bezirk *m.*, Kreis.
divergence *f.* | Auseinanderlaufen *n.*, Divergenz *f.*
diverger | auseinandergehen, divergieren.
diviser | teilen, dividieren, entzweien.
divisible | teilbar.
divisibilité *f.* | Teilbarkeit *f.*
division *f.* | Teilung *f.*, Division *f.*
doigt *m.* | Finger *m.*
doigtier *m.* | Fingerling *m.*
dôme *m.* | Dom *m.*, Kuppel *f.*, Helm *m.*, Dach *n.*; Dampfsammler *m.*
dorer | vergolden.
dorure *f.* | Vergoldung *f.*
dossier *m.* | Aktendeckel *m.*; joindre au — | zu den Akten nehmen (legen).
doublage *m.* | Verdoppelung *f.*
double | doppelt, zweifach, Doppel-.
doubler | verdoppeln; verkleiden.
douceur *f.* | Weichheit *f.*, Milde *f.*
douille *f.* | Hülse *f.*, Fassung *f.*, Patrone *f.*; — à baïonnette | Bajonettfassung; — de balai | Bürstenkasten *m.*
drainer | entwässern, ableiten.
drap *m.* | Tuch *n.*
dressage *m.* | Abdrehen *n.*, Abrichten *n.*, Aufrichten *n.*

dresser | abdrehen, aufrichten, richten.
droit *m.* | Recht *n.*, Berechtigung *f.*
droit -e | gerade, aufrecht; à droite | rechts.
ductile | streckbar, dehnbar.
ductilité *f.* | Streckbarkeit *f.*, Dehnbarkeit *f.*
dur -e | hart.
durable | haltbar.
durabilité *f.* | Haltbarkeit *f.*
durée *f.* | Dauer *f.*, Lebensdauer *f.*: — de service | Betriebsdauer *f.*
dureté *f.* | Härte *f.*, Zähigkeit *f.*, Festigkeit *f.*
dynamique | dynamisch.
dynamo *f.* (machine dynamoélectrique *f.*, génératrice *f.*) | Dynamo *f.* -maschine *f.*, Stromerzeuger *m.*, Stromerzeugungsmaschine *f.*, Generator *m.*; machine rotative pour transformer l'énergie mécanique en énergie électrique.
dynamo compound *f.* (génératrice *f.*, compound *f.*) dynamo *f.* (génératrice *f.*) à excitation mixte | Compounddynamo *f.*, Verbunddynamo *f.*, Doppelschlußdynamo *f.*, Doppelschlußerzeuger *m.*
dynamo *f.* (génératrice *f.*) à courant continu | Gleichstromdynamo *f.*, Gleichstromerzeuger *m.*, Gleichstromgenerator *m.*
dynamo *f.* (génératrice *f.*) à courant alternatif, alternateur *m.* | Wechselstromdynamo *f.*, Wechselstromerzeuger *m.*, Wechselstromgenerator *m.*, Alternator *m.*
dynamo biphasée | Zweiphasendynamo *f.*, -erzeuger *m.*, -generator *m.*; — monophasée | Einphasendynamo *f.*, -erzeuger *m.*, -generator *m.*; — triphasée | Drehstrom- (Dreiphasen-) dynamo *f.*, -erzeuger *m.*, -generator *m.*
dynamo *f.* (génératrice *f.*) en dérivation, — shunt | Nebenschlußdynamo *f.*, -erzeuger *m.*, -generator *m.*; —en série | Hauptschluß-, Hauptstrom-erzeuger *m.*, Seriendynamo *f.*
dyne *m.* | Dyne *f.*, Krafteinheit *f.*

E.

eau *f.* | Wasser *n.*; — morte | Sumpfwasser; — potable | Trinkwasser; — régale | Goldscheidewasser; eaux vannes | Abwässer.
ébène *f.* | Ebenholz *n.*
ébonite *m.* | Hartgummi *m.*, Ebonit *n.*
ébullition *f.* | Kochen *n.*, Sieden *n.*; point d'— | Siedepunkt *m.*
écartement *m.* | Abstand *m.*, Entfernung *f.*, Auseinanderstehen *n.*
écarter | ausbreiten, entfernen, beseitigen.
échafaud *m.* | Gerüst *n.*; — volant | Hängegerüst *n.*
échantillon *m.* | Muster *n.*, Probe *f.*
échange *m.* | Austausch *m.*; en — | dagegen.
échanger | tauschen, aus-, um-, vertauschen.
échappement *m.* | Aus-strömung *f.*, -puff *m.*; Sperrung *f.*, Hemmung *f.*, Gesperre *n.*
échapper | ent-strömen, -schlüpfen, auspuffen.
échauffement *m.* | Erwärmung *f.*, Erhitzung *f.*, Warmlaufen *n.*
échauffer | erwärmen, erhitzen.
échelle *f.* | Leiter *f.*; Maßstab *m.*, Skala *f.*; — de corde | Strickleiter *f.*

échelon *m.* | Staffel *f.*, Sprosse *f.*, Stufe *f.*
échelonnage *m.* | Staffelung *f.*
échelonner | staffeln, staffelförmig verteilen, abstufen.
éclair *m.* | Blitz *m.*
éclairage *m.* | Beleuchtung *f.*, Licht *n.*; — à (par) arc | Bogenlicht *n.*; — au gaz | Gasbeleuchtung *f.*; — à incandescence | Glühlicht *n.*; — domestique, — intérieur, — privé | Hausbeleuchtung *f.*; — municipal, — public, — des rues | Straßenbeleuchtung *f.*; — d'étalage, — de vitrine | Schaufensterbeleuchtung *f.*
éclairer | beleuchten, erhellen, aufklären.
éclat *m.* | Glanz *m.*, Helligkeit *f.*; Splitter *m.*, Scherbe *f.*; Knall *m.*, Geräusch *n.*
éclater | blitzen, glänzen; platzen, zerspringen; knallen, dröhnen.
éclissage *m.* | Ver-laschung *f.*, -bindung *f.*
éclisse *f.* | Lasche *f.*
éclisser | verlaschen.
écluse *f.* | Schleuse *f.*, Kanal *m.*
économie *f.* | Wirtschaftlichkeit *f.*, Sparsamkeit *f.*, Ökonomie *f.*
économique | wirtschaftlich, ökonomisch; Spar-.
écorce *f.* | Rinde *f.*, Bast *m.*
écoulement *m.* | Vertrieb *m.*, Verschleiß *m.*, Abfluß *m.*
écouler | abfließen, ausströmen, vertreiben.
écran *m.* | Schirm *m.*, Schutz-blech *n.*, -wand *f.*
écraser | stauchen, zerschmettern.
écrit *m.* | Schriftstück *n.*; par — | schriftlich.
écriteau *m.* | Anschlagzettel *m.*, Warnungstafel *f.*
écriture *f.* | Schrift *f.*, Buchung *f.*; passer (porter) — | buchen.
écrou *m.* | Schraubenmutter *f.*
écrouir | kalt härten, harthämmern, hartziehen.
écurer | scheuern, putzen.
effectif -ve | wirklich, tatsächlich.
effet *m.* | Wirkung *f.*, Ergebnis *n.*, Leistung *f.*, Effekt *m.*; — utile | Wirkungsgrad *m.*
efficace | wirksam.
efficacité *f.* | Wirksamkeit *f.*, Tüchtigkeit *f.*
effilochage *m.* | Ausfaserung *f.*
effilocher | ausfasern.
effort *m.* | Beanspruchung *f.*, Anstrengung *f.*
égaler | gleichen, gleichkommen.
égalisateur *m.* | Ausgleicher *m.*
égalisateur -trice | ausgleichend; Ausgleich-.
égalisation *f.* | Ausgleich *m.*
égaliser | ausgleichen, gleichmachen, ebenen.
élargir | erweitern, aufweiten.
élasticité *f.* | Feder-, Schnell-kraft *f.* Elastizität *f.*
élastique | federnd, schnellend, elastisch.
électricien *m.* | Elektriker *m.*, Elektrotechniker *m.*
électricien -ne | elektrotechnisch.
électricité *f.* | Elektrizität *f.*; — dissimulée | gebundene Elektrizität; — dynamique | dynamische Elektrizität; — galvanique | galvanische Elektrizität; — négative | negative Elektrizität; — positive | positive Elektrizität;

— statique | statische Elektrizität; — par frottement | Reibungselektrizität.
électrique | elektrisch.
électrisation *f.* | Elektrisierung *f.*
électriser | elektrisieren.
électro- | Elektro-; — aimant *m.* | Elektromagnet *m.*; — chimie | Elektrochemie *f.*; — dynamique *f.* | Elektrodynamik *f.*, elektrodynamisch; — dynamomètre | Elektrodynamometer *m.*; — galvanique | elektrogalvanisch; — galvanisme *m.* | Elektrogalvanismus *m.*; — lyser | elektrolysieren; — lytique | elektrolytisch; — magnétique | elektromagnetisch; — magnétisme *m.* | Elektromagnetismus *m.*; — moteur *m.* | Elektromotor *m.*; — moteur -trice | elektromotorisch; — négatif -ve | elektronegativ; — positif -ve | elektropositiv; — scope Elektroskop *n.*; — statique *f.* | Elektrostatik *f.*; — typie *f.* | Elektro-Galvano-typie *f.*
électrode *f.* | Elektrode *f.*
élément *m.* | Ur-, Grund-stoff *m.*, Element *n.*; — de chauffage | Heizelement *n.*
élévateur *m.* | Aufzug *m.*, Hebezeug *n.*, Elevator *m.*
élever | erhöhen, auf-, er-richten.
ellipse *f.* | Kegelschnitt *m.*, Ellipse *f.*
elliptique | elliptisch.
emballer s'— | durchgehen.
embouchure *f.* | Mündung *f.*, Mundstück *n.*, -loch *n.*
embranchement *m.* | Ab-, Ver-zweigung *f.*
embrasser | umfassen, -geben, -kreisen.
embrayage *m.* | Einrückvorrichtung *f.*; à —, d'— | Einrück-.
embrayer | einrücken.
embrouillé -e | verwickelt, verworren.
émerger | auftauchen, hervorragen.
émeri (l) *m.* | Schmirgel *m.*
émeriller | schmirgeln.
émérillon *m.* | Drehring *m.*
émettre | aus-geben, -senden, -strahlen.
émission *f.* | Ausgabe *f.*; Aus-strömen *n.*, -lassen *n.*
emmagasinage *m.* | Aufspeicherung *f.*
emmagasiner | aufspeichern.
émoudre | schleifen, wetzen.
émousser | abstumpfen.
emplacement *m.* | Platz *m.*, Stelle *f.*, Ort *m.*, Standort *m.*
emploi *m.* | Verwendung *f.*, Gebrauch *m.*; Anstellung *f.*, Amt *n.*
employé *m.* | Beamte *m.*, Angestellte *m.*
employer | verwenden, anstellen.
emporte pièce *m.* | Loch-eisen *n.*, -zange *f.*
emprunt *m.* | Anleihe *f.*, Darlehn *n.*
emprunter | entlehnen, borgen.
enchevêtrer, s'— | sich verschlingen, verwirren, verfilzen.
enclaver | umfassen, umschließen.
enclenche *f.* | Klinke *f.*
enclenchement *m.* | Einrückung *f.*
enclencher | hemmen, sperren, einrücken.
encliquetage *m.* | Sperrkegel *m.*, Gesperre *n.*
encliqueter | sperren, eingreifen.
enclume *f.* | Amboß *m.*
enclumeau *m.* (enclumette *f.*) | Handamboß *m.*

encoche *f.* | Nut(e) *f.*, Kerbe *f.*
encognure *f.* | Ecke *f.*
encombrement *m.* | Anhäufung *f.*
encre *f.* | Tinte; — communicative, — à copier | Kopiertinte; — de Chine | Tusche *f.*
endenter | zähnen, verzahnen.
enduit *m.* | Hülle *f.*, Überzug *m.*, Schicht *f.*
énergie *f.* | Kraft *f.*, Energie *f.*; — actuelle | lebendige Kraft; — cinétique | Bewegungsenergie; — électrique | elektrische Energie; — mécanique | mechanische Energie; — latente | gebundene (latente) Energie; — potentielle | aufgespeicherte (potentielle) Energie, elektrische Spannkraft.
enfermer | einschließen.
enfiler | einfädeln.
enfoncer | einschlagen, einrammen, versenken, stöpseln.
enfumer | räuchern, schwärzen, einrußen.
engagement *m.* | Verpflichtung *f.*, Zusage *f.*, Obligo *n.*
engager | verpflichten, an-, festlegen, investieren.
engendrer | erzeugen.
engin *m.* | Winde *f.*, Hebezeug *n.*
engorgement *m.* | Verstopfung *f.*, Verschleimung *f.*
engorger | verstopfen, verschleimen.
engrenage *m.* (engrènement *m.*) | Verzahnung *f.*, Getriebe *n.*, Ineinandergreifen *n.*; — intermédiaire | Vorgelege *n.*
engrener | eingreifen.
enlèvement *m.* | Ab-fuhr *f.*, -nehmen *n.*
enlever | entfernen, herausnehmen.
enrayage *m.* (enraiement *m.*) | Hemmung *f.*, Hemmvorrichtung *f.*
enrayure *f.* | Riß *m.*, Furche *f.*, Nute *f.*
enregistrement *n.* | Eintragung *f.*, Registratur *f.*
enregistrer | eintragen, aufzeichnen, verzeichnen, registrieren.
enregistreur | Zähler *m.*, Registriervorrichtung *f.*, Registrator *m.*; Registrier-.
enrouiller | einrosten.
enroulement *m.* (bobinage *m.*) | Wickelung *f.*; — compound | Compoundwickelung *f.*; — en double circuit | Verbund-, Doppelschlußwickelung; — en dérivation, — shunt | Nebenschlußwickelung; — en disques | Scheibenwickelung; — en série | Hauptstromwickelung.
enrouler | wickeln, be-, auf-wickeln, aufrollen.
entonnoir *m.* | Trichter *m.*
entourage *m.* | Bewickelung *f.*, Fassung *f.*, Einfassung *f.*, Umgebung *f.*
entourer | umwickeln, umgeben, umringen.
entraîner | fort-ziehen, -reißen, -bewegen.
entrée *f.* | Eintritt *m.*, Zu-gang *m.*, -fluß *m.*, Einführung *f.*
entrefer *m.* | Luftspalt *m.*
entreprendre | unter-, über-nehmen.
entrepreneur *m.* | Unternehmer *m.*
entreprise *f.* | Unternehmung *f.*
entrer | eintreten, zu-fließen, -strömen.
entretien *m.* | Instand-, Er-, Unterhaltung *f.*; Gespräch *n.*
entretoise *f.* | Strebe *f.*, Riegel *m.*, Stehbolzen *m.*, Querholz *n.*

enveloppe | Hülle *f.*, Be-, Ver-kleidung *f.*, Gehäuse *n.*, Mantel *m.*, Schicht *f.*, Lage *f.*
envelopper | ein-, um-, ver-hüllen, umkleiden, einwickeln.
épais -se | dick, dicht, gedrängt.
épaisseur *f.* | Dichte *f.*, Dicke *f.*, Stärke *f.*
épargner | sparen, schonen.
épisser | splissen, spleißen.
épissure *f.* | Spleißung *f.*
éponge *f.* | Schwamm *m.*
épreuve *f.* | Prüfung *f.*, Probe *f.*, Untersuchung *f.*; — de chaudière | Kesselprüfung.
éprouver | prüfen, untersuchen.
épurer | reinigen, läutern, sichten.
équation *f.* | Gleichung *f.*
équerre *f.* | Winkelmaß *n.*
équilibre *m.* | Gleichgewicht *n.*
équipe *f.* | Rotte *f.*, Mannschaft *f.*, Trupp *m.*
équipement *m.* | Ausrüstung *f.*, Ausstattung *f.*
équiper | ausrüsten, ausstatten.
équipotentiel -le | in gleicher Spannung befindlich, gleichgespannt, äquipotential.
équivalence *f.* | Gleichwertigkeit *f.*, Äquivalenz *f.*
équivalent -e | gleichwertig, äquivalent.
érection *f.* | Auf-, Er-richtung *f.*
ériger | auf-, errichten.
erreur *f.* | Irrtum *m.*, Versehen *n.*
espace *m.* | Raum *m.*, Zwischen-, Zeit-raum *m.*
esquisse *f.* | Entwurf *m.*, Skizze *f.*
esquisser | entwerfen, skizzieren.
essai *m.* | Versuch, *m.* Probe *f.*; d'— Probier-.
essayer | probieren, versuchen.
essayeur *m.* | Prüfer *m.*
essence *f.* | Wesen *n.*, Essenz *f.*; Benzin *n.*; — de térébenthine | Terpentinöl *n.*
essieu *m.* | Achse *f.*
estimatif -ve | schätzungsweise.
estimation *f.* | Schätzung *f.*
estimer | schätzen, achten.
établi *m.* | Werk-, Arbeits-tisch *m.*
établir | her-, fest-stellen, einrichten, begründen; s'— | sich niederlassen; — le contact | den Kontakt herstellen, einschalten.
établissement *m.* | Her-, Fest-stellung *f.*, Errichtung *f.*, Gründung *f.*
étagère *f.* | Gestell *n.*
étai *m.* | Stütze *f.*, Steife *f.*, Spreize *f.*
étain *m.* | Zinn *n.*
étalage *m.* | Schau-stellung *f.*, -fenster *n.*
étalon *m.* | Eich-, Normal-maß *n.*, -gewicht *n.*; Währung *f.*
étalonnage *m.* | Eichen *n.*, Eichgebühr *f.*
étalonner | eichen.
étamage *m.* | Verzinnen *n.*, Belegen *n.*
étamer | verzinnen, belegen.
étanche | dicht, undurchlässig; — d'eau | wasserdicht; — de vapeur | dampfdicht.
étançon *m.* | Stütze *f.*, Steife *f.*, Strebe *f.*
étançonnage *m.* | Absteifen *n.*, Verstreben *n.*
étançonner | absteifen, stützen, verstreben.
état *m.* | Zustand *m.*, Stand *m.*; en — | betriebsfähig.
étau *m.* | Schraubstock *m.*

étayer | stützen, absteifen, verstreben.
éteindre | löschen, aus-, ver-löschen.
étendre | strecken, dehnen, verdünnen.
étendue *f.* | Ausdehnung *f.*, Weite *f.* Strecke *f.*
éther *m.* | Äther *m.*
étincelle *f.* | Funke *m.*
étirage *m.* | Strecken *n.*, Walzen *n.*
étirer | strecken, ziehen; — à froid | hartziehen.
étoile *f.* | Stern *m.*; — de l'induit | Ankerstern.
étoupage *m.* | Packung *f.*, Liderung *f.*. Dichtung *f.*
étoupe *f.* | Werg *n.*, Heede *f.*
étouper | stopfen, packen, dichten.
étranglement *m.* | Schnürung *f.*, Drosselung *f.*; d'— | Drossel-.
étrangler | drosseln, schnüren.
étrésillon *m.* | Strebe *f.*, Stütze *f.*
étrésillonner | verspreizen, stützen.
étrier *m.* | Bügel *m.*, Ziehband *n.*, Schelle *f.*; — de pression, — de serrage | Klemmbügel *m.*
eudiomètre *m.* | Luftprüfer *m.*, Eudiometer *m.*
évaluation *f.* | Schätzung *f.*
évaluer | schätzen, würdern.
évaporer | verdampfen, verdunsten.
évaser | auf-, aus-weiten.
évidement *m.* | Aus-höhlen *n.*, -sparen *n.*
évident -e, -emment | augenscheinlich, offenbar.
évider | aushöhlen, ausweiden.
excavation *f.* | Aushöhlung *f.*
excédent *m.* | Überschuß *m.*, Über-; — de poids | Übergewicht *n.*
excentricité *f.* | Mittenabstand *m.* Exzentrizität *f.*
excentrique | exzentrisch.
excitateur -trice *adj.* | anreizend, erregend.
excitatrice *s. f.* | Erreger, Erregermaschine; avec — intérieure | mit eingebautem Erreger; avec — indépendante | mit besonderem Erreger; sans — | ohne Erreger.
excitation *f.* | Erregung *f.*; — shunt, — en dérivation | Nebenschlußerregung *f.*; — en série | Hauptschluß-, Hauptstrom-erregung *f.*
exciter | erregen.
expédition *f.* | Beförderung *f.*, Absendung *f.*; Ausfertigung *f.*, Abschrift *f.*, Exemplar *n.*, Abdruck *m.*
expérience *f.* | Erfahruug *f.*, Versuch *m.*, Experiment *n.*
exploitation *f.* | Ausbeutung *f.*, Ausnutzung *f.*; Nutzung *f.*, Betrieb *m.*
exploiter | ausnutzen, zum Ertrag bringen, betreiben, verwalten, ausbeuten.
exploser | platzen, zerspringen, explodieren.
exploseur *m.* | Zünder *m.*, Zündmine *f.*
explosif *m.* | Sprengstoff *m.*
explosif -ve | Knall-, Schlag-.
explosion *f.* | Ausbruch *m.*, Knall *m.*, Explosion *f.*; — de chaudière | Kesselexplosion *f.*
exposant *m.* | Gradzahl *f.*, Zeiger *m.*, Exponent *n.*
expulser | aus-stoßen, -treiben, ejizieren.
expulseur *m.* | Auswerfer *m.*, Ejektor *m.*
extension *f.* | Ausbreitung *f.*

extérieur -e | äußere(r), äußerlich.
extincteur *m.* | Löscher *m.*
extinction *f.* | Aus-, Er-, Ab-löschen *n.*, Löschen *n.*
extra courant *m.* | Induktions-, Extra-strom *m.*
extraction *f.* | Herkunft *f.*, Abstammung *f.*, Auszug *m.*, Extraktion *f.*
extraire | aus-scheiden, -ziehen, extrahieren.
extrémité *f.* | Äußerste *n.*, letzte Grenze *f.*, Ende *n.*

F.

fabricant *m.* | Hersteller *m.*, Erzeuger *m.*, Verfertiger *m.*, Fabrikant *m.*
fabrication *f.* | Herstellung *f.*, Anfertigung *f.*, Fabrikation *f.*
fabrique *f.* | Fabrik *f.*
fabriquer | herstellen, anfertigen, erzeugen, fabrizieren.
face *f.* | Vorderseite *f.*, Fläche *f.*; — polaire | Polfläche *f.*
facile -ment | leicht, mühelos.
façon *f.* | Form *f.*, Gestalt *f.*, Zuschnitt *m.*, Art *f.*, Weise *f.*, Fasson *f.*
façonnage *m.* | Formen *n.*, Modellieren *n.*
facteur *m.* | Bote *m.*, Träger *m.*, Faktor *m.*
faculté *f.* | Befugnis *f.*, Befähigung *f.*, Kraft *f.*, Fakultät *f.*
faible -ment | schwach, matt, kraftlos.
faisceau *m.* | Bündel *n.*, Büschel *n.*
fantôme *m.* | Schatten-, Trug-bild, Phantom; — magnétique | Kraftlinienbild *n.*
farad *m.*, unité pratique de mesure pour la capacité électrique | Farad *n.*, gek. F.
Faraday (Michel), né à Nevington Butts 1794, mort à Hampton Court 1867, physicien anglais, inventeur de l'induction des courants électriques | Faraday.
fatigue *f.* | Beanspruchung *f.*, Inanspruchnahme *f.*; Ermüdung *f.*, Müdigkeit *f.*
fatiguer | beanspruchen, erschöpfen, ermüden.
fausser | fälschen, verdrehen, verbiegen.
faute *f.* | Fehler *m.*, Mangel *m.*, Schuld *f.*; — de | mangels.
faux -sse | falsch, gefälscht; fausse clef *f.* | Dietrich *m.*, Nachschlüssel *m.*
feeder *m.* | Speise-kabel *n.*, -leitung *f.*, Feeder *m.*
fendre | spalten, schlitzen, reißen.
fente *f.* | Spalte, *f.* Schlitz *m.*, Riß *m.*
fenton *m.* | Pflock *m.*, Dübel *m.*
fer *m.* | Eisen *n.*; — en barres | Stabeisen; — en T | T-Eisen; — en U | U-Eisen; — affiné | Frischeisen; — aigre | sprödes Eisen; — carré | vierkantiges Eisen; — cornière | Winkeleisen; — cassant | brüchiges Eisen; — demi rond | halbrundes Eisen; — doux | weiches Eisen; — ductile | streckbares Eisen; — façonné | Fassoneisen; — feuilleté | lamelliertes Eisen; — feuillard | Bandeisen; — fibreux | zähes Eisen; — forgé | Schmiedeeisen; — galvanisé | verzinktes Eisen; — homogène | Flußeisen; — laminé |

Walzeisen; — plat | Flacheisen, — profilé — Profileisen; — puddlé | Puddeleisen; — rond | Rundeisen; — soudant, — soudé | Schweißeisen.
ferblanc *m.* | Weißblech *n.*
ferblantier *m.* | Klempner *m.*
fermer | schließen.
fermeture *f.* | Schluß *m.*, Verschluß *m.*, Schließung *f.*
fermoir *m.* | Schließblech *n.*
ferrer | beschlagen (mit Eisen).
ferrure *f.* | Eisen-beschlag *m.*
feuillard *m.* | Bandeisen *n.*
feu *m.* | Feuer *n.*
feuille *f.* | Bogen *m.*, Blatt *n.*, Blech *n.*, Folie *f.*; — d'étain | Stanniol *n.*
feuilleté -e | lamelliert.
feutre *m.* | Filz *m.*
feutrer | filzen, verfilzen.
fibre *f.* | Faser *f.*, Fiber *f.*; — d'écorce | Bast.
fibreux -se | faserig.
ficeler | schnüren, binden.
ficelle *f.* | Schnur *f.*, Bindfaden *m.*
fiche *f.* | Stöpsel *m.*, Stecker *m.*
fil *m.* | Faden *m.*, Draht *m.*, Leitung *f.*; — barbelé | Stacheldraht *m.*; — ciré, — à la cire | Wachsdraht; — écroui | hartgezogener Draht; — étamé | verzinnter Draht; — guipé | übersponnener Draht; — fusible | Schmelz-, Sicherungs-draht; — isolé | isolierter Draht; — nu | blanker Draht; — recouvert | übersponnener Draht; — d'acier | Stahldraht; — d'aluminium | Aluminiumdraht; — d'archal | Messingdraht; — d'argent | Silberdraht; — d'armature | Ankerdraht; — de bronze | Bronzedraht; — de cocon | Kokonfaden; — de compensation | Ausgleichungsdraht; — de cuivre | Kupferdraht; — de fer | Eisendraht; — de laiton | Messingdraht; — de platine | Platindraht; — de plomb | Bleidraht; — de protection | Fang-, Schutz-draht; — de retour | Rückleitung; — de suspension | Aufhängedraht; — de terre | Erddraht; sans — | drahtlos.
filament *m.* | Faden *m.*; — de charbon | Kohlenfaden.
filet *m.* | Gewinde *n.*; Netz *n.*; — de garde fermé sur trois côtés | dreiseitig geschlossenes Schutznetz; — de vis | Schraubengewinde *n.*
filière *f.* | Schneid-, Gewinde-kluppe *f.*
filtre *m.* | Seihtuch *n.*, Filter *n.*
filtrer | durchseihen, filtrieren.
fin-e, -ment | fein, zierlich; schlau, gerieben.
fissure *f.* | Spalt *n.*, Riß *m.*, Ritze *f.*
fixage *m.* | Festmachen *n.*, Fixieren *n.*
flacon *m.* | Fläschchen *n.*, Flakon *n.*
flamme *f.* | Flamme *f.*
flanc *m.* | Seite *f.*, Dünnung *f.*, Flanke *f.*
flasque *m.* | Flansch *m.*; — de l'induit | Ankerflansch *m.*
fléau *m.* | Gelenk *n.*, Wage *f.*, Balken *m.*
flèche *f.* | Pfeil *m.*, Spitze *f.*
fléchir | biegen, krümmen.
flexible | biegsam, geschmeidig.
flexibilité *f.* | Biegsamkeit *f.*, Geschmeidigkeit *f.*
flexion *f.* | Biegung *f.*, Knickung *f.*
flintglass *m.* | Flintglas *n.*
flotter | schwimmen.

flotteur *m.* | Schwimmer *m.*
fluctuation *f.* | Schwankung *f.*, Fluktuation *f.*
fluide *m.* | Flüssigkeit *f.*, Fluidum *n.*
fluide | flüssig, fließend.
fluorescence *f.* | Schillern *n.*, Fluoreszenz *f.*
flux *m.* | Flut *f.*, Fluß *m.*
fonction *f.* | Verrichtung *f.*, Funktion *f.*
fonctionnement *m.* | Betrieb *m.*, Tätigkeit *f.*, Gang *m.*; — à la vapeur | Dampfbetrieb; en état de — | betriebsfertig.
fonctionner | arbeiten, verrichten, im Gange sein; verwalten, fungieren, funktionieren; prêt à — | betriebsfertig.
fond *m.* | Grund *m.*, Boden *m.*, Sohle *f.*, Hintergrund *m.*
fondamental -e | Haupt-, Grund-, Fundamental-.
fondation *f.* | Grundlage *f.*, Gründung *f.*, Fundament *n.*
fondement *m.* | Unterbau *m.*, Grundlage *f.*, Fundament *n.*
fonderie *f.* | Gießerei *f.*, Schmelzerei *f.*
fondeur *m.* | Gießer *m.*, Schmelzer *m.*
fondre | gießen, schmelzen, zerfliessen; se — | durch-, ver-brennen.
fontaine *f.* | Quelle *f.*, Springbrunnen *m.*; — lumineuse | Leuchtfontäne *f.*
fonte *f.* | Guß *m.*, Gußeisen *n.*, Giessen *n.*
forage *m.* | Bohrung *f.*
force *f.* | Kraft *f.*, Vermögen *n.*; — centrifuge | Zentrifugal-, Fliehkraft; — centripète | Zentripetalkraft; — coërcitive | Widerstands-, Koerzitivkraft; — expansive | Ausdehnungsvermögen, Expansionskraft; — hydraulique | Wasserkraft; — magnétique terrestre | Erdmagnetismus; — majeure | höhere Gewalt, unabwendbarer Zufall, zwingende Umstände; — motrice, — mouvante | Treib-, Trieb-kraft; — morte | ruhende Kraft; — percutante | Stoß-, Perkussions-kraft; — portante | Tragkraft; — répulsive | Repulsionskraft, Abstoßungsvermögen; — résultante | resultierende Kraft; — tangentielle | Tangentialkraft; — variable | schwankende Kraft; — vive | lebendige Kraft; force — de chute | Fallkraft; — de cohésion | Bindekraft, Kohäsion; — d'inertie | Trägheitsgesetz, Beharrungsvermögen, passiver Widerstand; — de levier | Hebelkraft; — de loi | Rechtskraft; — de torsion | Drehkraft; — de traction | Zugkraft.
forer | bohren.
foret *m.* | Bohrer *m.*
foreuse *f.* | Bohrmaschine *f.*; — murale | Wandbohrmaschine.
forfait *m.* | Ver-dingung *f.*, -gütung *f.*; à — | zum Übernahme-, Pauschal-preis *m.*
forge *f.* | Schmiede *f.*
forger | schmieden.
forgeron *m.* | Schmied *m.*, Grobschmied *m.*
formation *f.* | Bildung *f.*, Entstehung *f.*, Erzeugung *f.*, Formation *f.*
forme *f.* | Form *f.*, Gestalt *f.*

former | bilden, gestalten, machen.
formule *f.* | Formel *f.*
fosse *f.* | Graben *m.*, Grube *f.*, Schacht *m.*
fou, folle | lose, losgelassen; toll.
foudre *f.* | Blitz; coup de — | Blitzstrahl *m.*, Donnerschlag *m.*
foudroyer | niederschmettern, erschlagen.
four *m.* (fourneau *m.*) | Schmelz-, Glüh-, Back-ofen *m.*
fourche *f.* (fourchette *f.*) | Gabel *f.*
fournir | liefern, versorgen.
fourniture *f.* | Lieferung *f.*, Zu-behör *n.*, -tat *f.*
fourrure *f.* | Futter *n.*, Einsatz *m.*, Auskleidung *f.*
foyer *m.* | Feuerherd *m.*, Feuerung *f.*, Foyer *n.*; — automatique, — mécanique | mechanische Feuerung; — fumivore | rauchverzehrende Feuerung; — intérieur | Innenfeuerung.
fraction *f.* | Bruch *m.*, Teil *m.*
fragile | spröde, zerbrechlich.
frais *m.* | Kosten, Spesen; — accessoires | Nebenspesen; faux — | Unkosten; — de construction | Baukosten; d'exploitation | Betriebskosten; — de réparation | Erneuerungs-, Reparatur-kosten.
fraise *f.* | Fräser *m.*, Schneiderad *n.*
fraiser | fräsen.
fraiseuse *f.* | Fräsmaschine *f.*
frappeur *m.* | Klopfer *m.*, Zuschläger *m.*
frein *m.* | Bremse *f.*, Hemmvorrichtung *f.*, Zügel *m.*, Zaun *m.*; mesurer au — | an der Bremse messen; — différentiel | Differentialbremse; — dynamométrique | Bremsdynamometer; — magnétique | Magnetbremse; — pneumatique | Luftdruckbremse; — à levier | Hebelbremse; — à main | Handbremse; — à sabot | Rad-, Klotz-bremse; — à vapeur | Dampfbremse; — à vide | Vakumbremse.
freinage *m.* | Bremsung *f.*
fréquence *f.* | Wiederkehr *f.*, Frequenz *f.*
frette *f.* (bandage *m.*, cercle *m.*) | Schrumpfring, Bandage; — de calage, — de serrage | Spannring; — de moyeu | Nabenring; — de pression | Klemmring; — d'induit | Ankerbandage; — en ficelle | Schnürbandage.
friction *f.* | Reibung *f.*, Friktion *f.*
frigorifère *m.* | Eismaschine *f.*
frigorification *f.* | Kälteerzeugung *f.*
frigorifique | Kälte erzeugend; Kühl-.
froid *m.* | Kälte; à — | im kalten Zustande.
frottement *m.* | Reibung *f.*; — des balais | Bürstenreibung; — de câble | Seilreibung; — des coussinets | Lagerreibung; — d'essieu | Achsenreibung; — de piston | Kolbenreibung; — de torillon | Zapfenreibung.
frotter | reiben, schleifen, frottieren.
frottoir *m.* | Reibe-bürste *f.*, -kissen *n.*, -lappen *m.*, -papier *n.*, -walze *f.*
fuite *f.* | Entweichen *n.*, Lecken *n.* Entfliehen *n.*, Flucht *f.*; Ritze *f.*, Spalte *f.*, Öffnung *f.*
fulminant -e | Knall-, Zünd-; capsule —e | Zündhütchen *n.*

fumée *f.* | Rauch *m.*
fumer | rauchen.
fumivore | rauch-verzehrend, -verbrennend.
fuseau *m.* | Spindel *f.*, Klöppel *m.*
fusibilité *f.* | Schmelzbarkeit *f.*
fusible | schmelzbar; cartouche *f.* — | Schmelzpatrone *f.*; fil *m.* — | Schmelzdraht *m.*; lame *f.* — | Schmelzstreifen *m.*
fusible *m.* (coupe circuit *m.*) | Sicherung *f.*; — bipolaire | zweipolige Sicherung; — double | Doppelsicherung; — simple | Einzelsicherung; — triple | Dreifachsicherung; — unipolaire | einpolige Sicherung; — pour faible intensité, — pour courants faibles | Schwachstromsicherung; — pour grande intensité, — pour courants forts | Starkstromsicherung.
fût *m.* | Gestell *n.*, Schaft *m.*, Faß *n.*
futée *f.* | Kitt *m.*, Holzkitt *m.*
fuyant -e | flüchtig, verjüngt.

G.

gaïac *m.* | Pockholz *n.*, Guajakholz *n.*
gaillotte *f.* (gailletterie *f.*, gailletin *m.*, gayette *f.*) | Stückkohle *f.*
gaine | Hülle *f.*, Scheide *f.*, Futteral *n.*
galet *m.* | Leitrolle *f.*, Laufrolle *f.*
Galvani (Aloisio), né à Bologne 1737, mort à Bologne 1798, médecin et physicien italien, inventeur du galvanisme | Galvani.
galvanique | galvanisch.
galvanisation *f.* | Galvanisierung *f.*; Verzinkung *f.*
galvaniser | galvanisieren; verzinken.
galvanisme *m.* | Berührungs-, Kontakt-elektrizität *f.*, Galvanismus *m.*, Voltaismus *m.*
galvano *m.* | Galvano *n.*, Kupferklischee *n.*
galvanocaustique *f.* | Galvanokaustik *f.*
galvanomètre *m.* | Elektrizitätsmesser *m.*, Galvanometer *n.*, Rheometer *n.*; — à miroir, — à réflexion | Spiegelgalvanometer; — de torsion | Torsionsgalvanometer.
galvanométrique | galvanometrisch.
galvanoplastie *f.* | Galvanoplastik *f.*
galvanoplastique | galvanoplastisch.
galvanoscope *n.* | Galvanoskop, Rheoskop *n.*
gant *m.* | Handschuh; — protecteur, — de protection | Schutzhandschuh.
garant *m.* | Bürge; se porter —, se rendre — | bürgen, haften, gewährleisten.
garantie *f.* | Bürgschaft *f.*, Haftung *f.*, Gewähr *f.*
garde- | Wehr-, Schutz-, Wächter; — barrière *m.* | Bahnwärter *m.*; — frein | Bremser *m.*; — crotte | Schutzleder *n.*, Radgehäuse *n.*; — fou | Brustwehr *f.*, Geländer *n.*
gare *f.* | Bahnhof *m.*
garnir | versehen, ausstatten, besetzen, beschlagen, lidern, dichten, packen.
garniture *f.* | Besatz *m.*, Beschlag *m.*, Hülle *f.*, Futter *n.*, Packung *f.*, Mantel *m.*, Liderung *f.*, Dichtung *f.*, Ausrüstung *f.*, Armatur; — de caoutchouc | Kautschuk-

hülle *f.*; — de chanvre | Hanfpackung *f.*; — de chaudière | Kessel-ausrüstung *f.*, -armatur *f.*; — de piston | Kolben-liderung, -packung *f.*; — de plomb | Bleimantel *m.*

gauche | Links-; à — | links.

gaz *m.* | Gas *n.*; — aspiré | Sauggas; — d'éclairage, — riche | Leucht-gas; — de gazogène, — pauvre | Generator-, Kraft-gas; — soufflé | Druckgas.

gaze *f.* | Gaze *f.*, Schleier *m.*

gazeux -se | gasartig, gasförmig.

gazogène *m.* | Kraftgaserzeuger *m.*, Generator *m.*, — aspirant, — par aspiration | Sauggasanlage.

gazomètre *m.* | Gasbehälter *m.*, Gasometer, Gaszähler *m.*, Gasuhr *f.*

générateur *m.* | Dampf-erzeuger *m.*, -kessel *m.*

générateur -trice | erzeugend.

génératrice *f.* | Stromerzeuger *m.*, Generator *m.*; vgl. dynamo.

génie *m.* | Geniewesen *n.*, Ingenieur-kunst *f.*, -wissenschaft *f.*

genou *m.* | Knie *n.*

géométrie *f.* | Raumlehre *f.*, Geometrie *f.*

géométrique | geometrisch.

glace *f.* | Eis *n.*, Glas-, Spiegelscheibe *f.*

glaçure *f.* | Glasur *f.*

glissant -e | glatt, schlüpfrig; Gleit-.

glissement *m.* | Schlüpfung *f.*, Gleiten *n.*; — d'induit | Ankerschlüpfung; surface *f.* de — | Gleitfläche *f.*

glisser | schlüpfen, gleiten.

glissière *f.* | Gleit-bahn *f.*, -schiene *f.*

globe *m.* | Erdkugel *f.*, Globus *m.*; Glocke *f.* (Lampen-).

godet *m.* | Napf *m.*, Behälter *m.*; — graisseur | Öler *m.*

gomme *f.* | Gummi *m.*; — laque *f.* | Schellack *m.*

gorge *f.* | Höhlung *f.*, Hohlkehle *f.*, Lager *n.*, Rille *f.*

goudron *m.* | Teer *m.*

goudronner | teeren.

gouge *f.* | Hohl-eisen *n.*, -meißel *m.*

gouger | aus-meißeln, -höhlen.

goujon *m.* | Pflock *m.*, Dübel *m.*, Holznagel *m.*, Stift *m.*

goupille *f.* | Pflock *m.*, Stift *m.*, Vorstecker *m.*

gradin *m.* | Stufe *f.*, Absatz *m.*

graduation *f.* | Gradeinteilung *f.*, Graduierung *f.*

graduel -le, -ment | stufenweise, graduell.

graduer | in Grade teilen, graduieren.

grain *m.* | Korn *n.*, Bohne *f.*, Beere *f.*

graissage *m.* | Schmierung *f.*; — à bagues | Ringschmierung; — à mèche | Dochtschmierung.

graisse *f.* | Fett *n.*, Schmiere *f.*, Schmieröl *n.*

graisser | schmieren, ölen, einfetten.

graisseur *m.* | Öler *m.*, Schmiergefäß *n.*, Schmiervorrichtung *f.*

Gramme (Théophile Zénobie), né à Johay Bodignée 1826, mort à Bois Colomb 1901, Belge, inventeur de la machine dynamo électrique | Gramme.

granulaire | körnig, pulverig.

graphique | zeichnerisch, graphisch.

graphite *m.* | Reißblei *n.*, Graphit *n.*

grappin *m.* | Klettereisen *n.*

gratte- | Kratz-; — bosse | Kratz-, Draht-bürste *f.*

gratteau *m.* — | Schaber *m.*, Kratzeisen *n.*

gratter | schaben, kratzen.
grattoir *m.* | Schaber *m.*, Radiermesser *n.*
gravité *f.* | Schwerkraft *f.*, Gravitation *f.*
grenaille *f.* | Gekörntes, Körner-; — de charbon | Kohlengrus *m.*
griffe *f.* | Kralle *f.*, Haken *m.*, Klaue *f.*; Namensstempel *m.*
grille *f.* | Rost *m.*, Gitter *n.*, Rechen *m.*; — de chauffe | Heizgitter.
groupe *m.* | Gruppe *f.*, Zusammenstellung *f.*; — électrogène | Stromerzeugungsaggregat *n.*; — de turbines | Turbinensatz *m.*
groupement *m.* | Anordnung *f.*, Ordnung *f.*, Gruppierung *f.*
grouper | ordnen, anordnen, gruppieren.
grue *f.* | Kran *m.*, Hebewerk *n.*
guérite *f.* | Schilder-, Bahnwärterhaus *n.*; — à câbles | Kabelhaus.
gueulard *m.* | Gicht (Hohofen-) *f.*
guidage *m.* (guide *f.*) | Führung *f.*, Führer *m.*, Leitung *f.*
guider | führen, lenken.
guidon *m.* | Lenkstange *f.*
guipage *m.* | Überspinnen *n.*
guiper | überspinnen.
gutta percha *f.* | Guttapercha *f.*
gypse *m.* | Gips *m.*
gyroscope *m.* | Kreisel *m.*, Gyroskop *n.*
gyrotrope *m.* | Strom-, Pol-wender, Gyrotrop *n.*

H.

habile | geschickt, gewandt, befähigt, flink.
habileté *f.* | Geschicklichkeit *f.*, Gewandtheit *f.*, Fähigkeit *f.*
habitacle *m.* | Kompaßhäuschen *n.*
hache *f.* | Axt *f.*, Beil *n.*
hacher | schraffieren.
hachure *f.* | Schraffierung *f.*
hamac *m.* | Hängematte *f.*
hangar *m.* | Schuppen; — à charbon | Kohlenschuppen *m.*
harmonique | harmonisch.
hauban *m.* | Anker-seil *n.*, -draht *m.*, -tau *n.*; à — | verankert; — métallique | Drahtanker *m.*
haubanage *m.* | Verankerung *f.*
haubaner | verankern, befestigen.
haut -e | hoch.
hauteur *f.* | Höhe; — d'aspiration | Saughöhe; — de chute | Fallhöhe; — intérieure | lichte Höhe; — moyenne | mittlere Höhe.
hélice *f.* | Schraube *f.*, Spule *f.*, Spirale *f.*; — propulsive | Propeller *m.*
hérisson *m.* | Rohrwischer *m.*, Igel *m.*
hermétique | luftdicht, hermetisch.
homogène | gleichartig, homogen.
horizontal -e | wagerecht, horizontal.
horloge *f.* | Turmuhr *f.*
houille *f.* | Steinkohle *f.*
huilage *m.* | Ölen *n.*, Ölung *f.*
huile *f.* | Öl *n.*; — de lin | Leinöl; — d'olives | Olivenöl.
huiler | ölen.
huileux -se | ölig.
hydraulique *f.* | Wasserkraftlehre *f.* Hydraulik *f.*
hydraulique | hydraulisch; Wasser-.
hydrodynamique *f.* | Wasserbewegungslehre *f.*, Hydrodynamik *f.*
hydrogène *m.* | Wasserstoff *m.*, Hydrogen *n.*
hydromètre *m.* | Wassergeschwindigkeitsmesser *m.*, Hydrometer *n.*

hydrostatique *f.* | Wasserdrucklehre *f.*, Hydrostatik *f.*
hygromètre *m.* | Feuchtigkeitsmesser *m.*, Hygrometer *n.*
hygroscope *m.* | Feuchtigkeitszeiger *m.*, Hygroskop *n.*
hygroscopique | Feuchtigkeit anziehend, hygroskopisch.
hypercommutation *f.* | Überkommutierung *f.*
hystérésis *f.* | magnetische Trägheit *f.*, magnetische Reibungsarbeit *f.*; Hysteresis *f.*

I.

idéal -e | vollkommen, ideal; gedacht, ideell.
illumination *f.* | festliche Beleuchtung *f.*, Illumination *f.*
imbiber | durchfeuchten, tränken.
immerger | ein-, unter-tauchen, versenken.
immersion *f.* | Ein-, Unter-tauchen *n.*, Versenken *n.*
immobile | unbeweglich.
imperméable | undurchlässig, wasserdicht.
impolarisable | unpolarisierbar.
imprégnation *f.* | Durchtränkung *f.* Imprägnation *f.*, Imprägnierung *f.*
imprégner | durchtränken, imprägnieren.
impulsion *f.* | Antrieb *m.*, Anstoß *m.*, Impuls *m.*
incandescence *f.* | Weißglut *f.*, Weißglühen *n.*
inclinaison *f.* | Neigung *f.*, Inklination *f.*
incliner | neigen, inklinieren.
incrustation *f.* | Kruste *f.*; — de chaudière | Kesselstein *m.*
indépendant -e | unabhängig, selbständig, besondere, fremde.
index *m.* | Zeiger *m.*, Zeigefinger *m.*; Anzeiger *m.*, Verzeichnis *n.*
indicateur *m.* | Zeiger *m.*, Anzeiger *m.*, Messer *m.*, Melder *m.*, Sucher *m.*, Indikator *m.*; — de courant électrique | Stromanzeiger, Galvanometer *n.*; — de court circuit | Kurzschluß-anzeiger, -indikator; — de direction du champ tournant | Drehfeldrichtungsanzeiger; — de niveau d'eau | Wasserstandsanzeiger *m.*; — de perte à la terre | Erdschlußanzeiger; — de pôle | Polanzeiger; — de sens des lignes de force | Kraftlinienanzeiger; — de la direction du courant | Stromrichtungsanzeiger; — de vide | Vakuummesser; — de vitesse | Geschwindigkeitsanzeiger, Tachometer *n.*; — de tours de vitesse angulaire | Umdrehungsanzeiger.
indication *f.* | Angabe *f.*, Anzeige *f.*, Auskunft *f.*
indiquer | angeben, anzeigen, indizieren.
indirect -e | mittelbar, indirekt.
inductance *f.* | Gegenstrom *m.*, Induktionswiderstand *m.*, Induktanz *f.*
inducteur *m.* | Feldmagnet *m.*, Magnetrad *n.*, Induktor *m.*; courant d' — | Schenkelstrom *m.*; tension d' — | Feldspannung *f.*
inducteur -trice | erregend, induzierend.
inductif -ve | induktiv; non — | induktionsfrei.
induction *f.* | Erzeugung von Elektrizität durch Bewegung des Lei-

ters im magnetischen Felde, Erregung *f.*, Induktion *f.*; — mutuelle | gegenseitige Erregung; — réciproque | wechselseitige Erregung; — unipolaire | Unipolarinduktion.

induire | ein-, zu-führen, erregen, induzieren.

induit *m.* | Dynamoanker *m.*, Anker *m.*, Armatur *f.* (bei Gleichstromdynamo *f.*); — annulaire, — en (à) anneau | Ringanker; — à barres | Stabanker; — à bras, — à croisillons, — à rais | Speichenanker; — à cage d'écureuil | Kurzschluß-, Käfiganker; — campanulé, — en cloche | Glokkenanker; — à courant alternatif | Wechselstromanker; — à courant continu | Gleichstromanker, Armatur; à courant triphasé | Drehstromanker; — en (à) disque | Scheibenanker; — étoilé, — en (à) étoile | Sternanker; — de moteur | Motoranker; — à pôles extérieurs | Außenpolanker; — à pôles intérieurs | Innenpolanker; — radial | Radialanker; — à roue | Radanker; — en (à) tambour | Trommelanker; — à trous | Lochanker.

inégal -e | uneben, ungleich, ungleichmäßig.

inertie *f.* | Beharrungsvermögen *n.*, Trägheit *f.*, passiver Widerstand *m.*; courbe d'— | Auslaufkurve *f.*

inflammation *f.* | Entzündung *f.*

inflexible | unbiegsam.

influence *f.* | Einfluß *m.*, Influenz *f.*

informer | benachrichtigen.

infusible | unschmelzbar.

ingénieur *m.* | Ingenieur *m.*; — civil | Zivilingenieur; — conseil | beratender Ingenieur; — constructeur | Konstrukteur; — d'exploitation | Betriebsingenieur; — mécanicien | Maschineningenieur; — des ponts et chaussées | Wegebauingenieur.

ininterrompu -e | ununterbrochen.

initial -e | anfänglich, Anfangs-.

injecter | einspritzen, durchtränken, injizieren, imprägnieren.

injecteur *m.* | Strahlpumpe *f.*, Injektor *m.*

injection *f.* | Einspritzung *f.*, Injektion *f.*, Tränkung *f.*, Imprägnierung *f.*, Beaufschlagung *f.*; — totale, pleine | volle Beaufschlagung; — partielle | teilweise (partielle) Beaufschlagung.

insérer | einsetzen, einfügen, inserieren.

insertion *f.* | Einsetzen *n.*, Einsetzung *f.*

insoluble | unlöslich.

installateur *m.* | Einrichter *m.*, Installateur *m.*

installation *f.* | Anlage *f.*, Anordnung *f.*, Einrichtung *f.*, Installation *f.*; — particulière | Inneneinrichtung; — privée | Hausinstallation *f.*; — municipale | städtische Anlage; — de force motrice | Kraftanlage *f.*; — frigorifique | Kühlanlage.

installer | anlegen, einrichten, aufstellen, errichten, installieren.

instruction *f.* | Unterweisung *f.*, Vorschrift *f.*; —s normales | Normalien.

instrument *m.* | Werkzeug *n.*, Instrument *n.*; Urkunde *f.*, Dokument *n.*

intégral -e | für sich bestehend, unverkürzt, vollständig, integral.
intégrale *f.* | Integralgröße *f.*, Integrale *f.*
intégration *f.* | Berechnung *f.* durch Integrale, Integration *f.*
intégrer | die Integrale suchen, integrieren.
intense | stark, kräftig, angespannt, intensiv.
intensité *f.* | Stärke *f.*, Kraft *f.*, Angespanntheit *f*; Stromstärke *f.*, Intensität; — du champ magnétique | Feldstärke *f.*, Stärke des magnetischen Feldes; — de lumière | Lichtstärke *f.*; — lumineuse | Leuchtkraft *f.*
intercaler | einschieben; — en court circuit | kurzschließen.
intérieur -e | innere, lichte, Innen-.
interférence *f.* | Interferenz *f.*
intermédiaire | Zwischen-, Mittel-.
intermittent -e | aussetzend, intermittierend.
interpolation *f.* | Unterschiebung *f.* Fälschung *f.*, Interpolation *f.*
interpoler | unterschieben, interpolieren.
interrompre | unterbrechen.
interrupteur *m.* | Schalter *m.*, Ein-Ausschalter *m.*, Unterbrecher *m.*; — à bascule | Kippschalter; — à boîte | Dosenschalter; — à bouton, — à poussoir | Druckknopfschalter; — à cheville, — à fiche | Stöpselschalter; — à antennes, — à cornes | Hörnerschalter; — à couronne | Kronenschalter; — à couteau | Messerschalter; — à galets | Rollenschalter; — à gradins | Stufenschalter; — horaire, — à temps | Zeitschalter; — à levier | Hebelschalter; — mural | Wandschalter; — à pression | Druckschalter; — à ressort | Federschalter; — à tubes | Röhrenschalter; — à zéro | Nullschalter; — automatique | selbsttätiger Ausschalter.
interruption *f.* | Aus-, Ab-schaltung *f.*; Unterbrechung *f.*; — automatique | Selbstunterbrechung *f.*
intersection *f.* | Durchschnitt *m.*, Kreuzung *f.*
intervalle *m.* | Abstand *m.*, Zwischenraum *m.*, Intervall *n.*
intervenir | einspringen, vermitteln, dazwischentreten, intervenieren.
introduction *f.* | Ein-führung *f.*, -tritt *m.*, Beaufschlagung *f.*
inventaire *m.* | Lagerbestand *m.*, Inventar *n.*
inverser | um-kehren, -steuern, wenden.
inverseur *m.* | Wender, Umkehr-; — du courant | Stromwender *m.*; — démarreur | Umkehranlasser *m.*
inversion *f.* | Umkehrung, Wendung *f.*
iodoforme *m.* | Jodoform *n.*
iodure *m.* de potassium | Jodkali *n.*
iso- | Gleich-.
isobare | Luftdruckgleiche *f.*, Isobare *f.*
isochrone (isochronique) | gleichzeitig, isochron.
isolant -e | nichtleitend, isolierend.
isolateur *m.*, isoloir *m.* | Nichtleiter *m.*, Isolator *m.*; — à huile | Ölisolator.
isolement *m.* | Isolation *f.*, Isolierung *f.*; — superficiel, — de surface | Oberflächenisolation *f.*; d' — | Isolations-.

isoler | absondern, trennen, isolieren.
isotherme *f.* | Wärmegleiche *f.*, Isotherme *f.*

J.

jack *m.* | Klinke *f.*, Anschluß-, Umschalt-klinke *f.*
jaillir | hervor-, über-springen.
jalon *m.* | Absteckpfahl *m.*
jalonner | abstecken, Absteckpfähle einschlagen.
jante *f.* | Rad-felge, -kranz.
janter | felgen, den Radkranz aufsetzen.
jarre *f.* | Krug *m.*, Flasche *f.*
jauge *f.* | Lehre *f.*, Eichmaß *n.*
jaugeage *m.* | Eichen *n.*, Visieren *n.*
jauger | eichen, ausgleichen, visieren.
jaune | gelb.
jet *m.* | Strahl *m.*, Wurf *m.*
jeter | werfen, strahlen, sprühen.
jeu *m.* | Satz *m.*; Spielraum *m.*, Hub *m.*; — de piston | Kolbenhub *m.*; — de boulons | Satz Ankerschrauben; — de rails tendeurs | Satz *m.* Spannschienen.
joindre | bei-fügen, -legen, vereinigen; — aux documents | zu den Akten nehmen (legen).
joint *m.* | Vereinigung *f.*, Verbindung *f.*, Verschluß *m.*, Dichtung *f.*; — à baïonnette | Bajonettverschluß; — au plomb | Bleidichtung *f.*; — de soudage | Lötstelle; — à vis | Verschraubung *f.*
jointure *f.* | Verbindung *f.*
jonction *f.* | Vereinigung *f.*, Anschluß *m.*
Joule (James Prescot), né à Salford 1818, mort à Sale 1889, physicien anglais, inventeur de la capacité thermique | Joule.
joule *m.* (voltcoulomb *m.*) unité pratique de mesure pour le travail électrique; 1 joule = 1 volt × 1 ampère × 1 seconde | Joule, gek. J.; (Voltcoulomb *n.*).
joulemètre *m.* | Joulezähler *m.*
jour *m.* | Tag *m.*, Licht *n.*; — d'en haut | Oberlicht *n.*
journal *m.* | Tagebuch *n.*, Verzeichnis *n.*, Register *n.*
jumeler | verdoppeln, kuppeln, Zwillings-; conducteur *m.* jumelé | Zwillings-, Doppel-leiter *m.*; poteaux jumelés | Doppelstange *f.*, gekuppelte Maste *m.*
jute *m.* | Jute *f.*

K.

kaolin *m.* | Kaolin *n.*
kieselguhr *m.* (diadomite *f.*) | Kieselguhr *n.*, Bergmehl, Infusorienerde *f.*
kilo = mille | Kilo-.
kilogramme *m.*, = 1000 grammes, Kilo *n.*, Kilogramm *n.*
kilogrammètre *m.*, unité de travail pour élever 1 kilogramme à 1 mètre de hauteur | Kilogrammeter *n.*, Meterkilogramm *n.*
kilomètre *m.* | = 1000 Meter, Kilometer *n.*
kilowatt *m.* | = 1000 watts, Kilowatt *n.* = 1,36 Pferdestärke.
kilowattheure *m.* | Kilowattstunde *f.*
kiosque *m.* | Zelt *n.*, Kiosk *m.*

L.

laboratoire *m.* | Laboratorium *n.*
laine *f.* | Wolle *f.*

lait *m.* | Milch *f.*; — de chaux | Kalkmilch *f.*
laiton *m.* | Gelbguß *m.*, Messing *n.*; — rouge | Rotguß *m.*
lame *f.* | Klinge *f.*, Blech *n.*, Streifen *m.*, Lamelle *f.*; — de scie | Sägeblatt *n.*
lamellaire (lamellé -e, à lames) | aus dünnen Plättchen bestehend, lamelliert; fer *m.* lamellé | lamelliertes Eisen *n.*
laminable | walzbar.
laminer | walzen, strecken.
laminoir *m.* | Walz-, Streck-werk *n.*; Blech-hütte *f.*, -hammer *m.*
lampe *f.* | Lampe *f.*; — à arc | Bogenlampe; — à incandescence | Glühlampe; — de visite | Tauchlampe.
lancer | ab-, los-lassen; — le courant | den Stromkreis schließen.
languette *f.* | Zünglein *n.*, Klappe *f.*; à — | Zungen-.
lanterne *f.* | Laterne *f.*
laque *f.* | Lack *m.*; — en écailles, — en feuilles, — en plaques, gomme-laque | Schellack *m.*
largeur *f.* | Breite *f.*, Weite *f.*
latent -e | gebunden, latent.
latéral -e | seitlich, Seiten-, Neben-.
latte *f.* | Stange *f.*, Latte *f.*
lentille *f.* | Linse *f.*, Scheibe *f.*
lessive *f.* | Lauge *f.*, Wäsche; faire la — | waschen.
lettre *f.* | Buchstabe *m.*, Brief *m.*; — de voiture | Frachtbrief *m.*
lever | heben, erheben, aufnehmen; — un plan | einen Plan aufnehmen; — une difficulté | eine Schwierigkeit beseitigen.
levier *m.* | Hebel *m.*, Hebebaum *m.*, Brechstange *f.*; — d'aiguille | Weichenhebel; — d'arrêt, de désembrayage | Ausrückhebel; — de contact | Kontakthebel; — d'embrayage | Einrückhebel; — de frein | Bremshebel; — de pompe Pumpenschwengel *m.*; — de renversement | Umsteuerungshebel; — brisé | Kniehebel; — coudé | Winkelhebel.
lèvre | Lippe *f.*; de — | Lippen-.
libellé *m.* | Wortlaut *m.*, Text *m.*
licence *f.* | Berechtigung *f.*, Erlaubnis *f.*, Lizenz *f.*
liège *m.* | Kork *m.*, Pfropfen *m.* de — | Kork-.
lien *m.* | Band *n.*
lier | binden, verbinden.
lieu *m.* | Ort *m.*, Stelle *f.*; au — de | statt.
ligature *f.* | Binde *f.*, Ligatur *f.*; — supérieure | Oberbund *m.*
ligaturer | binden, unterbinden.
ligne *f.* | Linie *f.*, Leitung *f.* (vgl. canalisation); — de force | Kraftlinie; — télégraphique | Fernschreib-, Telegraphen-leitung; — — téléphonique | Fernsprech-, Telephon-leitung.
lignite *m.* | Braunkohle *f.*
limaille *f.* | Feilspäne *m.*
lime *f.* | Feile *f.*; — bâtarde | Vor-, Bastard-feile; — carrée | Vierkantfeile; — à contacts | Kontaktfeile; — à dégrossir, — en paille | Strohfeile; — demi douce | Halbschlichtfeile; — douce | Schlichtfeile; — mordante | Raspel *f.*; — au paquet | Schruppfeile; — plate | Flachfeile; — pointue | Spitzfeile; — ronde | Rundfeile, — à scie | Sägefeile.
limer | feilen.

limite *f.* | Grenze *f.*, Limit *n.*, Limitum *n.*; — d'élasticité | Elastizitätsgrenze; — de rupture | Bruchgrenze; — de stabilité | Stabilitätsgrenze.
lin *m.* | Flachs *m.*, Lein *m.*
linéaire | linienförmig, Linear-.
lingot *m.* | Stange *f.*, Barre *f.*
liquide | flüssig.
liquide *m.* | Flüssigkeit *f.*
liquider | flüssig machen, liquidieren.
liste *f.* | Liste *f.*, Verzeichnis *n.*
lit *m.* | Bett *n.*, Bettung *f.*, Lager *n.* Lagerung *f.*, Schicht *f.*
liteau *m.* | Leiste *f.*, Streifen *m.*
livraison *f.* | Lieferung *f.*; faire — | abliefern; prendre — | ab-, übernehmen.
livre *m.* | Buch *n.*; — *f.* | Pfund *n.*
livrer | liefern.
local *m.* | Ort *m.*, Lokal *n.*
local -e | örtlich, lokal, Orts-.
localité *f.* | Ort *m.*, Ortschaft *f.*, Örtlichkeit *f.*
locataire | Mieter *m.*, Abmieter *m.*
location *f.* | Vermietung *f.*, Verpachtung *f.*
locomobile | bewegbar, fahrbar.
locomobile *f.* | fahrbare Dampfmaschine *f.*, Lokomobile *f.*
locomotive *f.* | Zugmaschine *f.*, Dampfwagen *m.*, Lokomotive *f.*
loi *f.* | Gesetz *n.*
loin | fern; de — | von fern; au — | in der Ferne.
longitudinal -e | der Länge nach, Längs-, Schlitz-.
longueur *f.* | Länge *f.*
loquet *m.* | Klinke *f.*, Drücker *m.*
losange *f.* | Rhombus *m.*
loupe *f.* | Vergrößerungsglas *n.*, Lupe *f.*
lubréfaction *f.* (lubrification *f.*) | Ölen *n.*, Schmieren *n.*
lubrifiant -e | schmierend, Schmier-.
lubrifier | schmieren, einfetten.
luette *f.* | Zäpfchen *n.*, Kohlenbügel *m.*
luire *f.* leuchten, glänzen, blinken, scheinen.
lumière *f.* | Licht *n.*; — à arc, — voltaïque | Bogenlicht; — australe | Südlicht; — boréale | Nordlicht; — à gaz incandescente | Gasglühlicht.
lumineux -se | leuchtend, lichtvoll, Leucht-.
lunette *f.* d'approche | Fernrohr; lunettes *f. pl.* | Brille *f.*
luter | kitten, verkitten.

M.

machine *f.* | Maschine *f.*; — à air chaud | Heißluftmaschine; — à aléser | Bohrmaschine; — à bobiner | Spulmaschine; — à cintrer | Biegemaschine; — à décaper | Schleifmaschine; — dynamo électrique | Dynamomaschine; — à écrire | Schreibmaschine; — à forer | Bohrmaschine; — à fraiser | Fräsmaschine; à mouler | Formmaschine; — à percer | Loch-, Bohr-maschine; — à poinçonner | Stanze; — à raboter | Hobelmaschine; — à river | Nietmaschine; — à tarauder | Gewindebohrmaschine; — à toronner | Litzmaschine; — à vapeur | Dampfmaschine; — compound | Verbund-, Compound-maschine; — à deux cylindres | zweizylindrige Maschine; — fixe | feststehende Maschine;

— horizontale | liegende Maschine; — verticale | stehende Maschine; — reversible | umkehrbare Maschine; — tandem | Tandemmaschine.
mâchoire *f.* | Backe *f.*
maçon *m.* | Maurer *m.*
maçonnage *m.* | Maurerarbeit *f.*, Einmauerung *f.*
maçonnerie *f.* | Mauerwerk *n.*, Gemäuer *n.*
madrer | masern.
madrure *f.* | Maser *f.*
magasinage *m.* | Lagerung *f.*, Lagerzeit, Lagermiete *f.*
magasinier *m.* | Lager-verwalter *m.*, -diener *m.*
magnésie *f.* | Magnesia *f.*
magnésium *m.* | Magnesium *n.*
magnétique | magnetisch.
magnétisation *f.* | Magnetisierung *f.*
magnétisme *m.* | Magnetismus. — artificiel | künstlicher Magnetismus; — latent | gebundener Magnetismus; — libre | freier Magnetismus; — naturel | natürlicher Magnetismus; — remanent | remanenter Magnetismus; — terrestre | Erdmagnetismus.
magnétographe *m.* | Magnetograph *m.*
magnétomètre *m.* | Magnetometer *n.*; — enregistreur | Magnetograph *m.*
magnétoscope *m.* | Magnetoskop *n.*
maille *f.* | Masche *f.*, Kettenglied *n.*
maillechort *m.* | Argentan *n.*
main d'œuvre *f.* | Arbeit *f.*; Arbeitslohn *m.*
maître *m.* | Meister *m.*, Gebieter *m.*, Herr *m.*
malaxeur *m.* | Knetmaschine *f.*
malléable | hämmerbar, geschmeidig.
manche *m.* | Griff *m.*, Stiel *m.*; — *f.* | Ärmel *m.*
manchon *m.* | Muffe *f.*, Büchse *f.*, Hülle *f.*; — d'accouplement, — d'assemblage | Anschlußmuffe; — de branchement | Abzweigmuffe *f.*; — de collecteur | Stromsammlerbüchse *f.*; — isolant | Isolierhülle *f.*; — de jonction, — de raccordement | Verbindungsmuffe.
mandrin *m.* | Dorn *m.*, Korn *n.*, Docke *f.*, Futter *n.*
manette *f.* | Griff *m.*, Hebel *m.*, Kurbel *f.*
manganèse *m.* | Mangan *n.*, Braunstein *m.*
manilla *m.* | Manilahanf *m.*
manipulateur *m.* | Geber *m.*, Sender *m.*, Taster *m.*
manipulation *f.* | Handhabung *f.*, Behandlung *f.*
manipuler | handhaben.
manivelle *f.* | Kurbel *f.*, Handgriff *m.*
manomètre *m.* | Dampfdruckmesser *m.*, Manometer *n.*
manœuvre *f.* | Arbeit *f.*, Handhabung *f.*, Behandlung *f.*
manque *m.* | Mangel *m.*, Ausfall *m.*, Fehlbetrag *m.*, Manko *n.*, Defizit *n.*
manquer | fehlen, mangeln.
manuel -le, -ment | Hand-.
marbre *m.* | Marmor *m.*; de (en) — Marmor-.
marche *f.* | Gang *m.*, Lauf *m.*; en — | im Betriebe; — bruyante | geräuschvoller Gang; — silencieuse | geräuschloser Gang; — à vide | Leerlauf.

marché *m.* | Kauf *m.*, Geschäft *n.*, Abschluß *m.*; — ferme | auf feste Rechnung; faire — | kaufen, abschließen.
marcher | gehen, laufen, im Gange sein, in Betrieb sein.
marque *f.* | Zeichen *n.*, Marke *f.*, Merkmal *n.*
marquer | bezeichnen, markieren.
marteau *m.* | Hammer *m.*; — battant | Klöppel *m.*; — pilon | Fall-, Dampf-hammer.
marteler | hämmern.
masse *f.* | Masse *f.*; en — | massenhaft.
massif *m.* | Grundmauer *f.*, Fundament *n.*, Fundierung *f.*
massif -ve | fest, dick, gediegen, massif.
mastic *m.* | Glaserkitt *m.*; Mastix *m.*
mastiquer | kitten.
mat -e | matt, glanzlos.
matériaux *m.pl.* | Material *n.*, Materialien *n.*; — de construction | Baumaterial *n.*
matériel *m.* | Gerät *n.*, Material *n.*
matière *f.* | Stoff *m.*, Materie *f.*; — isolante | Isoliermasse *f.*; — première | Rohstoff *m.*, Rohmaterial *n.*
matrice *f.* | Schraubenmutter *f.*, Matrize *f.*
maximum *m.* | Größte *n.*, Höchste *n.*, Höhepunkt *m.*, Maximum *n.*, Maximal-; — de vitesse, vitesse — | Maximalgeschwindigkeit *f.*
mécanicien *m.* | Maschinenbauer *m.*, Maschinist *m.*, Mechaniker *m.*, Techniker *m.*
mécanique *f.* | Maschinenlehre *f.*, Mechanik *f.*
mécanique-ment | maschinenmässig, mechanisch.
mécanisme *m.* | Getriebe *n.*, Vorrichtung *f.*, Mechanismus *m.*; — enregistreur | Registriervorrichtung *f.*
mèche *f.* | Docht *m.*, Zunder *m.*
még- (méga-, mégal-) | Meg-, Mega-, Millionfach *n.*; mégohm *m.* | Megohm *n.* = 1000000 Ohm; mégavolt *m.* | Megavolt = 1 000 000 Volt.
mélange *m.* | Mischung *f.*, Gemisch *n.*, Verschlingung *f.*, Kreuzung *f.*
mélanger | mischen, vermengen, kreuzen.
mélèze *m.* | Lärche *f.*
membrane *f.* | Häutchen *n.*, Membran *f.*; — en charbon | Kohlenmembran *f.*
mensuel -le, -ment | monatlich, Monats-.
mention *f.* | Erwähnung *f.*, Anmerkung *f.*, Klausel *f.*
mentionner | erwähnen, bemerken.
menuiserie *f.* | Tischlerarbeit *f.*; Tischlerei *f.*
menuisier *m.* | Tischler *m.*
mercure *m.* | Quecksilber *n.*; à (de) — | Quecksilber-.
méridien -ne | Mittags-, Meridian-.
mesurable | meßbar.
mesurage *m.* | Messung *f.*, Ab-, Vermessung *f.*
mesure *f.* | Maß *n.*, Maßstab *m.*, Messung *f.*; de — Meß-.
mesurer | messen, ab-, ver-messen.
métal *m.* | Metall *n.*; — delta | Deltametall.
métallique | metallisch, Metall-.
métallisation *f.* | Metallisierung *f.*

métalliser | metallisieren, mit Metall belegen.
méthode *f.* | Verfahren *n.*, Methode *f.*
métier *m.* | Gewerbe *n.*, Geschäft *n.*, Fach *n.*; — être du | Fachmann sein.
mètre *m.* | Meter *n.*, Messer *m.*; — carré | Quadratmeter; — cube | Kubikmeter.
métrique | metrisch.
mettre | setzen, bringen, stellen, legen; — en circuit | einschalten; — hors circuit | ausschalten; — en communication | verbinden; — en marche, — en mouvement, — en train | in Gang (Betrieb) setzen; — en position | einstellen.
meule *f.* | Mühlstein *m.*; — à aiguiser | Schleifstein *m.*
mho *m.* $\frac{1}{\text{ohm}}$, unité pratique de mesure pour la conductance des conducteurs électriques | Mho *n.* = valeur réciproque de l'ohm.
mica *m.* | Glimmer *m.*
micr- (micro-) | Mikr-, Mikro- = Millionstel; microfarad *m.* | Mikrofarad *n.* = $^1/_{1000000}$ Farad; microhm *m.* | Mikrohm *n.* = $^1/_{1000000}$ Ohm.
micromètre *m.* | Mikrometer *n.*
microphone *m.* | Schallverstärker *m.*, Mikrophon *n.*
milieu *m.* | Mitte *f.*, Mittel *n.*
mille *m.* | Meile *f.*; — carré | Quadratmeile.
milli- (millième) | 1 Tausendstel, Milli-.
milliammètre | Milliamperemeter *n.*
minerai *m.* | Erz *n.*
minéral *m.* | Gestein *n.*, Mineral *n.*
minimum *m.* | Kleinste *n.*, Geringste *n.*, Niedrigste *n.*, Minimum *n.*, Mindest-, Minimal-; — de perte, perte — | Mindestverlust *m.*
minium *m.* | Mennige *f.*; — de fer | Eisenmennige; — de plomb | Bleimennige *f.*
minute *f.* | Minute *f.*; Urschrift *f.*, Konzept *n.*, Originalurkunde *f.*
minutieux -se, -ment | sorgfältig, vorsichtig, peinlich.
miroir *m.* | Spiegel *m.*
mise *f.* | Setzung *f.*, Legung *f.*, Erklärung *f.*; — en accusation | Anklageerklärung *f.*; — en cause | Vorladung *f.*; — en demeure | Mahnung; Rechtshängigkeit *f.*; — en marche | Inbetriebsetzung *f.*; — en service | Inbetriebnahme *f.*; — à la terre | Erdung *f.*; — en train | Inangriffnahme *f.*
mobile | lose, beweglich, veränderlich.
mobilité *f.* | Beweglichkeit *f.*, Veränderlichkeit *f.*
mode *m.* | Art *f.*, Weise *f.*, Modus *m.*
modèle *m.* | Vorbild *n.*, Muster *n.*
modérateur *m.*, -trice | Abschwächungs-.
modérateur *m.* | Dämpfer *m.*, Abschwächungswiderstand *m.*, Regulator *m.*
modéré -e | mäßig, gemäßigt.
modification *f.* | Abänderung *f.*, Neugestaltung *f.*, Modifikation *f.*
modifier | ab-, ver-ändern, modifizieren.
moléculaire | Molekular-.
molécule *f.* | Urteilchen, kleinstes Teilchen, Molekül *n.*

moment *m.* | Umstand *m.*, Merkmal *n.*, Moment *n.*; — de flexion | Biegungsmoment *n.*; — d'inertie | Trägheitsmoment *n.*; — de résistance | Widerstandsmoment *n.*; — de stabilité | Stabilitätsmoment *n.*; — statique | Gleichgewichts-, statisches Moment *n.*; — de torsion | Dreh-, Torsionsmoment *n.*

momentané -e, -ment | momentan, augenblicklich.

mono- | allein, einzig, Allein-, Ein-, Mono-.

monocylindrique | einzylindrisch.

monophasé -e | einphasig.

montage *m.* | Aufstellung *f.*, Ausrüstung *f.*, Zusammensetzung *f.*, Montage *f.*

monter | aufstellen, ausrüsten, schalten, zusammensetzen, montieren; — en série | in Reihen schalten; — en quantité | nebeneinander schalten; — en parallèle | parallel schalten; — en tension | hintereinander schalten.

monteur *m.* | Aufsteller *m.*, Monteur *m.*

monture *f.* | Fassung *f.*, Bekleidung *f.*, Montur *f.*

Morse (Samuel Finley Breese), né à Charlestown 1791, mort à New York 1872, peintre americain, inventeur du télégraphe électrique par signes | Morse.

mort -e | tot, ruhend.

mortier *m.* | Mörser *m.*, Mörtel *m.*

moteur -trice | bewegend, treibend; Treib-, Trieb-, Kraft-.

moteur *m.* | Kraftmaschine *f.*, Triebwerk *n.*, Motor *m.*; — à air chaud | Heißluftmotor; — à air comprimé | Druckluftmotor; — à essence | Benzinmotor; — à gaz (de ville) | Leuchtgasmotor; — à gaz pauvre | Sauggasmotor; — hydraulique | Wassermotor; — à pétrole | Petroleummotor; à vapeur | Dampfmotor; — à vent | Windmotor.

moteur électrique | elektrischer Motor; machine rotative pour transformer l'énergie électrique en énergie mécanique.

moteur à courant continu | Gleichstrommotor; — à courant alternatif, alternomoteur *m.* | Wechselstrommotor; — à excitation mixte, — à double circuit, — compound | Verbund-, Doppelschluß-, Compound-motor; — à courant biphasé (diphasé) | Zweiphasenmotor; — à courant monophasé | Einphasenmotor; — à courant triphasé | Drehstrommotor; — excité en dérivation, — shunt | Nebenschlußmotor; — excité en série | Hauptschlußmotor; — générateur | Motordynamo, -generator; — à induction | Induktionsmotor; — à répulsion | Repulsionsmotor; — réversible | Umkehr-, Reversionsmotor; — clos ventilé | ventiliert gekapselter Motor; — fermé | geschlossener Motor; — ouvert | offener Motor.

motocycle *m.* | Motorrad *n.*

moufle *f.* | Flaschenzug *m.*; Muffel *f.*

moulage *m.* | Formerei *f.*

moule *f.* | Form *f.*, Prägestock *m.*, Modell *n.*

mouler | formen, gießen.

moulure *f.* | Kehlung *f.*, Falz *m.*, Nut(e) *f.*
mousse *f.* | Schaum *m.*, Moos *n.*; — de platine | Platinschwamm *m.*
mouton *m.* | Ramm-bär *m.*, -klotz *m.*
mouvement *m.* | Bewegung *f.*, Triebwerk *n.*; — alternatif, — va et vient | Hin- und Herbewegung *f.*, Aufhängung *f.*
mouvoir | bewegen, rühren.
moyen -ne | mittlere, Mittel-.
moyenne *f.* | Durchschnitt *m.*; en — | durchschnittlich.
moyeu *m.* | Büchse *f.*, Nabe *f.*, Radnabe *f.*; — de l'induit | Ankerbüchse, -nabe *f.*
multiple | vielfach.
munir | versehen, ausstatten, waffnen.
mur *m.* | Wand *f.*, Mauer *f.*
murage *m.* | Vermauern *n.*, Mauerung *f.*
muraille *f.* | Mauer *f.*, Mauerwerk *n.*
mural -e | Mauer-.
murer | mauern, ein-, zu-mauern.
mutuel -le, -ment | gegen-, wechselseitig.

N.

nappe *f.* | Tischtuch; — d'eau | Wasser-fläche, -spiegel.
nature *f.* | Natur *f.*, Beschaffenheit *f.*
naturel -le, -ment | natürlich.
négatif *m.* | Negativ *n.*
négatif -ve, -ment | verneinend, negativ.
nervure *f.* | Rippe *f.*; — de renfort | Verstärkungsrippe; à nervures | gerippt, Rippen-.
net -te, -ment | sauber, rein, netto; mettre au net | ins Reine bringen.
nettoyage *m.* | Reinigung *f.*
nettoyer | reinigen, läutern, putzen.
neutre | neutral, indifferent.
neutraliser | neutralisieren.
nez *m.* | Nase *f.*
nickel *m.* | Nickel *n.*
nickelage *m.* | Vernickelung *f.*
nickeler | vernickeln.
nickeline *f.* | Nickelin *n.*
nitrate *m.* | salpetersaures Salz; — — d'argent | Höllenstein *m.*; — de potasse | Salpeter *m.*
nitrogène *m.* | Stickstoff *m.*
niveau *m.* | Höhengleiche *f.*, wagerechte Fläche *f.*, Niveau *n.*; — à bulle d'air | Wasserwage *f.*, Libelle *f.*
niveler | einebenen, nivellieren.
noir -e | schwarz; — *m.* | Schwärze *f.*; — animal | Beinschwarz *n.*, Knochenkohle *f.*; — de fumée | Kienruß *m.*; — de lampe | Lampenruß *m.*
nombre *m.* | Zahl *f.*, Anzahl *f.*
nombreux -se | zahlreich.
nominal -e, -ment | namentlich, angeblich, dem Namen nach; zugesagt, Nenn-, nominal, nominell.
normal -e, -ment | regelrecht, mustergültig, normal.
non- | Nicht-, Un-; — conducteur *m.* | Nichtleiter *m.*; — sens *m.* | Unsinn *m.*
noyage *m.* | Einbettung *f.*, Versenkung *f.*
noyer *m.* | Nußbaum *m.*
noyer | versenken, ein-betten, einlassen, ver-, ein-putzen.

noyau *m.* | Kern *m.*, Innere *n.*; — amovible, — démontable, — enlevable | abnehmbarer Kern; — conique | kegelförmiger (konischer) Kern; — creux | hohler Kern; — massif, — plein | voller Kern; de — | Kern-.
nu -e | nackt, blank, unbekleidet; fil — | blanker Draht *m.*
numérateur *m.* | Zähler *m.*
numéro *m.* | Nummer *f.*
numéroter | beziffern, numerieren.

O.

objet *m.* | Gegenstand *m.*, Zweck, *m.*, Sache *f.*; avoir pour — | bezwecken.
obligation *f.* | Verbindlichkeit *f.*, Verpflichtung *f.*, Schuldverschreibung *f.*, Obligation *f.*
obliger | verpflichten.
oblique | schräg, schief.
obliquer | schräg verlaufen.
oblong -ue | länglich.
observation *f.* | Beobachtung *f.*, Bemerkung, Observation *f.*
occuper | beanspruchen, beschäftigen, einnehmen.
ocre *f.* | Ocker *m.*
odeur *m.* | Duft *m.*, Geruch *m.*
œil *m.* | Öhr *n.*, Öse *f.*, Auge *n.*
œillet *m.* | Öse *f.*, Bläschen *n.*, Loch *n.*
œuvre *f.* | Werk *n.*, Arbeit *f.*; bois *m.* d'— | Nutzholz *n.*; main *f.* d'— | Arbeit *f.*; Arbeitslohn *m.*; à pied d'— | bis zur Baustelle.
office *m.* | Dienstraum *m.*; Obliegenheit *f.*, amtliche Verpflichtung *f.*; d'— | amtlich, berechtigt sein.
officier *m.* | Beamte *m.*, Offizier *m.*
offre *f.* | Angebot *n.*, Anerbieten *n.*, Antrag *m.*, Offerte *f.*
offrir | anbieten, offerieren.
Ohm (Georges Simon), né à Erlangen 1787, mort à Munich 1854, physicien allemand, inventeur de la loi réglant le rapport entre la résistance, l'intensité et la tension du courant électrique | Ohm.
ohm *m.*, unité pratique de mesure pour la résistivité du conducteur électrique | Ohm *n.*, gek. O.
ohmmètre *m.* | Ohm-messer *m.*, -meter *n.*
okonite *m.* | Okonit *n.*
ondemètre *m.* | Wellenmesser *m.*
ondulateur *m.* | Undulator *m.*
ondulation *f.* | Wellenbewegung *f.*, Undulation *f.*
ondulé -e | wellig, Well-, Wellen-.
opale *f.* | Opal *m.*
opaline | opalartig, Opal-.
optique *f.* | Optik *f.*
optique | optisch.
or *m.* | Gold *n.*
orage *m.* | Gewitter *n.*
organe *m.* | Teil *m.*, Glied *n.*, Werkzeug *n.*, Vermittler *m.*, Organ *n.*
ornière *f.* | Radspur *f.*, Geleise *n.*, Gleis *n.*
oscillateur *m.* | Wellenerreger *m.*, Oszillator *m.*
oscillation *f.* | Schwingung *f.*, Oszillation *f.*
osciller | schwingen, oszillieren.
osmium *m.* | Osmium *n.*
ossature *f.* | Gerüst *n.*, Gerippe *n.*
outil *m.* | Werkzeug *n.*
outillage *m.* | Handwerkszeug *n.*
ouvert -e, ment | geöffnet, offen.
ouverture *f.* | Öffnung *f.*, Anfang *m.*, Eröffnung *f.*

ouvrage *m.* | Werk *n.*, Arbeit *f.*
ouvrier *m.*, -ère *f.* | Arbeiter *m.*, -in *f.*
ouvrir | öffnen, eröffnen.
ovale | länglich rund, eiförmig, oval.
oxydation *f.* | Sauerstoffverbindung *f.*, Oxydation *f.*
oxyde *m.* | Oxyd *n.*; — de cuivre | Grünspan *m.*; — de plomb | Bleioxyd *n.*
oxygène *m.* | Sauerstoff *m.*, Oxygen *n.*
ozone *m.* | Ozon *n.*
ozonifère | ozonhaltig.
ozonisation *f.* | Ozonisierung *f.*
ozonomètre *m.* | Ozonmesser *m.*

P.

paiement *m.* | Zahlung *f.*
palan *m.* | Flaschenzug *m.*
palier *m.* | Lager *n.*; — de l'arbre | Wellenlager; — à billes | Kugellager; — de (en) bout d'arbre | Außenlager; — de butée | Druck-Kammlager; — de maneton | Kurbelzapfenlager; — à rouleaux | Rollenlager; — de tourillon | Zapfenlager.
palladium *m.* | Palladium *n.*
panneau *m.* | (Tür-) Füllung *f.*
panneton *m.* | Schlüsselbart *m.*
pantographe *m.* | Storchschnabel *m.*, Pantograph *m.*
papier *m.* | Papier; — brouillard, — buvard | Löschpapier; — bulle, — d'écolier | Konzeptpapier; — à calque, — à calquer | Pauspapier; — à dessin, — à dessiner | Zeichenpapier; — émeri | Schmirgelpapier; — à filtrer | Filtrierpapier; — ferro prussiate | Lichtpauspapier; — libre, — mort | ungestempeltes Papier; — mécanique | Papier ohne Ende; — marqué, — timbré | Stempelpapier; — tournesol | Lackmuspapier; — de verre | Glaspapier.
paraffine *f.* | Paraffin *n.*
paraffiné -e | paraffinhaltig.
parafoudre *m.* | Blitz-schutz, -sicherung; — à cornes | Hörnersicherung; — à rouleaux | Rollensicherung.
parallèle *f.* | gleichlaufende Linie *f.*, Parallele *f.*
parallèle | gleichlaufend, parallel.
paramagnétique | paramagnetisch.
paramagnétisme *m.* | Paramagnetismus *m.*
parapluie *m.* | Regen-dach *m.*, -kappe *f.*
paratonnerre *m.* | Blitzableiter *m.*
parchemin *m.* | Pergament *n.*
parcourir | zurücklegen, durch-laufen, -messen.
parcours *m.* | Strecke *f.*, Weg *m.*, Bahn *f.*
parement *m.* | Schmuck *m.*, Zierat *m.*; — de mur | Mauerverkleidung *f.*
parenthèse *f.* | Klammer *f.*, Einschaltung *f.*, Parenthese *f.*
paroi *f.* | Scheide-, Zwischen-wand *f.*
partie *f.* | Partie *f.*, Partei *f.*, Teil *m.*, Posten *m.*; — civile | Privatkläger *m.*; — contractante | Kontrahent *m.*
pas *m.* | Schritt *m.*, Gang *m.*; Gewinde *n.*, Teilung *f.*; — de l'engrenage | Radzahnteilung; — de vis | Schraubengewinde; — de champ | Feldschritt; — de mesure | Meßschritt; — de potentiel | Potentialschritt; — polaire

| Polschritt; — progressif | Vorwärtsschritt; — rétrograde | Rückwärtsschritt *n.*
passage *m.* | Lauf *m.*, Gang *m.*, Durch-, Über-gang *m.*, Passage *f.*
passager -ère, -ment | vorübergehend, flüchtig.
passer | durch-gehen, -fließen, -laufen, -streichen.
patin *m.* | Gleit-stück *n.*, -schuh *m.*
patte *f.* | Klammer *f.*, Klaue *f.*, Krampe *f.*, Pfote *f.*, Tatze *f.*
pédale *f.* | Taste *f.*, Kontakt *m.*, Pedal *n.*
pédaler | radeln, radfahren.
peigne *f.* | Hechel *f.*, Kamm *m.*, Strähler *m.*
peignage *m.* | Kämmen *n.*, Krempeln *n.*, Hecheln *n.*
peindre | malen, streichen.
peintre *m.* | Maler *m.*
peinture *f.* | Anstrich *m.*, Farbe *f.*
pelle *f.* | Schaufel *f.*
pellicule *f.* | Häutchen *n.*, Überzug *m.*, Schicht *f.*
pendule *f.* | Wanduhr *f.*; — *m.* | Pendel *n.*, Schwinger *m.*
pendulaire | schwingend, pendelnd.
percer | durchbohren, lochen.
perceuse *f.* | Bohrmaschine *f.*
perche *f.* | Stange *f.*
perçoir *m.* | Bohrer *m.*, Ahle *f.*
perforateur *m.* | Locher *m.*, Lochmaschine *f.*
perforer | durch-bohren, -lochen, perforieren.
période *f.* | Umlaufzeit *f.*, Zeitabschnitt *m.*, Periode *f.*
périodicité *f.* | regelmäßige Umlaufzeit *f.*, Periodizität *f.*
périodique | wiederkehrend, periodisch.
périphérie *f.* | Umkreis *f.*, Peripherie *f.*
permanence *f.* | Beharrung *f.*, Dauer *f.*, Permanenz *f.*
permanent -e | dauernd, permanent.
perméable | durchlässig.
perméabilité *f.* | Durchlässigkeit *f.*
permutateur *m.* | Strom-steller *m.*, -wender *m.*, Umschalter *m.*, Vertauscher *m.*
permutation *f.* | Umschaltung *f.*, Umstellung *f.*, Vertauschung *f.*
permuter | um-schalten, -stellen, vertauschen.
peroxyde *m.* | Superoxyd *m.*
perpendiculaire | senkrecht, perpendiculär.
personnel *m.* | Personal *n.*, Beamten *m. pl.*, -schaft *f.*
perspective *f.* | Aus-, Fern-sicht *f.*, Perspektive *f.*
perte *f.* | Verlust *m.*; — de chaleur | Wärmeverlust; — de charge Ladungsverlust; — de courant | Stromverlust; — par friction | Reibungsverlust; — de tension | Spannungsverlust; — en charge, — en fonctionnement | Arbeitsverlust; — au réglage, — à la régulation | Regulierverlust; — à vide | Leerlaufverlust.
perturbation *f.* | Störung *f.*, Zerrüttung *f.*
pesant -e | schwer.
pesanteur *f.* | Schwere *f.*, Gewicht *n.*, Schwerkraft *f.*
pèse- | -wage, -zähler; — acide | Säurewage; — esprit | Spirituswage; — gouttes | Tropfenzähler; — lait | Milchwage, — lettres | Briefwage.

peser | wiegen, abwägen, prüfen.
petit -e | klein, schwach, gering.
pétrole *m.* | Petroleum *n.*
peuplier *m.* | Pappel *f.*; de — | Pappel-.
phase *f.* | Erscheinungsform *f.*, Entwickelungsstufe *f.*, Phase *f.*; de — | Phasen-.
phasemètre *m.* | Phasenmesser *m.*
phosphore *m.* | Phosphor *m.*
phosphoré -e | Phosphor-.
photomètre *m.* | Lichtstärkemesser *m.*, Photometer *n.*
pied *m.* | Fuß *m.*; — carré | Quadratfuß.
pile *f.* | Element *n.*, Säule *f.*, Batterie *f.*; — bouteille | Flaschenelement; — à charbon | Kohlenelement; — sèche | Trockenelement.
pilier *m.* | Pfeiler *m.*
pin *m.* | Kiefer *f.*, Fichte *f.*, Föhre *f.*
pince *f.* | Zange *f.*, Haken *m.*; — à grenouilles | Froschklemme *f.*
pinceau *m.* | Pinsel *m.*, Büschel *n.*, Quaste *f.*
pincer | kneipen, klemmen, drükken, zwicken.
pipe *f.* | Rohr *n.*, Trichter *m.*; — d'entrée | Einführungstrichter.
piston *m.* | Kolben *m.*; — aspirant | Saugkolben; — à basse pression | Niederdruckkolben; — à haute pression | Hochdruckkolben; — à moyenne pression | Mitteldruckkolben; — de carburateur | Vergaserkolben; — de l'indicateur | Indikatorkolben; — de machine à vapeur | Dampfmaschinenkolben; — de pompe | Pumpenkolben.
pitchpin *m.* | Pitchpineholz *n.*
pivot *m.* | Angel *f.*, Zapfen *m.*, Drehpunkt *m.*; — annulaire | Ringzapfen.
placage *m.* | Belegen *n.*, Bewerfen *n.*, Mörtel *m.*, Putz *m.*, Fournieren *n.*
placard *m.* | Wandschrank *m.*; Maueranschlag *m.*, Plakat *n.*
plafond *m.*, Decke *f*; de — | Decken-.
plain -e | eben, flach.
plan *m.* | Plan *m.*, Grundriß *m.*, Fläche *f.*, Ebene *f.*; — de situation | Lageplan.
planche *f.* | Brett *n.*, Diele *f.*; — à dessiner | Reiß-, Zeichen-brett.
plancher *m.* | Fußboden *m.*
planimètre *m.* | Flächenmesser *m.*, Planimeter *n.*
planter | aufstellen, errichten, pflanzen.
plaque *f.* | Platte *f.*, Scheibe *f.*, Blech *n.*; — d'acier | Stahlplatte; — d'assemblage | Verbindungsplatte; — de caoutchouc | Kautschukplatte; — de charbon | Kohlenplatte; — diaphragme | Trennungsplatte; — de fondation | Grund-, Lager-, Fundament-platte; — de friction | Reibungs-, Friktions-scheibe; — de sûreté | Schutzblech; — de terre | Erdplatte; | — tournante | Drehscheibe.
plaqué *m.* | Metallüberzug *m.*, Plattierung *f.*
plaquer | belegen, bekleiden, überziehen, plattieren.
platane *f.* | Ahorn *m.*, Platane *f.*
plat -e | flach, platt.
plateau *m.* | Tafel *f.*, Scheibe *f.*; — de balance | Wagschale; — de piston | Kolbenring *m.*

plate-forme *f.* | Plattform *f.*, Stand *m.*
platinage *m.* | Platinieren *n.*, Platinüberzug *m.*
platine *f.* | Schloßblech *n.*; — *m.* | Platin *n.*
plâtre *m.* | Gips *m.*
plein -e | voll, völlig, vollständig, massiv, Voll-.
plier | falzen, falten, biegen, krümmen.
plomb *m.* | Blei *n.*; — aigre, — durci | Hartblei *n.*; — doux | Weichblei *n.*; — de sûreté, — fusible | Bleisicherung *f.*; — de sonde | Bleilot *n.*, Senkblei *n.*; à plomb | lotrecht; sous plomb | unter Bleiverschluß *m.*
plombage *m.* | Verbleien *n.*, Plombieren *n.*
plomber | verbleien, loten, plombieren.
plombagine *f.* | Graphit *m.*
plonger | tauchen, senken.
plongeur *m.* | Taucher *m.*, Plunger *m.*, Stempel *m.*
plot *m.* | Kontakt *m.*, Kontaktstück *n.*; — de court circuit | Kurzschlußkontakt; — à galet | Rollenkontakt; — d'interruption, — de rupture | Unterbrechungskontakt.
pneumatique | pneumatisch, Luft-.
pneumatique *m.* | Luftschlauch *m.*, Gummireifen *m.*
poche *f.* | Beutel *m.*, Tasche *f.*, Kelle *f.*, Löffel *m.*
poêle *m.* | Ofen *m.*
poids *m.* | Gewicht *n.*
poignée *f.* | Heft *n.*, Griff *m.*, Stiel *m.*, Handvoll *f.*
poinçon *m.* | Loch-eisen *n.*, -stempel *m.*, Dorn *m.*, Patrize *m.*, Stanze *f.*
poinçonner | lochen, stempeln, stanzen.
point *m.* | Punkt *m.*; — d'appui | Stützpunkt; — d'attache | Befestigungspunkt; — de congelation | Gefrierpunkt; — de contact | Berührungspunkt *m.*; — d'ébullition | Siedepunkt; — de décomposition | Zersetzungspunkt; — de départ | Ausgangspunkt; — de fusion, — de liquéfaction | Schmelzpunkt; — de jonction, — de raccordement | Anschlußpunkt; — de vue | Gesichtspunkt.
pointe *f.* | Stift *m.*, Stachel *m.*, Spitze *f.*; — de poteau | Zopfende *n.*
pointer | stechen, richten, punktieren; — un compte | eine Rechnung vergleichen (kollationieren).
pointu -e | spitz, spitzig.
poix *f.* | Pech *n.*
polaire | -polig; Polar-, Pol-.
polarisation | Licht-, Strahlen-drehung *f.*, Polarisation *f.*
polariser | polarisieren.
polarité *f.* | Polarität *f.*
pôle *m.* | Pol *m.*, Drehpunkt *m.*
polir | glätten, polieren.
polissable | polierfähig.
polissage *m.* | Polieren *n.*
polissoire *f.* | Polierscheibe *f.*
poly- | Viel-, Poly-, Mehr-.
polygone *m.* | Vieleck *n.*, Polygon *n.*
polyphasé -e | mehr-, viel-phasig.
pompe *f.* | Pumpe *f.*, Spritze *f.*; de — | Pumpen-; — aspirante | Saugpumpe *f.*; — centrifuge | Zentrifugalpumpe; — foulante | Druckpumpe; — à incendie |

Feuerspritze *f.*; — à main | Handspritze; — à vapeur | Dampfspritze.
pomper | saugen, pumpen, spritzen.
ponce *f.* | Bimsstein *m.*
pont *m.* | Brücke *f.*; ponts et chaussées | Straßenbau *m.*
porcelaine *f.* | Porzellan *n.*
poreux -se | löcherig, porös.
porosité *f.* | Porosität *f.*
portant *m.* | Träger *m.*, Handhabe *f.*
portatif -ve | tragbar.
porte- | Träger *n.*, -Halter *m.*; — balai | Bürstenhalter; — charbon | Kohlenhalter; — voix | Sprachrohr *n.*
portée *f.* | Tragfläche *f.*, Bereich *m.* — de charge | Belastungsbereich.
pose *f.* | Verlegung *f.*, Aufstellung *f.*, Legung *f.*
poser | legen, verlegen, aufstellen.
positif -ve, -ment | bejahend, bestimmt, positiv.
position *f.* | Lage *f.*, Stellung *f.*, Position *f.*; — de l'induit | Ankerlage.
poste *m.* | Stelle *f.*, Ort *m.*, Standort *m.*, Sitz *m.*, Posten *m.*; — abaisseur (de tension) | Transformatorenstation für Niederspannung; — augmentateur (de tension) | Transformatorenstation für Hochspannung.
potasse *f.* | Pottasche *f.*
poteau *m.* | Stange *f.*, Leitungsmast *m.*; — de bois (imprégné, injecté | (imprägnierter) Holzmast; - accouplé, — jumelé | gekuppelter Mast; — arc bouté, — étançonné, — étayé | verstrebter Mast; — en ciment | Zementmast; — de dispersion | Verteilungsmast; — haubané | verankerter Mast; — saboté | angeschuhter Mast; — en treillis (pylone) | Gittermast; — tubulaire | Rohrmast.
potelet *m.* | Stange *f.*, Träger *m.*
potentiel *m.* | Leistungs-, Arbeitsfähigkeit *f.*, Potential *n.*; — de charge | Ladepotential; — terrestre | Erdpotential.
potentiomètre *m.* | Potentiometer *n.*
pouce *m.* | Daumen *m.*, Zoll *m.*; — carré | Quadratzoll; — cube | Kubikzoll.
poulie | Riemenscheibe *f.*; — en bout d'arbre, — en porte à faux freifliegende Riemenscheibe; — de commande | Antriebsscheibe; — conductrice | Führungsrolle; — fixe | Festscheibe; — folle | Losscheibe; — guide, de guidage | Leitscheibe; — isolante | Isolierrolle.
pourrir | vermodern, faulen, verwesen.
pourriture | Verwesung *f.*, Fäulnis *f.*
poussier *m.* (de charbon) | Klarkohle *f.*
poussière *f.* | Staub *m.*
poutraison *f.* | Balkenlage *f.*
poutre *f.* | Balken *m.*, Träger *m.*
poutrelle *f.* | kleiner Balken *m.*, Pfoste *f.*
pouvoir *m.* | Kraft *f.*, Macht *f.*, Gewalt *f.*, Vermögen *n.*; — absorbant | Aufsauge-, Absorptionsvermögen; — calorifique | Heizkraft; — inducteur | Induktionsvermögen; plein — | Vollmacht; — rayonnant | Strahlungsvermögen.

pratique *f.* | Ausübung *f.*, Geschäftskreis *m.*, Praxis *f.*
pratique | erfahren, geschickt, üblich, praktisch.
préambule *m.* | Ein-leitung *f.*, -gang *m.*, sans — | ohne Umschweife *m.*
précaution *f.* | Vorsicht *f.*, Vorsichtsmaßregel *f.*
précipité *m.* | Niederschlag *m.*
précision *f.* | Genauigkeit *f.*, Präzision *f.*; de — | Präzisions-.
préparer | vor-, zu-bereiten, präparieren.
prescription *f.* | Verordnung *f.*, Vorschrift; —s normales | Normalien *f. pl.*
pressable | preßbar.
presse *f.* | Presse *f.*, Klemme *f.*, Büchse *f.*; — à charbon | Kohlenklemme; — à coin | Keilpresse; — étoupe | Stopfbüchse *f.*; — hydraulique | hydraulische Presse; — à pile | Elementenklemme.
presser | pressen, zusammendrücken.
pression *f.* | Druck *m.*, Druckkraft *f.*, Pression *f.*, Spannung *f.*; — de l'air | Luftdruck; — d'appui | Flächen-, Lager-druck; — axiale | Achsendruck; — effective | Arbeitsdruck; — hydraulique | Wasserdruck; — initiale | Anfangsdruck; — maximum | Höchst-, Maximal-druck; — moyenne | Mittel-, Durchschnittsdruck; — de la vapeur | Dampfdruck; — du vent | Winddruck.
preuve *f.* | Probe *f.*, Beweis *m.*
primaire | Primär-.
principal -e | hauptsächlich, Haupt-.
principe *m.* | Grund-satz *m.*, -ursache *f.*, Prinzip *n.*; en — | grundsätzlich.
prise *f.* | Auf-, Ent-, Weg-nahme *f.*; — de terre | Erdschluß *m.*
prismatique | kantig, prismatisch.
prisme *m.* | Prisma *n.*
prisonnier *m.* | Zugbolzen *m.*, Mitnehmer *m.*
prix *m.* | Preis *m.*; — bas | niedriger (billiger) Preis; — convenable, équitable | angemessener Preis; — courant | Preisliste; — coûtant, — d'achat | Einkaufspreis; — dérisoire | Spottpreis; dernier — | äußerster Preis; — fixe | fester Preis; — haut, — élevé | hoher Preis; hors de — | unerschwinglicher Preis; — juste | genauer Preis; — modéré, — modique | mäßiger Preis; — de revient | Selbstkostenpreis; — de l'unité | Einheitspreis; — de vente | Verkaufspreis.
probabilité *f.* | Wahrscheinlichkeit *f.*
probable | wahrscheinlich.
procédé *m.* | Verfahren *n.*, Vorgang *m.*, Prozeß *m.*
procès *m.* | Rechts-handel *m.*, -streit *m.*, Prozeß *m.*; — verbal | Verhandlungsniederschrift *f.*, Sitzungsbericht *m.*, Protokoll *n.*
production *f.* | Erzeugung *f.*
produire | erzeugen, hervorbringen, produzieren.
produit *m.* | Er-gebnis *n.*, -zeugnis *n.*, Resultat *n.*, Produkt *n.*, Fabrikat *n.*
profil *m.* | Seitenansicht *f.*, Schnitt *m.*, Profil *n.*; de — | Profil-.
profilé -e | Form-, Profil-.
progressif -ve, -ment | fortschreitend, abgestuft, progressiv.
projecteur *m.* | Scheinwerfer *n.*

projection *f.* | Projektion *f.*
projet *m.* | Entwurf *m.*, Anschlag *m.*, Plan *m.*, Projekt *n.*; — général | allgemeiner (genereller) Entwurf; — détaillé | spezieller Entwurf.
projeter | planen, entwerfen, projektieren; darstellen, projizieren.
prolongation *f.* | Verlängerung *f.*, Prolongation *f.*
prolonger | verlängern, prolongieren.
propagation *f.* | Verbreitung *f.*, Ausdehnung *f.*, Fortpflanzung *f.*
propager | verbreiten, ausdehnen, fortpflanzen.
proportion *f.* | Ebenmaß *n.*, Verhältnis *n.*, Proportion *f.*
proportionnel -le, -ment | verhältnismäßig, proportional.
propriétaire *m.* | Eigentümer *m.*, Besitzer *m.*, Hauswirt *m.*
propriété *f.* | Eigentum *n.*, Besitz *m.*
propulseur *m.* | Triebschraube *f.*, Propeller *m.*
propulsion *f.* | Fortbewegung *f.*, Triebkraft *f.*
protecteur -trice | schützend, schirmend, Schutz-.
protection *f.* | Schutz *m.*, Schirm *m.*, Obhut *f.*, Protektion *f.*
protéger | schützen, schirmen, sichern.
protoxyde *m.* | Oxydul *n.*
puissance *f.* | Fähigkeit *f.*, Kraft *f.*, Vermögen *n.*; — calorifique, — de chauffe | Heizkraft *f.*, — effective | wirkliche (tatsächliche, effektive) Leistung; — nominale | angebliche (zugesagte, nominelle) Leistung.
puits *m.* | Brunnen *m.*, Schacht *m.*; — à câbles | Kabelbrunnen.
puddler | frischen, puddeln.
pulsation *f.* | Schwingung *f.*, Pulsierung *f.*
pulsatoire | pulsierend.
pulsomètre *m.* | Pulsometer *m.*
pulvérisation *f.* | Zer-stäubung *f.*, -stoßung *n.*, Pulverisierung *f.*
pulvériser | zerstäuben, zerstoßen.
punaise *f.* | Reiß-zwecke *f.*, -nagel *m.*
putréfaction *f.* | Fäulnis *f.*
putride | faul, faulig.
pylone *m.* | Gittermast *m.*
pyromètre *m.* | Hitzemesser *m.*, Pyrometer *n.*

Q.

quadrant *m.* | Quadrant.
quai *m.* | Uferstraße *f.*, Kai *m.*
qualifier | benennen, bezeichnen, qualifizieren.
qualitatif -ve, -ment | der Beschaffenheit nach, qualitativ.
qualité *f.* | Eigenschaft *f.*, Beschaffenheit *f.*, Qualität *f.*
quantitatif -ve, -ment | der Menge nach, quantitativ.
quantité *f.* | Menge *f.*, Größe *f.*, Quantität *f.*
quartz *m.* | Quarz *m.*
queue *f.* d'aronde | Schwalbenschwanz *m.*
quintal *m.* | Zentner *m.*
quotient *m.* | Quotient *m.*

R.

rabattre | stauchen, niederschlagen.
rabot *m.* | Hobel *m.*
raboter | hobeln.
raboteuse *f.* | Hobelmaschine *f.*
racagnac *m.* | Bohrknarre *f.*

raccord *m.* | Anschluß *m.*, Kuppelung *f.*, Verbindung *f.*, Verbindungsstöpsel *m.*; — à vis | Nippel *m.*, Verschraubung *f.*; de — | Nippel-.
raccordement *m.* | Vereinigung *f.*, Verbindung *f.*, Anschluß *m.*; — par torsade | Würgverbindung *f.*
raccorder | vereinigen, verbinden.
raccourcissement *m.* | Kürzung *f.*, Verkürzung *f.*
radial -e | strahlenförmig, radial.
radiation *f.* | Ausstrahlung *f.*
radiographie *f.* | Durchleuchtung *f.*, Röntgenaufnahme *f.*
radiomètre *m.* | Strahlenmesser *m.*
radiotélégramme *m.* | Funkspruch *m.*, Funkentelegramm *n.*
radiotélégraphie *f.* | drahtlose Telegraphie *f.*, Funken-, Radio-telegraphie *f.*
raffiner | verfeinern, raffinieren.
rail *m.* | Schiene *f.*; — mobile | Weichenzunge *f.*; — à patin | Fußschiene; — de sûreté | Leitschiene; — tendeur | Spannschiene.
rainer | nuten, furchen.
rainure *f.* | Nut(e) *f.*, Rille *f.*, Kerbe *f.*, Furche *f.*, Einschnitt *m.*
rais *m.* | Speiche *f.*, Radspeiche, Sprosse *f.*
raison *f.* | Maßgabe *f.*, Verhältnis *n.*; à — de | im Verhältnis von; en — directe (indirecte) | im geraden (umgekehrten) Verhältnis; — sociale | Gesellschaftsfirma *f.*
rampant -e | schleichend, kriechend.
rang *m.* | Reihe *f.*, Glied *n.*, Ordnung *f.*, Rang *m.*
ranger | ein-reihen, -ordnen, rangieren.
râpe *f.* | Reibeisen *n.*, Raspel *f.*
râper | reiben, raspeln.
rapport *m.* | Bericht *m.*, Meldung *f.*, Ertrag *m.*, Verhältnis *n.*; par —à | in bezug auf; — de détente | Expansionsverhältnis; — de transformation | Übersetzungs-, Umformungs-verhältnis *n.*
rapporteur *m.* | Winkelmesser *m.*
rapprochement *m.* | Annäherung *f.*
raréfaction *f.* | Verdünnung *f.*
raréfier | verdünnen.
rationnel -le, -ment | vernunftgemäß, rational, zweckmäßig, rationell.
rayon *m.* | Gebiet *n.*, Bezirk *m.*, Strahl *m.*, Halbkreis *m.*, Radius *m.*; — desservi | Versorgungsgebiet *n.*; —s X, — de Rœntgen | Röntgenstrahlen.
rayonnement *m.* | Strahlung *f.*; — de chaleur | Wärmestrahlung.
rayonner | strahlen, ausstrahlen.
réactance *f.* | Gegenwirkung *f.*, Reaktanz *f.*
réactif *m.* | Prüfungsmittel *n.*, Reagens *n.*
réaction *f.* | Gegen-, Rück-wirkung *f.*, Reaktion *f.*; de — | Reaktions-.
rebord *m.* | Rand *m.*, Sims *m.*, Kranz *m.*, Krämpe *f.*
rebut *m.* | Ausschuß *m.*; mettre au — | für Ausschuß (unbrauchbar, unbestellbar) erklären.
récepteur *m.* | Empfänger *m.*, Hörapparat *m.*, Hörer *m.*
récepteur -trice, de réception | Annahme-, Empfangs-.
réception *f.* | Empfang *m.*, An-, Auf-, Über-nahme *f.*; accuser — | den Empfang bestätigen.

rechange *m.* | Ersatz *m.*, Austausch *m.*, Wechsel *m.*; de — | Ersatz-.
rechauffage *m.* | Vor-, Auf-wärmung *f.*
rechauffement *m.* | Vor-, Auf-wärmen *n.*
rechauffer | vor-, er-wärmen.
récipient *m.* | Sammler *m.*, Sammelbehälter *m.*, Rezipient *m.*
reconstruction *f.* | Umbau *m.*, Wiederaufbau *m.*, Rekonstruktion *f.*
reconstruire | umbauen, wiederherstellen.
recourber | biegen, krümmen.
recouvrement *m.* | Hülle *f.*, Decke *f.*, Überzug *m.*, Einziehung *f.*
recouvrer | umhüllen, bedecken, überziehen; einziehen.
rectangle *m.* | Rechteck *n.*
rectangulaire | recht-eckig, -winklig.
rectification *f.* | Reinigung *f.*, Läuterung *f.*, Berichtigung *f.*, Rektifikation *f.*
rectifier | reinigen, läutern, berichtigen, rektifizieren.
rectiligne | geradlinig.
reçu | Empfangsbestätigung *f.*, Quittung *f.*
recuire | ausglühen; — l'acier | Stahl anlassen.
recul *m.* | Rück-lauf *m.*, -gang *m.*, -stoß *m.*
reculer | zurück-weichen, -stoßen, -rücken, -springen.
redressé -e | gleichgerichtet, Gleich-.
redresser | gerade-, gleich-richten.
redresseur *m.* | Gleichrichter *m.*
réducteur *m.* | Schalter *m.*, Umrechner *m.*, Reduktor *m.*
réduction *f.* | Verminderung *f.*, Übersetzung *f.*, Umrechnung *f.*, Reduktion *f.*; de — | Übersetzungs-, Reduktions-.
réduire | mindern, verkleinern, umrechnen, reduzieren.
réel -le, -ment | wirklich, tatsächlich.
réfléchi -e | zurückgeworfen, reflektiert.
réflecteur *m.* | Strahlschirm *m.*, Reflektor *m.*
réflexion *f.* | Rückstrahlung *f.*, Reflexion *f.*, Erwägung *f.*, Betrachtung *f.*; toute — faite | nach reiflicher Überlegung.
refondre | umgießen, umschmelzen.
réfractaire | feuerfest, hitzebeständig; widerspenstig.
réfrigérant -e | kühlend, Kühl-, Eis-.
réfrigérateur *m.* | Kühler *m.*, Kühlgefäß *n.*, -mittel *n.*, Refrigerator *m.*
réfrigération *f.* | Kälteerzeugung *f.*
refroidir | abkühlen, kälten; se — | sich erkälten.
refroidissement *m.* | Abkühlung *f.*; de — | Kühl-, Kühlung *f.*; — superficiel, — de surface | Oberflächenkühlung; — par l'air | Luftkühlung; — par eau | Wasserkühlung; — par l'huile | Ölkühlung.
refroidisseur *m.* | Kühlgefäß *n.*
regard *m.* | Blick *m.*, Schauloch *n.*; en- gegenüber-stehend.
région *f.* | Gebiet *n.*, Region *f.*
registre *m.* | Verzeichnis *n.*, Register *n.*
réglable | verstellbar, regulierbar.
réglage *m.* (régulation *f.*) | Regelung *f.*, Regulierung *f.*; — manuelle, — à la main | Handrege-

lung *f.*; — de dérivation, — shunt | Nebenschlußregelung; — de champ, — d'excitation, — d'induction | Feld-, Induktionsregulierung; — en série | Hauptstromregelung; — de la tension, — du voltage | Spannungsregulierung; — de la vitesse | Geschwindigkeitsregelung.

règle *f.* | Regel *f.*, Richtschnur *f.*, Lineal *n.*; — à calcul | Rechenschieber *m.*; — courbe | Kurvenlineal *n.*; — divisée | Meßlatte *f.*; — de niveau, — de nivellement | Richtlatte *f.*

règlement *m.* | Dienstordnung *f.*, Vorschrift *f.*, Verfügung *f.*, Regulativ *n.*, Regelung *f.*, Abrechnung *f.*, Zahlung *f.*, Regulierung *f.*

régler | regeln, einstellen, regulieren; linieren; — en (par) augmentation | aufwärts einstellen; — en (par) diminution | abwärts einstellen; se — sur | sich richten nach.

régularité *f.* | Regelmäßigkeit *f.*

régulateur -trice | regelnd, ordnend, bestimmend, regulierend, Regulier-.

régulateur *m.* | Regler *m.*, Ordner *m.*, Reguliervorrichtung *f.*, Regulator *m.*; — actionné à distance | Fernregler; — axial, — sur l'arbre, — placé dans le volant | Achsenregler; — de champ, — d'excitation | Feldregler; — (en) série | Hauptschlußregler; — en dérivation, — shunt | Nebenschlußregler; — de pression, — de tension | Spannungsregler; — de vitesse | Geschwindigkeitsregler; — à main | Regler für Handantrieb; — à moteur | — für Motorantrieb; — à ressort | Federregulator.

régulation *f.* | Regelung *f.*, Regulierung *f.*

régulier -ère, -ment | regelmäßig, regelrecht.

relais *m.* | Ablösung *f.*, Um-spannung *f.*, -schaltung *f.*, Relais *n.*; à (de) — | Relais-.

relatif -ve, -ment | betreffend, bezüglich, in bezug auf.

relève *f.* | Ab-lösung *f.*, -hebung *f.*; — balais *m.* | Bürstenabheber *m.*

relèvement *m.* | Ab-hebung *f.*, -lösung *f.*

relever | auf-, ab-heben, -lösen, entleeren; de relevée | Nachmittag.

relier | verbinden, vereinigen.

remanance *f.* | Verbleib *m.*, Zurückgebliebene *n.*, Remanenz *f.*

remanent -e | zurückbleibend, remanent.

remplacement *m.* | Ersatz *m.*, Vertretung *f.*

remplacer | ersetzen, vertreten.

remplage *m.* | Füllmaterial *n.*, Auffüllung *f.*

rendement *m.* | Wirkungsgrad *m.*, Güteverhältnis *n.*; — apparent | scheinbarer Wirkungsgrad; — utile | Nutzeffekt *m.*

rendre | ergeben, leisten, bewirken.

renforcement *s. n.* | Verstärkung *f.*

renforcer | verstärken, versteifen.

renfort *m.* | Verstärkung *f.*; de — | Verstärkungs-.

renversement *m.* | Umstellung *f.*, Umkehrung *f.*, Umwendung *f.*, Umsteuerung *f.*

renverser | um-stellen, -kehren, -wenden, -stürzen, -steuern; — le courant | den Strom wenden; — la vapeur | Gegendampf geben.

renverseur *m.* | Wender *m.*, Umwender; — de courant | Stromwender *m.*

renvoi *m.* | Vorgelege *n.*; — d'actionnement, — de commande | Antriebvorgelege.

réparation *f.* | Ausbesserung *f.*, Reparatur *f.*

réparer | ausbessern, reparieren.

répartir | verteilen.

répartiteur *m.* | Verteiler *m.*

répartition *f.* | Verteilung *f.*; — de la charge | Belastungsverteilung.

replanir | schlichten, glätten, fein hobeln.

répondre à | entsprechen, antworten; — de | haften, bürgen.

repos *m.* | Ruhe *f.*, Pause *f.*; de — | Ruhe-; de tout — | vollkommen sicher, zuverlässig.

repousser | ab-stoßen, -schrecken, zurückstoßen.

représentation *f.* | Darstellung *f.*, Repräsentation *f.*

représenter | vertreten, repräsentieren.

répulsif -ve | abstoßend, zurückstoßend, repulsiv.

répulsion *f.* | Abstoßung *f.*

réseau *m.* | Netz *n.*; — de conducteurs électriques | elektr. Leitungsnetz; — de distribution | Verteilungsnetz; — d'éclairage | Licht-, Beleuchtungsnetz; — municipal | städtisches Leitungsnetz; — protecteur | Schutznetz.

réserve *f.* | Rücklage *f.*, Ersatz *m.*, Aushilfe *f.*, Vorbehalt *m.*, Reserve; — de | Aushilfs-.

réservoir *m.* | Behälter *m.*, Reservoir *n.*

résidu *m.* | Rückstand *m.*, Residuum *n.*

résiduel -le | zurückbleibend, zurückgeblieben.

résine *f.* | Harz *n.*

résineux -se | harzig.

résistance *f.* | Festigkeit *f.*, Haltbarkeit *f.*, Widerstand *m.*; — additionnelle | Zusatzwiderstand; — apparente | scheinbarer Widerstand; — effective | effektiver Widerstand; — étalon | Normalwiderstand; — extérieure | äußerer Widerstand; — hydraulique | Wasserwiderstand; — inductive | induktiver Widerstand; — non inductive | induktionsfreier Widerstand; — intérieure | innerer Widerstand; — résultante | resultierender Widerstand; — spécifique | spezifischer Widerstand; — totale | Gesamtwiderstand; — de bobine | Spulenwiderstand; — de canalisation, — de conducteur, — de ligne | Leitungswiderstand; — de circuit principal | Hauptstromwiderstand; — de freinage | Bremswiderstand; — de frottement | Reibungswiderstand; — de phase | Phasenwiderstand; — de réactance, —de réaction | Drosselwiderstand; — de sûreté | Sicherheitswiderstand; — de potentiel, — de tension | Spannungswiderstand; — à la pression | Druckfestigkeit; — à la

rupture | Bruchfestigkeit; — à la traction | Zugfestigkeit.
résolution *f.* | Auflösung *f.*, Entschluß *m.*, Entschließung *f.*
résonance *f.* | Mittönen *n.*, Resonanz *f.*
résonateur *m.* | Funkenanzeiger.
résoudre | lösen, auflösen; beschließen, entscheiden, resolvieren.
ressort *m.* | Bereich *m.*, Gebiet *n.*, Instanz *f.*; Feder *f.*, Triebfeder, Spannkraft *f.*; être du — | gehören zu, unterstehen; — à boudin | Springfeder *f.*; — en spirale | Spiralfeder.
résultante *f.* | Resultante *f.*
résultat *m.* | Ergebnis *n.*, Resultat *n.*
résulter | ergeben, resultieren.
retard *m.* | Verspätung *f.*, Verzug *m.*, Verzögerung *f.*; en — | verspätet.
retarder | nach-gehen, -eilen; aufhalten, zurückstellen.
retenir | halten, zurückhalten.
retour *m.* | Rück-gang *m.*, -kehr *f.*, -sendung *f.*, Retoursendung *f.*
retrait *m.* | Entnahme *f.*; Schwinden *n.*, Schrumpfen *n.*
retrancher | ab-, weg-schneiden, kürzen.
rétrécir | schwinden, mindern, verjüngen.
rétrécissement *m.* | Ver-engung *f.*, -jüngung *f.*
rétrograde | rückläufig, retrograd.
réunion *f.* | Vereinigung *f.*, Verbindung *f.*
réverbère *m.* | Scheinwerfer *m.*, Blendspiegel *m.*
réversibilité *f.* | Umkehrbarkeit *f.*
réversible | umkehrbar, Umkehr-.
revêtement *m.* | Ver-, Be-kleidung *f.*; — calorifuge | Isolierung *f.*
revêtir | be-, um-kleiden, bewahren, überziehen, versehen, füttern; — de planches | verschalen.
révision *f.* | Prüfung *f.*, Musterung *f.*, Durchsicht *f.*, Revision *f.*
révolution *f.* | Um-drehung *f.*, -schwung *m.*, -wälzung *f.*, Revolution *f.*
rhéomètre *m.* | Strommesser *m.*, Galvanometer *n.*
rhéostat *m.*, appareil *m.* pour mesurer, régler ou comparer l'intensité du courant électrique | Strom-regler *m.*, -steller *m.*, -widerstand *m.*, Vorschaltwiderstand *m.*, Rheostat; — additionnel | Zusatzwiderstand; — d'alimentation | Speiserheostat; — amortisseur, — d'amortissement | Beruhigungswiderstand; — auxiliaire | Hilfswiderstand; — (à bain) d'huile | Ölwiderstand; — à cadre | Rahmenwiderstand; — de champ | Feldwiderstand; — de charbon | Kohlenwiderstand; — de charge | Belastungswiderstand; à — chevilles, — à fiches | Stöpselwiderstand; — du circuit principal | Hauptstromwiderstand; — de comparaison | Vergleichswiderstand; — de compensation, — compensateur | Ausgleichs-, Kompensations-widerstand; — à combinaison | Kombinationswiderstand; — à cylindre, — cylindrique | Walzenwiderstand; — de débit | Leistungsrheostat; — en décades, — décimal | Dekadenwiderstand, — de démarrage, — démarreur,

— de mise en marche | Anlaßwiderstand; — de champ, d'excitation, — excitateur | Erregungs- (Feld-)widerstand; rhéostat de frein, — de freinage | Bremswiderstand; — de lampes à incandescence | Glühlampenwiderstand; — de lampe à arc | Bogenlampenwiderstand; — liquide | Flüssigkeitswiderstand; — de mesurage, — de mesure | Meßwiderstand; — de précision | Präzisionswiderstand; — de réactance, — de réaction | Drosselwiderstand; — de rechange | Ersatzwiderstand; — régulateur; — de réglage | Regulierungswiderstand, Strom-regler, -regulator; — de sûreté | Sicherheitswiderstand; — à manette, — à manivelle | Kurbelwiderstand; — à main | Handrheostat.
rhéotome *m.* | periodischer Unterbrecher *m.*, Rheotom *n.*
rhombe *m.* | Rhombus *m.*
river | nieten.
rivet *m.* | Niete *f.*
rivetage *m.* | Nieten *n.*, Vernieten *n.*
riveter | ver-, zu-nieten.
riveur *m.* | Nieter *m.*
rivure *f.* | Vernietung *f.*
robinet *m.* | Hahn *m.*; — d'admission | Einlaßhahn; — d'arrêt | Abstellhahn; — de vidange | Ablaßhahn.
rodage *m.* | Ein-schleifen *n.*, -laufen *n.*
roder | ein-schleifen, -laufen.
rognage *m.* | Beschneiden *n.*
rogner | beschneiden.
rompre | zer-brechen, -reißen.
ronce *f.* artificielle, — d'acier | Stacheldraht.
rond -e | rund.
rond *m.* | Scheibe *f.*, Ring *m.*
rondelle *f.* | Scheibe *f.*; — de cuir | Lederscheibe.
rosace *f.* | Rosette *f.*
rose *f.* | Rose; — du compas | Kompaßrose *f.*; — des vents | Windrose.
rotation *f.* | Achsendrehung *f.*, Rotation *f.*; de — | Drehungs-.
rotor *m.* | Anker *m.*, Läufer *m.*, Rotor *m.*
rotule *f.* | Kugelschale *f.*
rouage *m.* | Räderwerk *n.*
roue *f.* | Rad *n.*; — à aubes | Schaufelrad; — d'arrêt, — à déclic, — à rochet | Sperrad; — correctrice — de correction | Korrektionsrad; — cylindrique, — droite | Stirnrad; — dentée, — d'engrenage | Zahnrad; — folle | loses Rad; — de friction | Reibungs-, Friktions-rad; — hydraulique | Wasserrad; — libre | Freilaufrad; — inductrice | Induktorrad; — d'induit | Ankerrad; — motrice | Triebrad.
rouge | rot; — au feu, chauffé -e (porté -e) au rouge | rotglühend.
rouille *f.* | (Eisen-) Rost *m.*
rouiller | rosten, verrosten.
roulant -e | fahrbar.
rouleau *m.* | Rolle *f.*, Walze *f.*; — compresseur | Straßenwalze.
roulement *m.* | Rollen *n.*, Lauf *m.*, Umsatz *m.*
rouler | rollen, walzen.
route *f.* | Straße *f.*, Weg *m.*, Bahn *f.*
ruban *m.* | Band *n.*, Streifen *m.*
rugueux -se | rauh, uneben.

rupture *f.* | Bruch *m.*, Bruchstelle *f.*, Unterbrechung; — brusque, — instantanée | Momentunterbrechung; — de câble | Kabelbruch; — de fil | Drahtbruch.

S.

sable *m.* | Sand *m.*
sableuse *f.* | Sandstrahlgebläse *n.*
sabot *m.* | Schuh *m.*, Klotz *m.*; — de frein | Bremsklotz; — de poteau | Stangenschuh.
saboter | anschuhen, beschuhen.
salaire *m.* | Lohn *m.*, Salär *n.*
salle *f.* | Saal *m.*, Raum *m.*, Kammer *f.*; — des machines | Maschinenraum; — des turbines | Turbinenkammer.
salpêtre *m.* | Salpeter *m.*
saturation *f.* | Sättigung *f.*, Saturation *f.*
saturer | sättigen, saturieren.
saule *m.* | Weide *f.*
sautant -e | springend, Spring-.
sauter | springen, schnellen, überspringen; — en arrière | zurückschnellen.
scellement | Befestigung *f.*, Einbleiung *f.*, Verkittung *f.*
sceller | befestigen, einbleien, verkitten.
scie *f.* | Säge *f.*; — à main, — à manche | Fuchsschwanz *m.*
scier | sägen.
sciure *f.* | Sägespäne *m.*
scorie *f.* | Schlacke *f.*
seau *m.* | Eimer *m.*
sec, sèche | trocken.
sécher | trocknen.
sécheur *m.*, séchoir *m.*, Trockenofen *m.*
secondaire | nachstehend, nebensächlich, sekundär; Neben-, Sekundär-.
secousse *f.* | Erschütterung *f.*, Schlag *m.*
secteur *m.* | Kreisausschnitt; Bezirk *m.*, Region *f.*
section *f.* | Schnitt *m.*, Strecke *f.*, Bezirk *m.*
sécurité *f.* | Sicherung *f.*, Sicherheit *f.*; — de fonctionnement, — de service | Betriebssicherheit.
sédiment *m.* | Ablagerung *f.*, Bodensatz *m.*, Niederschlag *m.*, Sediment *n.*, — de chaudière | Kesselschlamm *m.*
segment *m.* | Abschnitt *m.*, Segment *m.*
sel *m.* | Salz *n.*; — ammoniac | Salmiak.
sélecteur *m.* | Wähler; — de lignes | Linienwähler.
sélénium *m.* | Selen *n.*
selfinduction *f.* | Selbstinduktion *f.*
sémaphore *m.* | Zeichenträger *m.*, Signalmast *m.*, Semaphor *m.*
semelle *f.* | Fuß *m.*, Sohle *f.*, Schuh *m.*; à — | angeschuht.
sens *m.* | Richtung *f.*; — de rotation | Drehrichtung *f.*
sensibilité *f.* | Empfindlichkeit *f.*, Sensibilität *f.*
séparateur *m.* | Scheider *m.*
séparation *f.* | Scheidung *f.*, Trennung *f.*; de — | Trenn-.
séparer | trennen, scheiden, sondern.
série *f.* | Reihe *f.*, Serie *f.*, coupler (monter) en — | in Reihe(n) schalten.
sérieux -se, -ment | ernst, zuverlässig.

seringue *f.* | Spritze *f.*
serpentin *m.* | Schlangenrohr *n.*, Schlange *f.*; — de chauffage, — réchauffeur | Heizschlange *f.*; — réfrigérant, — refroidisseur, — de refroidissement | Kühlschlange.
serre *f.* | Kralle *f.*, Klemme *f.*; — fil | Drahtklemme; — frein | Bremser *m.*; — papiers | Briefbeschwerer *m.*
serrer | drücken, pressen, drosseln, verschließen; — à clef | zuschließen; — le frein | bremsen; — une vis | eine Schraube anziehen.
serrure *f.* | Schloß *n.*; à — | verschließbar.
serrurier *m.* | Schlosser *m.*
service *m.* | Dienst *m.*, Betrieb *m.*; être de — | Dienst haben; être en — | im Betrieb sein.
shunt *m.* | Nebenschluß *m.*, Shunt.
siège *m.* | Sitz *m.*, Niederlassung *f.*
sifflement *m.* | Pfeifen *n.*, Sausen *n.* Zischen *n.*
sifflet *m.* | Pfeife *f.*; coup de — | Pfiff *m.*
signal *m.* | Zeichen *n.*, Signal *n.*; — d'alarme, — de détresse | Notsignal.
signature *f.* | Namenszeichnung *f.*, Unterschrift *f.*
signe *m.* | Zeichen *n.*, Merkmal *n.*
signer | unter-zeichnen, -schreiben; — un marché | einen Kauf abschließen.
silencieux -se, -ment | still, ruhig, geräuschlos, schweigsam.
silicium *m.* | Silizium *n.*
similitude *f.* | Ähnlichkeit *f.*, Gleichförmigkeit *f.*
sinus *m.* | Sinus *m.*; de — | Sinus-.
siphon *m.* | Saugheber *m.*, Spritzflasche *f.*, Siphon *m.*
situation *f.* | Stellung *f.*, Lage *f.*, Zustand *m.*, Situation *f.*
socle *m.* | Säulenfuß *m.*, Sockel *m.*
sol *m.* | Erdboden *m.*, Sohle *f.*, Grund *m.*
solénoïde *m.* | magnetisierte Drahtspule *f.*, Solenoid *n.*
solide | fest, stark, haltbar, dauerhaft.
solidité *f.* | Festigkeit *f.*, Haltbarkeit *f.*, Dauerhaftigkeit *f.*
solution *f.* | Lösung *f.*
somme *f.* | Summe *f.*, Betrag *m.*
sommet *m.* | Gipfel *m.*, Scheitel *m.*; — du poteau | Zopfende des Mastes.
sonde *f.* | Lot *n.*, Senkblei *n.*; — à tarière | Erdbohrer *m.*
sonder | loten, ergründen, peilen, sondieren.
sonner | klingeln, läuten; klingen, tönen.
sonnerie *f.* | Läutwerk *n.*; — d'appel | Wecker *m.*
sonnette *f.* | Klingel *f.*, Schelle *f.*
sortie *f.* | Aus-gang *m.*, -fluß *m.*, -fuhr *f.*, Ab-gang *m.*, -fluß *m.*
soudable | lötbar, schweißbar.
soudage *m.* | Schweißen *n.*
soudant -e | Schweiß-.
souder | verlöten, schweißen, löten.
soudure *f.* | Lötstelle *f.*, Lötung *f.*, Lötmittel *n.*, Schweißung *f.*, Schweißnaht *f.*
souffler | blasen.
soufflet *m.* | Blasebalg *m.*
soufflure *f.* | Gußblase *f.*
soufre *m.* | Schwefel *m.*
soumettre | unter-breiten, -werfen, -ziehen.
soumission *f.* | Ausschreibung *f.*, Verdingung *f.*, Submission.

soumissionnaire *m.* | Bieter *m.*, Bewerber *m.*, Submittent *m.*
soupape *f.* | Klappe *f.*, Ventil *n.*; — d'admission | Einlaßventil; — d'alimentation | Speiseventil; — d'aspiration | Saugventil; — à clapet | Klappenventil; — à coude | Eckventil; — à gradins | Stufenventil; — de piston | Kolbenventil; — de purge | Schlammventil; — de rupture | Rohrbruchventil; — de sûreté | Sicherheitsventil; — de vidange | Ablaßventil.
souple | biegsam, geschmeidig.
source *f.* | Quelle *f.*, Ursprung *m.*
sourdine *f.* | Dämpfer *m.*, Schalldämpfer *m.*
souscripteur *m.* | Unterzeichner *m.*, Subskribent *m.*
souscrire | unterzeichnen, subskribieren; — à | einwilligen.
souterrain -e | unterirdisch, Erd-.
spécial -e | besondere, spezielle.
spécialiste *m.* | Fachmann *m.*, Spezialist *m.*
spécifique | eigen-artig, -tümlich, spezifisch, Eigen-.
spermaceti (blanc de baleine) | Walrat *m.*
sphère *f.* | Bereich *m.*, Wirkungskreis *m.*, Sphäre *f.*
spirale *f.* | Schrauben-, Schneckenlinie *f.*, Spirale *f.*; en — | Spiral-.
spire *f.* | Windung *f.*
spongieux -se | schwammig, Schwamm-.
stabilité *f.* | Beständigkeit *f.*, Stabilität *f.*
station *f.* | Stand-, Rast-ort *m.*, Haltestelle *f.*, Station *f.*; — centrale Kraftwerk *n.*; — réceptrice, — de réception, — transformatrice, — de transformation | Transformatorenstation.
stationnaire | feststehend, stationär.
statique *f.* | Gleichgewichtslehre *f.*, Statik *f.*
statique | statisch.
stator *m.* | Ständer *m.*, Stator *m.*
stéalite *f.* | Speckstein *m.*
stipuler | vereinbaren, ausmachen, stipulieren.
stopper | anhalten, abstellen.
strate *f.* | Schicht *f.*, Schichtung *f.*
stratification *f.* | Schichtenbildung *f.*
structure *f.* | Bau *m.*, Anordnung *f.*, Gefüge *n.*, Struktur *f.*
subdivision *f.* | Unterabteilung *f.*
suffisant -e, suffisamment | hinreichend, genügend.
suie *f.* | Ruß *m.*
suif *m.* | Talg *m.*, Unschlitt *n.*
sulfate *m.* | schwefelsaures Salz, Vitriol *n.*; — de chaux | Gips; — de cuivre | Kupfervitriol; — de fer Eisenvitriol; — de plomb | Bleivitriol; — de zinc | Zinkvitriol.
superficiel -le | Oberflächen-.
superposable | kongruent.
supplément *m.* | Zusatz *m.*, Ergänzung *f.*, Supplement *n.*
supplémentaire | zusätzlich, ergänzend.
support *m.* | Stütze *f.*, Träger *m.*, Lager-bock *m.*, -stuhl *m.*; — sur façade | Wandkonsole *f.*; — sur toiture | Leitungsständer *m.*
supporter | halten, tragen, stützen.
surcharge *f.* | Über-ladung *f.*, -bürdung *f.*, -lastung *f.*
surcharger | über-laden, -lasten; überteuern.
surchauffer | überhitzen.

sureau *m.* | Holunder *m.*; de — | Holunder-.
sûreté *f.* | Sicherheit *f.*, Gefahrlosigkeit *f.*
surface *f.* | Oberfläche *f.*, Fläche *f.*; — de chauffe | Heizfläche.
surnuméraire | überzählig.
sursaturation *f.* | Übersättigung *f.*
surveillance *f.* | Überwachung *f.*
surveiller | überwachen.
survolter | hinauftransformieren.
susceptible | empfänglich, geeignet, befähigt.
suspendre | aufhängen; aufschieben, aussetzen.
suspension *f.* | Aufhängung *f.*, Aufschub *m.*, Stillstand *m.*, Einstellung *f.*; à — | Hänge-.
symbole *m.* | Sinnbild *n.*, Symbol *n.*
symétrie *f.* | Gleich-, Eben-maß *n.*, Symmetrie *f.*
symétrique | gleich-, eben-mäßig, symmetrisch.
synchronique | gleichzeitig, synchron.
synchronisme *m.* | Gleichzeitigkeit *f.*
système *m.* | Anordnung *f.*; Verfahren *n.*, System *n.*; — de distribution | Verteilungssystem; — bifilaire, — à deux fils, — à deux conducteurs | Zweileitersystem; — trifilaire | Dreileitersystem; — pentafilaire | Fünfleitersystem; — multifilaire | Mehrleitersystem.

T.

T; fer *m.* en — | T-Eisen *n.*
table *f.* | Tisch *m.*, Tafel *f.*, Tabelle *f.*
tableau *m.* | Tabelle *f.*, Tafel *f.*, Brett *n.*; — de branchement | Verteilungstafel; — de distribution | Schalttafel; — indicateur | Übersichtstafel *f.*, Anzeige-, Fallscheibenapparat *m.*; — de réglage, — régulateur | Reguliertisch *m.*
tabouret *m.* | Schemel *m.*, Fußbank *f.*; — isolant | Isolierschemel.
tachygraphe *m.* | Geschwindigkeitsanzeiger *m.*, Tachograph *m.*
tachymètre *m.* | Geschwindigkeitsmesser *m.*, Tachometer *n.*
taille *f.* | Schnitt *m.*, Zuschnitt *m.*
tailler | schneiden, schnitzen, behauen; — un crayon | einen Bleistift spitzen; — une lime | eine Feile hauen.
tailleur *m.* | Schneider *m.*; — de limes | Feilenhauer *m.*; — de pierres | Steinmetz *m.*
talon *m.* | Hacke *f.* Ferse *f.*; Gegenschein *m.*, Kontrollabschnitt *m.*, Talon *m.*; Nocke *f.*, Hebezapfen *m.*
tambour *m.* | Rolle *f.*, Trommel *f.*, Walze *f.*, Tambour *m.*; — à corde | Seiltrommel.
tamis *m.* | Sieb *n.*
tamiser | sieben, durchsieben.
tampon *m.* | Pflock *m.*, Pfropf *m.*, Spund *m.*, Puffer *m.*
tamponnement *m.* | Zupfropfen *n.*, Verstopfen *n.*
tangentiel -le | Tangential-; balai *m.* tangentiel | Tangentialbürste *f.*; force *f.* tangentielle | Tangentialkraft *f.*
taquet *m.* | Krampe *f.*, Klampe *f.*, Knagge *f.*, Klinke *f.*, Klemme *f.*; — pour cordon | Schnurklemme *f.*; — de serrage | Klemmenrolle *f.*
taraud *m.* | Schrauben-, Gewindebohrer *m.*
tarauder | Gewinde schneiden.

tarer | beschädigen, beflecken; tarieren, Reingewicht feststellen.
tarière *f.* | Erdbohrer *m.*
tarif *m.* | Preisliste *f.*, Taxe *f.*, Tarif *m.*; — mobile | Staffeltarif.
tartre *m.* de chaudière | Kesselstein *m.*
tas *m.* | Haufe *m.*
tassement *m.* | Senkung *f.*, Sackung *f.*
taux *m.* | Gebühr *f.*, Satz *m.*, Taxe *f.*; — fixe | Grundgebühr *f.*; — des intérêts | Zinsfuß; — supplémentaire | Zuschlaggebühr.
taxer | schätzen, einschätzen, taxieren.
technicien *m.* | Techniker *m.*
technique | technisch.
technologie *f.* | Gewerbekunde *f.*, Technologie *f.*
teindre | färben, beizen.
teinture *f.* | Farbe *f.*, Beize *f.*
télégraphe *m.* | Fernschreiber *m.*, Telegraph *m.*
télégraphier | drahten, telegraphieren.
téléphone *m.* | Fernsprecher *m.*, Telephon *n.*
téléphoner | telephonieren.
température *f.* | Wärmegrad *m.*, Temperatur *f.*; — soudante | Schweißhitze *f.*
tempête *f.* | Sturm *m.*, Gewitter *n.*
temporaire, -ment | zeitweilig, temporär.
temps *m.* | Zeit *f.*, Takt *m.*, Periode *f.*; Wetter *n.*
tenace | zähe, hartnäckig.
tenacité *f.* | Zähigkeit *f.*, Hartnäkkigkeit *f.*
tenaille *f.* | Zange *f.*, Kloben *m.*; — à vis | Feilkloben.
tendeur *m.* | Spanner *m.*, Spannvorrichtung *f.*, Klemme *f.*; — de fil | Drahtspanner; — grenouille | Froschklemme; — à pince Spannklemme.
tendre | spannen, ziehen, recken.
tenon *m.* | Zapfen *m.*, Stift *m.*, Pinne *f.*
tension *f.* | Spannung *f.*; — électrique (voltage *m.*) | elektrische Spannung; — admissible | zulässige Spannung; — d'admission | Eintrittsspannung; — auxiliaire | Hilfsspannung; basse — | Niederspannung; — composée | verkettete Spannung; — constante | konstante Spannung; haute — | Hochspannung; — moyenne | Mittelspannung; — régulatrice, — de réglage | Regulierspannung; — utile | Nutzspannung; — à vide | Leerlaufspannung; diminuer (réduire) la tension | herabtransformieren; élever le voltage | hinauftransformieren; — aux balais | Bürstenspannung; — aux bornes | Klemmenspannung *f.*; — de champ | Feldspannung; — au collecteur | Kollektorspannung.
terrain *m.* | Gelände *n.*, Boden *m.*, Terrain *n.*; — accidenté | welliges Gelände.
terre *f.* | Erde *f.*, Erdreich *n.*; de terre | Erd-.
terrestre | Erd-; courant — | Erdstrom.
tête *f.* | Kopf *m.*, Haupt *n.*, Gipfel *m.*; —s de moineau | Nußkohle *f.*; — de piston | Kreuzkopf; — de pose | Setzkopf; — de poteau | Zopfende des Mastes; — de rivet | Nietkopf; — de vis | Schraubenkopf.

théodolithe *m.* | Fernrohrwinkelmesser, Theodolith *m.*
théorème *m.* | Lehrsatz *m.*, Theorem *n.*
théorie *f.* | Betrachtungslehre *f.*, Theorie *f.*
théorique -ment | lehrgemäß, theoretisch.
thermo- | Wärme-, Thermo-.
thermomètre *m.* | Wärmemesser *m.*, Thermometer *n.*
tige *f.* | Schaft *m.*, Stamm *m.*, Stiel *m.*, Stange *f.*, Gestänge *n.*; — de piston | Kolbenstange.
timbre *m.* | Klang *m.*, Schall *m.*; Stempelmarke *f.*, Stempel *m.*; Glockenschale *f.*
tintement *m.* | Klang *m.*, Klingen *n.*, Anschlagen *n.*
tinter | klingen, tönen, anschlagen.
tirage *m.* | Zug *m.*, Zugluft *f.*, Abzug *m.*; Ziehung *f.*
tirant *m.* | Zugriemen *m.*, Strippe *f.*
tire ligne *m.* | Reißfeder *f.*
tirer | ziehen, schießen.
tiroir *m.* | Schublade *f.*, Schieber *m.* Klappe *f.*
tissu *m.* | Gewebe *n.*, Geflecht *n.*, Netz *n.*; — métallique | Drahtnetz.
titre *m.* | Titel *m.*; Rechtsanspruch *m.*; Urkunde *f.*; Feingehalt *m.*
titulaire *m.* | rechtmäßiger Inhaber *m.*, Besitzer *m.*; — en compte courant | Girokontoinhaber; — de brevet | Patentinhaber.
toile *f.* | Leinwand *f.*; — cirée | Wachsleinwand; — à calquer | Pausleinwand; de (en) — | Leinen-.
toit *m.* | Dach *n.*
toiture *f.* | Bedachung *f.*
tôle *f.* | Blech *n.*, Schwarzblech *n.*; — cannelée, — gaufrée, — striée | Riffelblech; — forte | Kesselblech *n.*; — galvanisée | verzinktes Eisenblech; — ondulée | Wellblech.
tolérance *f.* | Duldung *f.*, Nachsicht *f.*; Abweichung *f.*, Toleranz *f.*
tonne *f.* = 1000 kilos = 20 quintaux | Tonne *f.*
torche *f.* | Fackel *f.*
toron *m.* | Litze *f.*
toronnage *m.* | Verlitzung *f.*
toronner | verlitzen.
toronneuse | Verlitzmaschine *f.*
torsade *f.* | Verschlingen *n.*, Würgen *n.*, Würgverbindung *f.*
torser | würgen.
torsion *f.* | Drehung *f.* | Verschlingung *f.*, Torsion *f.*; à (de) — | Torsions-.
touche *f.* | Taste *f.*; — d'appel | Wecktaste.
tour *m.* | Drehung *f.*, Drehbank *f.*, Umlauf *m.*, Windung *f.*, Spiel *n.*, Tour *f.*; — de piston | Kolbenspiel *n.*; — à revolver | Revolverdrehbank *f.*
tourbillon *m.* | Wirbelsturm *m.*; — magnétique | magnetischer Wirbel.
tourillon *m.* | Bolzen *m.*, Dreh-, Kurbel-zapfen *m.*; de — | Zapfen-.
tourmaline *f.* | Turmalin *m.*
tournant -e | drehend; Dreh-.
tourner | drehen, abdrehen, drechseln; umlaufen, rotieren.
tournesol *m.* | Lackmus *m.*
tourneur *m.* | Dreher *m.*, Drechsler *m.*

tournevis *m.* | Schraubenzieher *m.*
tourniquet *m.*, Drehkreuz *n.*, Tourniquet *n.*, Wirbel *m.*, Leitrolle *f.*
tout venant *m.* | Förderkohle *f.*
trace *f.* | Spur *f.*, Eindruck *m.*, Fährte *f.*
tracé *m.* | Riß *m.*, Strecke *f.*, Linienführung *f.*, Trace *f.*
tracer | aufreißen, ziehen, zeichnen; abstecken, tracieren.
traction *f.* | Zug *m.*, Ziehen *n.*, Fortbewegung *f.*, Trakt *m.*
train *m.* | Zug *m.*, Bahnzug *m.*; Gang *m.*
traîneau *m.* | Schlitten *m.*
traîner | ziehen, schleppen.
trait *m.* | Zug *m.*, Strich *m.*; — de plume | Federstrich.
traite *f.* | Handel *m.*; Tratte *f.*
traité *m.* | Abhandlung *f.*, Traktat *n.*; Vergleich *m.*, Vertrag *m.*
traiter | abhandeln, erörtern, behandeln.
tramway *m.*, tram *m.* | Straßenbahn *f.*
tranchant *m.* | Schneide *f.*, Schärfe *f.*
tranchant -e | scharf, schneidend.
tranche *f.* | Setz-meißel *m.*, -eisen *n.*; Schnitte *f.*, Scheibe *f.*
tranchée *f.* | Einschnitt *m.*, (Lauf-) Graben *m.*
trancher | schneiden, schroten.
transbordement *m.* | Aus-, Umladung *f.*
transborder | aus-, um-laden.
transformateur *m.*, appareil d'induction dynamoélectrique pour transformer le courant primaire en courant secondaire de tension différente | Umformer *m.*, Transformator; — abaisseur, — réducteur; dévolteur *m.* | Abwärtstransformator; — augmentateur, — élevateur; survolteur | Aufwärtstransformator; — compensateur | Ausgleichtransformator; — compound | Verbundtransformator; — à courant alternatif | Wechselstromumformer; — à courant triphasé | Drehstromtransformator; — d'essai | Prüftransformator; — régulateur, — de réglage | Reguliertransformator; — en série | Reihentransformator; — à (bain d')huile | Öltransformator; — de mesure | Meßtransformator; — d'intensité | Stromtransformator; — de phase | Phasentransformator; — de tension | Spannungstransformator.
transformation *f.* | Umformung *f.*, Transformierung *f.*
transformer | umformen, transformieren.
translateur *m.* | Über-trager *m.*, -setzer *m.*
translation *f.* | Übertragung *f.*; de — | Übertragungs-.
transmetteur *m.* | Sender *m.*, Sendevorrichtung *f.*
transmettre | über-senden, -tragen.
transmission *f.* | Übertragung *f.*, Transmission *f.*
transparent *m.* | Blende *f.*, Linienblatt *n.*, Transparent *n.*
transparent -e | durch-sichtig, -scheinend.
transport *m.* | Beförderung *f.*, Übertragung *f.*, Transport *m.*
transporter | befördern, übertragen, transportieren.
transporteur *m.* | Frachtführer *m.*, Transporteur *m.*

transversal -e | Quer-.
trappe *f.* | Klappe *f.*, Falltür *f.*, Schiebefenster *n.*
travail *m.* | Arbeit *f.*, Leistung *f.*, Beanspruchung *f.*; — total | Gesamtleistung *f.*; — utile | Nutzeffekt *m.*
traverse *f.* | Quer-balken *m.*, -schwelle *f.*
traversée *f.* | Kreuzung *f.*
traverser | überschreiten, kreuzen.
tréfiler | strecken, Draht ziehen.
treillis *m.* | Fach-, Gitter-werk *n.*
trembler | zittern.
trembleur *m.* (trembleuse *f.*) | Alarmglocke *f.*
trempe *f.* | Härtung *f.*
tremper | tauchen, härten, stählen.
trépan *m.* | Beitel *m.*, Bohrmeißel *m.*
tresse *f.* | Zopf *m.*, Flechte *f.*
tressage *m.* | Um-flechten *n.*, -klöppeln *n.*
tresser | um-klöppeln, -winden.
tresseuse *f.* | Umklöppelmaschine *f.*
treuil *m.* | Haspel *f.*, Winde *f.*
triangle *m.* | Dreieck *n.*
triangulaire | dreieckig.
tricycle *m.* | Dreirad *n.*
tringle *f.* | Stange *f.*, Latte *f.*, Leiste *f.*
triphasé -e | dreiphasig, Dreh-.
triple | dreifach.
tripoli *m.* | Trip(p)el *m.*
tronçon | Stumpf *m.*, Stummel *m.*; Teilstrecke *f.*
trou *m.* | Loch *n.*; à —(s) | Loch-; — d'homme | Mannloch.
tube *m.* | Rohr *n.*, Röhre *f.*, Schlauch *m.*; — en ciment | Zementrohr; — d'échappement | Auspuffrohr: — de graissage | Schmier-, Ölrohr; — isolant | Isolierrohr; — de terre | Erdrohr.
tubulaire | röhrenförmig, Röhren-.
tungstène *m.* | Wolfram *n.*
tunnel *m.* | Tunnel *m.*, Schacht *m.*
turbine *f.* | Turbine *f.*, Kreiselrad *n.*; — à une chute, — à un étage | einstufige Turbine; — à plusieurs chutes, — à plusieurs étages | mehrstufige Turbine; — étagée | Stufenturbine; — à injection partielle | Partialturbine; Turbine mit partieller Beaufschlagung; — à pleine injection | Vollturbine, Turbine mit voller Beaufschlagung; — à injection mixte | Turbine mit gemischter Beaufschlagung; — à basse pression | Niederdruckturbine; — à haute pression | Hochdruckturbine; — à moyenne pression | Mitteldruckturbine; — à eau, — hydraulique | Wasserturbine; — à gaz | Gasturbine; — à explosion | Explosionsturbine; — à vapeur | Dampfturbine.
turbodynamo *f.* | Turbodynamo *f.*
turbogénératrice *f.* | Turbogenerator *m.*
tuyau *m.* | Rohr *n.*, Röhre *f.*, Leitung *f.*; — alimentaire, — d'alimentation | Speiserohr; — d'arrivée, — d'entrée | Einlaßrohr; — d'aspiration | Saugrohr; — de chemise | Mantelrohr; — de distribution | Verteilungsrohr; — d'échappement | Auspuffrohr; — d'écoulement, — de sortie | Ablaßrohr; — flambeur | Flammrohr; — de jonction | Verbindungsrohr; — de purge, — purgeur | Entwässerungsrohr; — de refoulement | Steigrohr; — de trop plein | Überlaufrohr.

tuyautage *m.* | Röhrenwerk *n.*, Rohrleitung *f.*
tuyauterie *f.* | Röhren-werk *n.*, -handel *m.*
tuyère *f.* | Düse *f.*, Rohrmündung *f.*
type *m.* | Muster *n.*, Vor-, Ur-bild *n.*, Art *f.*, Modell *n.*, Typus *m.*

U.

U; fer *m.* en — | U-Eisen *n.*
uniforme | ein-, gleich-förmig, uniform.
unipolaire | einpolig, unipolar.
unipolarité *f.* | Einpoligkeit *f.*, Unipolarität *f.*
unité *f.* | Einheit *f.*; — de chaleur | Wärmeeinheit; — de courant | Stromeinheit; — électrique | elektrische Einheit; — de force | Krafteinheit; — de mesure | Maßeinheit; — pratique | (allgemein) übliche Einheit; — de travail | Arbeitseinheit.
universel -le, -ment | allgemein, gesamt, universell; All-, Gesamt-, Universal-.
urgence *f.* | Dringlichkeit *f.*; d'— | dringlich.
user | abnutzen, verbrauchen; — de | benutzen, gebrauchen.
usine *f.* | Hütte *f.*, Hüttenwerk *n.*, Fabrik *f.*; — centrale, — électrique | Kraftwerk; — à gaz | Gasanstalt *f.*
usure *f.* | Abnutzung *f.*, Verschleiß *m.*
utile | nützlich, nutzbringend; Nutz-.

V.

vacuomètre *m.* | Vakuummesser *m.*
vague | unbestimmt, unklar, schwankend, vag.
vaisseau *m.* | Gefäß *n.*, Geschirr *n.*, Schiff *n.*
valeur *f.* | Wert *m.*, Valuta *f.*; — à | Ziel *n.*; — au comptant | bar, gegen Barzahlung.
valve *f.* | Klappe *f.*, Ventil *n.*
vanne *f.* | Schieber *m.*, Schütze *m.*, Wehr *n.*, Stauventil *n.*
vapeur *f.* | Dampf *m.*; — d'admission, — vive | Frisch-, Admissions-dampf; — d'échappement | Auspuffdampf; — épuisée | Abdampf; — humide | Naßdampf; — saturée | gesättigter Dampf; — sèche | trockener Dampf; — surchauffée | überhitzter Dampf, Heißdampf.
vaporisation *f.* | Verdampfung *f.*, Verdunstung *f.*
vaporiser | verdampfen, verdunsten.
variable | wandelbar, veränderlich, schwankend.
variation *f.* | Änderung *f.*, Schwankung *f.*; — de courant, — d'intensité | Stromänderung.
vase *m.* | Gefäß *n.*; — *f.* | Schlamm *m.*
va et vient | freihängend, Hin und Her-.
vélocipède *m.* | Fahrrad *n.*, Velociped *n.*
ventilateur *m.* | Lüfter *m.*, Ventilator *m.*; — aspirant | Exhaustor *m.*
ventilation *f.* | Lüftung *f.*, Ventilation *f.*
ventiler | lüften, ventilieren.
vérificateur *m.* | Aufseher *m.*, Prüfer *m.*, Kontrolleur *m.*
vérifier | prüfen, untersuchen, nachsehen.

vermillon *m.* | Zinnober *m.*
vernis *m.* | Firnis *m.*; — gras | Ölfirnis; — à l'huile | Leinölfirnis.
verre *m.* | Glas *n.*; — à lampe | Zylinder *m.*; — opale | Milchglas; — trempé | Hartglas.
verrou *m.* | Riegel *m.*
verrouiller | riegeln, verriegeln.
vertical -e, -ment | senk-, lot-recht, vertikal.
vestibule *m.* | Vor-raum *m.*, -saal *m.*, -zimmer *n.*, -halle *f.*, Vestibül *n.*
vibration *f.* | Schwingung *f.*, Vibration *f.*
vibrer | schwingen, beben, vibrieren.
vicinal -e | benachbart, Nachbar-.
vidange *f.* | Aus-, Ent-leeren *n.*; de — | Abfluß-.
vide *m.* | Leere *f.*, Lücke *f.*
vide | leer, inhaltlos; à — | Leer-.
vider | leeren.
vif, vive | lebendig, lebhaft.
vilebrequin *m.* | Brust-leier *f.*, -bohrer *m.*, Drehwinde *f.*; — équilibré | Kurbel *f.* mit Gegengewicht.
virement *m.* | Über-weisung *f.*, -tragung *f.*, Umbuchung *f.*
virer | über-weisen, -tragen, umbuchen.
virole *f.* | Zwinge *f.*, Reif *m.*
virtuel -le, -ment | wirkungsfähig, effektiv.
vis *f.* | Schraube *f.*; — sans fin | Schraube ohne Ende, Schnecke *f.*; — de mise au point, — de rappel, — de réglage, — régulatrice | Stell-, Regulier-schraube; — de tension | Spannschraube.
visite *f.* | Untersuchung *f.*, Besichtigung *f.*, Besuch *m.*; faire — | besuchen.
visser | schrauben, verschrauben.
vitesse *f.* | Schnelligkeit *f.*, Geschwindigkeit *f.*; à grande — | als Eilgut *n.*; à petite — | als Frachtgut *n.*; — angulaire | Winkel-, Touren-geschwindigkeit; — finale | Endgeschwindigkeit; — initiale | Anfangsgeschwindigkeit; — maximum | Maximalgeschwindigkeit; — normale | Normalgeschwindigkeit.
vitrier *m.* | Glaser *m.*
voie *f.* | Bahn *f.*, Straße *f.*, Weg *m.*; — ferrée | Eisenbahn *f.*; — publique | Landstraße *f.*
volant *m.* | Schwungrad *n.*
volant -e | fliegend, flüchtig, lose, beweglich.
volatisation *f.* | Verflüchtigung *f.*
volet *m.* | Klappe *f.*; de (à) — | Klappen-.
volume *m.* | Umfang *m.*, Masse *f.*, Volumen *n.*
volt *m.*, unité pratique de mesure pour la tension du courant électrique | Volt *n.*, gek. V.
Volta (Alessandro), né à Como 1745, mort à Pavie 1825, physicien italien, inventeur de la pile à colonnes. | Volta.
voltage *m.* | Stromspannung *f.*
voltaïque | Volt-.
voltampère *m.* (watt *m.*) | Voltampere *n.*, gek. V.A. (Watt *n.*).
voltamètre *m.* | Voltameter *n.*, Volt-, Spannungs-messer.
voûte *f.* | Wölbung *f.*, Gewölbe *n.*
vrille *f.* | Nagel-, Zwick-bohrer.
vriller | bohren.
vue *f.* | Gesicht *n.*, Sehkraft *f.*, Aus-Fern-sicht *f.*; de — | von Ansehen.
vulcaniser | vulkanisieren.

W.

wagon *m.* | Eisenbahnwagen *m.*, Waggon *m.*; — citerne | Kesselwagen; — poste | Postwagen; — réservoir | Bassinwagen.

Watt (James), né à Greenock 1736, mort à Heathfield 1819, inventeur de la machine à vapeur. | Watt.

watt *m.* (voltampère *m.*) unité pratique de mesure pour l'énergie électrique; 1 watt = 1 volt × 1 ampère | Watt *n.*, gek. W. (Voltampere *n.*); — apparent | scheinbares Watt; — efficace | wirkliches Watt.

wattheure *f.* | Wattstunde *f.*

wattheuremètre *m.* | Wattstundenzähler *m.*

wattheuremètre enregistreur | registrierender Wattstundenzähler *m.*

wattmètre *m.* | Wattmeter *n.*

Z.

zéro *m.* | Null *f.*, Nullpunkt *m.*

zinc *m.* | Zink *n.*; — laminé | Zinkblech *n.*

zincage *m.* | Verzinkung *f.*

zinquer | verzinken.

zone *f.* | Erdgürtel *m.*, Zone *f.*

Verhandlungen
über Errichtung einer elektrischen Kraftanlage
in Briefform

Nach den Originalurkunden

1.

Der Bauherr teilt dem beratenden Ingenieur mit, daß er eine elektrische Zentrale gründen will und bittet ihn, die Bauleitung zu übernehmen.

Karl Jähnig.
Mahlmühle mit Wasser- und Dampfbetrieb.
Breitenbach a. d. Schwarza.

Breitenbach, den 2. März 19 . .

Herrn Paul Köhn, Leipzig.

Nachdem mir vom Gemeinderat zu Katzhütte der Auftrag geworden ist, diese Ortschaft mit elektrischer Beleuchtung zu versorgen, habe ich mich entschlossen, in Breitenbach an der Schwarza eine Stromerzeugungsanlage zu errichten und die Wasserkraft dieses Flüßchens zur Versorgung des ganzen Bezirks mit elektrischer Energie für Beleuchtungs- und Kraftzwecke nutzbar zu machen.

In der Erwartung, daß Sie mir bei Aufstellung des Entwurfes und bei Ausführung der Arbeiten mit Rat und Tat beistehen werden, erlaube ich mir, Ihnen mit kurzen Worten darzulegen, was ich beabsichtige.

Die Leistung der Schwarza ist sehr veränderlich. Bei niedrigem Wasserstande beträgt die Wasserkraft etwa 50 Pferdestärken; bei hohem steigt sie bis zu 120; bei mittlerem Wasserstande, ungefähr 3 Monate im Jahre, beträgt sie 60 bis 70 Pferdestärken.

Nach Fertigstellung der Stromleitung von Breitenbach nach Katzhütte rechne ich auf einen Strombedarf von 80 bis 90 Pferdestärken; daraus ergibt sich, daß die fehlende Wasserkraft durch Aufstellung eines Gasmotors oder einer Dampfmaschine ergänzt werden muß. Gegenwärtig benutze ich zu diesem Zwecke eine 30pferdige Dampfmaschine; aber sie ist alt und verbraucht zuviel Kohlen. Um Brennmaterial, das hier sehr teuer ist, zu sparen, müßte ich sie durch eine neue von verbesserter Bauart ersetzen. Wahrscheinlich wird es aber richtiger sein, an ihrer Stelle einen Sauggasmotor als Triebkraft zu verwenden; wie man mir sagt, sollen diese Apparate sehr sparsam arbeiten.

1.

Le patron informe l'ingénieur conseil de son intention de créer une usine génératrice électrique et le prie d'en diriger la construction.

Paul Jacquard.
Usine hydraulique et à vapeur.
Chéry sur Serre.

Chéry, le 2 mars 19 . .

Monsieur Léon Bertrand, Grenoble.

Ayant été nommé, par le conseil municipal de Rozoy, concessionnaire de l'éclairage électrique de cette localité, j'ai l'intention de créer, à Chéry sur Serre, une station centrale et d'utiliser la force hydraulique de cette petite rivière pour alimenter ce secteur d'énergie électrique comme éclairage et force motrice.

Dans l'attente que vous voudrez bien me guider dans l'étude du projet et vous charger de la direction des travaux, je vais en quelques mots vous mettre au courant de mes idées.

Le débit de la Serre est très variable. Par les basses eaux, la force hydraulique est de 50 chevaux à peu près; par les hautes eaux, elle monte jusqu'à 120 chevaux; par débit moyen, c'est à dire pendant 3 mois de l'année, elle est de 60 à 70 chevaux.

Je prévois, après l'achèvement de la canalisation électrique de Chéry à Rozoy, une consommation de 80 à 90 chevaux; c'est vous dire que je devrai suppléer au défaut de la force hydraulique par l'installation d'un moteur à gaz ou à vapeur. Actuellement je me sers à cet effet d'une machine à vapeur de 30 chevaux, mais elle est vieille et use trop de charbons. Pour économiser le combustible, qui coûte très cher ici, je devrais la remplacer par une neuve, de système perfectionné. Je ferai mieux, sans doute, de mettre à sa place un moteur à gaz pauvre comme force motrice; on m'assure que ces appareils sont très économiques.

Katzhütte zählt 1400 Einwohner, Breitenbach hat 400. Die Entfernung zwischen beiden Ortschaften beträgt $2^1/_2$ Kilometer. Ich rechne zunächst mit einem Stromverbrauch von 500 bis 600 sechzehnkerziger Glühlampen und 50 Motorpferdestärken. Die Freileitung wird etwas über 2 Kilometer Länge haben.

Mir liegt daran, eine tadellose Anlage mit möglichst geringem Kostenaufwand herzustellen. Teilen Sie mir bitte mit, ob Sie bereit sein würden, mir bei der Ausarbeitung des Entwurfes, der Herstellung der Pläne, der Errichtung der Fernleitung, der Abfassung der Ausschreibungen, der Vergebung und Überwachung der Arbeiten, der Abnahme der Maschinen und der Prüfung der Rechnungen beratend beizustehen.

Welche Stromart wählt man am besten? Gewisse Firmen preisen Gleichstrom, andere einphasigen Wechselstrom, noch andere Drehstrom an. Ich selbst kann keine Wahl treffen, da meine Kenntnisse in der Elektrotechnik dazu nicht genügen.

Auf weitere Einzelheiten möchte ich heute nicht eingehen; einer Prüfung an Ort und Stelle muß es vorbehalten bleiben, gemeinschaftlich festzustellen, wie man am besten zu Werke geht.

Die ganze Anlage soll Ende Juli d. J. betriebsfertig sein; die Stromlieferung für die Straßenbeleuchtung und die Abnehmer in Katzhütte soll am 15. August beginnen. Ich erbitte mir deshalb Ihre wie ich hoffe, zustimmende Antwort sobald als möglich und ersuche Sie, mir gleichzeitig Ihre Honoraransprüche mitzuteilen.

Hochachtungsvoll

Karl Jähnig.

2.

Der beratende Ingenieur erklärt sich bereit, die Bauleitung zu übernehmen und stellt seine Bedingungen.

Paul Köhn.
Beratender Ingenieur für Maschinen- und Elektrotechnik.
Leipzig, Weststraße 68.
Fernsprecher No. 10 179.

Leipzig, den 3. März 19 . .

Herrn Karl Jähnig, Breitenbach.

Ich besitze Ihr gestriges Schreiben und ich danke Ihnen für das Vertrauen, das Sie mir entgegenbringen.

Rozoy possède 1400 habitants, Chéry en a 400. La distance entre les deux localités est de $2^1/_2$ kilomètres. Je compte sur une consommation immédiate de 500 à 600 lampes à incandescence de 16 bougies et de 50 chevaux de force motrice. La ligne aérienne aura un peu plus de 2 kilomètres de long.

Je voudrais réaliser une installation parfaite avec le minimum de dépenses possible. Veuillez me dire, s'il vous plaît, si vous êtes disposé à m'aider de vos conseils pour l'étude du projet, la confection des plans, la pose de la ligne aérienne, la rédaction des cahiers de charges, la mise en soumission et la surveillance des travaux, la réception des machines et la vérification des comptes.

Quel sera le meilleur genre de courant à adopter? Certaines maisons préconisent le courant continu, d'autres le courant alternatif monophasé, d'autres le courant triphasé. Je ne saurais moi même arrêter le choix, mes connaissances en matière d'électricité ne suffisant pas.

Sans entrer, pour le moment, dans de plus amples détails, je crois qu'il sera bon de faire une étude sur place, afin d'arrêter en commun la meilleure façon dont il conviendra de procéder.

L'installation doit être complètement achevée fin juillet prochain; l'alimentation municipale et celle des abonnés de Rozoy doit commencer le 15 août prochain. J'attends donc, au plus tôt, votre réponse qui sera affirmative, je l'espère bien. Veuillez me dire, par la même occasion, quelles seront vos conditions.

Agréez, Monsieur, l'assurance de mes sentiments distingués.

Paul Jacquard.

2.

L'ingénieur conseil promet de se charger de la direction des travaux et fait connaître ses conditions.

Léon Bertrand.
Ingénieur conseil pour installations électriques, industrielles et techniques.
Grenoble, 16, place Grenette, 16.

Grenoble, le 3 mars 19 . .

Monsieur Paul Jacquard, Chéry.

Je possède votre lettre d'hier et je vous remercie de la confiance que vous voulez bien me témoigner.

Um mir ein klares Bild von dem Umfange der von Ihnen geplanten Anlage machen zu können, halte ich eine eingehende Besichtigung an Ort und Stelle allerdings für unbedingt erforderlich. Wir kommen dabei über viele Punkte ins reine, die reiflich erwogen sein wollen, bevor ich Ihnen Ratschläge erteilen kann.

Haben Sie die Herstellung des Ortsleitungsnetzes und die Hauseinrichtungen im Ort Katzhütte mit übernommen, oder haben Sie nur für Zuleitung des Stromes bis zum Transformatorenhaus dieser Gemeinde zu sorgen und demnach nicht nötig, sich um Straßen- und Hausbeleuchtung zu kümmern?

Soll ich mich um alle Arbeiten, die auszuführen sind, also auch um die Wasserbauten kümmern, oder nur um die elektrischen Anlagen?

Kann man damit rechnen, das Schwarzawasser tagsüber anzusammeln, um die Wasserzufuhr für die Zeit des Lichtbedarfs zu erhöhen?

Je nach der Aufgabe, die Sie mir stellen, und der Arbeitsleistung, die Sie von mir erwarten, wird mein Honorar 3 bis 5 Prozent betragen für: Herstellung des Vorentwurfs, Schätzung der Baukosten, Ausarbeitung der Pläne und Anschläge, Berichterstattung über die eingelaufenen Angebote, Abfassung der Bestellbriefe, Überwachung der Arbeiten, Prüfung der Abrechnung und Abnahme der Maschinen und Leitungen. Der Prozentsatz ändert sich je nach der Höhe der Bausumme. Es tut mir leid, Ihnen genauere Bedingungen nicht angeben zu können, bevor ich nicht an Ort und Stelle gesehen habe, was zu tun ist.

Sollten Sie geneigt sein, auf Grundlage der obigen Angaben zu verhandeln, so richte ich mich so ein, daß ich in kurzem nach Breitenbach kommen kann. Wenn das Elektrizitätswerk am 15. August d. J. in Betrieb kommen soll, so ist es dringend nötig, sofort die im Flußbett auszuführenden Arbeiten in Angriff zu nehmen und den Bau des Maschinenhauses in die Wege zu leiten.

Hochachtungsvoll

Paul Köhn.

Pour bien me rendre compte de l'importance de l'entreprise que vous avez en vue, je crois en effet qu'une étude minutieuse sur les lieux mêmes sera indispensable, pour tirer au clair beaucoup de détails qu'il faudra peser mûrement, avant que je puisse vous donner mon avis.

Etes-vous chargé du réseau de distribution et des installations des abonnés dans la localité de Rozoy, ou devez-vous vous occuper de la seule canalisation aérienne, jusqu'au poste abaisseur de cette commune, sans avoir à vous mêler de l'éclairage municipal et des installations particulières?

Dois-je m'occuper de tous les travaux — hydrauliques et électriques — que vous aurez à faire faire ou des derniers seulement?

Peut-on songer à accumuler l'eau de la Serre pendant le jour, pour en augmenter le débit au moment de l'éclairage?

Selon le programme que vous me poserez et la nature du travail que vous me demanderez, mes honoraires seront de 3 à 5 pour cent pour: l'étude du projet et le devis estimatif, la confection des plans et cahiers de charges, le rapport sur les propositions reçues, la rédaction des lettres de commande, la surveillance des travaux, la vérification des comptes et la réception des machines et de la canalisation. Le pourcentage varie, suivant l'importance des frais de construction. Je regrette de ne pouvoir préciser davantage mes conditions, avant d'avoir examiné sur place ce que j'aurai à faire.

Si vous êtes disposé à traiter l'affaire sur cette base, je m'arrangerai pour aller à Chéry dans le plus bref délai possible. Pour que la station électrique soit prête à fonctionner le 15 août prochain, il est de toute urgence de commencer, sans tarder, les travaux à exécuter dans la rivière et de s'occuper de la construction de l'usine.

Recevez, Monsieur, mes salutations empressées.

Léon Bertrand.

3.

Der Bauherr bittet telegraphisch um eine Unterredung an Ort und Stelle.

Blatt № 042

Leitung Nr. 4 k

Telegramm Nr. ....

Aufgenommen von ....

den 4./3. 19....

um 10 Uhr — Min.

durch ....

RXP. *Herrn Ingenieur Köhn,*
Weststrasse 68.
Leipzig.

Telegraphie des Deutschen Reiches.

Leipzig. Telegraphenamt.

Telegramm aus *Breitenbach 15. 10/3 V* 15 W. den / um ...... Uhr ...... Min. ......

Kommt morgen vergüte Reisespesen Jähnig

Abkürzungen für besondere Telegramme. (Vor die Adresse zu setzen.)

D = dringend;
RP = Antwort bezahlt;
RPD = dringende Antwort bezahlt;
TC = Vergleichung;
PC = Telegramm mit telegraphischer Empfangsanzeige;
PCD = Telegramm mit dringender telegraphischer Empfangsanzeige;
PCP = Telegramm mit Empfangsanzeige durch die Post;
FS = nachsenden;
PR = Post eingeschrieben;
XP = Eilbote bezahlt;
RXP = Antwort und Bote bezahlt;
MP = eigenhändig;
TR = telegraphenlagernd;
GP = postlagernd;
GPR = postlagernd eingeschrieben;
TM = Adressen;
CTA = alle Adressen mitteilen.

3.

Le patron demande, par télégraphe, une entrevue sur les lieux.

ADMINISTRATION DES POSTES ET DES TÉLÉGRAPHES.

TÉLÉGRAMME.

La remise est gratuite.
Le facteur doit délivrer un récépissé à souche lorsqu'il est chargé de recouvrer une taxe.

Monsieur Bertrand 16 place Grenette, Grenoble.

Indications de service.

Principales indications conventionnelles.

Exprès *payé*	XP	Accusé de réception	PC
Réponse *payée*.	RP	Remettre en mains propres	MP
Télégramme collationné.	TC	Remettre contre reçu . . .	AR

Dans les télégrammes imprimés en caractères romains par l'appareil télégraphique, le premier nombre qui figure après le nom du lieu d'origine est un numéro d'ordre, le second indique le nombre des mots taxés, les autres désignent la date et l'heure de dépôt.

Dans les télégrammes provenant de pays appartenant au régime extra-européen, le numéro d'ordre peut être omis.

L'État n'est soumis à aucune responsabilité à raison du service de la correspondance privée par la voie télégraphique. (Loi du 29 novembre 1850, art. 6.)

264.

No.

Timbre à date.

GRENOBLE 5E/4 MARS ISÈRE

Pour Grenoble *de* Chéry. *No.* 623 *Mots* 15 *Dépôt le* 4 mars *à* 11 *h.* 10 *M.*

Venez demain télégraphiez rembourserai voyage Jacquard.

4.

Der beratende Ingenieur sagt sein Erscheinen zu.

Telegramm aus Leipzig vom 4. März 4.50 N(achmittag).

Bin morgen vormittag 10 Uhr Bahnhof Breitenbach. Köhn.

5.

Der beratende Ingenieur sendet eine gedrängte Aufstellung der erforderlichen Bauarbeiten und Einrichtungen.

Paul Köhn.
Beratender Ingenieur für Maschinen- und Elektrotechnik.
Leipzig, Weststraße 68.
Fernsprecher No. 10 179.

Leipzig, den 6. März 19 . .

Herrn Karl Jähnig, Breitenbach.

Im Anschluß an unsere gestrige Besprechung beehre ich mich, Ihnen nachstehend eine kurze Zusammenstellung der Bauten und Anlagen zu übersenden, die erforderlich sind, um von Ihrem Elektrizitätswerk in Breitenbach aus die Ortschaft Katzhütte mit elektrischem Strome zu versorgen.

Maurerarbeiten. Die Krone des Schwarzawehres ist um 1 bis 2 Meter zu erhöhen, um die vorhandene Wasserkraft zu steigern.

Der Kanal, der den Turbinen das Wasser zuführt, muß verbreitert werden.

Die Fundamente für den Gasmotor und die Wechselstrommaschine mit Erreger sind in Angriff zu nehmen, sobald ich die Pläne des Maschinenhauses fertig gestellt habe, welche die erforderlichen Angaben enthalten.

Inzwischen ist mit der Zufuhr von Zement und Baumaterial zur Baustelle zu beginnen.

Turbinen. Das Kraftwerk erhält zwei Wasserturbinen und einen Sauggasmotor. Von den Turbinen mit senkrechten Achsen hat die eine 50, die andere 100 Pferdestärken an der Welle. Die Kraftübertragung erfolgt durch konische Zahnräderpaare und Reibungskuppelungen auf eine wagerechte Welle, die außerdem vom Sauggasmotor angetrieben wird und dazu dient, die Wechselstrommaschine und die Erregermaschine in Bewegung zu setzen.

4.

L'ingénieur conseil annonce son arrivée.

Réponse télégraphique de Grenoble; 4 mars 4 H 50 S(soir).
Serai Chéry gare demain dix heures matin Bertrand.

5.

L'ingénieur conseil envoie un exposé sommaire des constructions et installations nécessaires.

Léon Bertrand.
Ingénieur conseil pour installations électriques, industrielles et techniques.
Grenoble, 16, place Grenette, 16.

Grenoble, le 6 mars 19 . .

Monsieur Paul Jacquard, Chéry.

Tout en me référant à notre conférence d'hier, j'ai l'honneur de vous remettre ci après un aperçu rapide concernant les constructions et installations nécessaires pour alimenter la ville de Rozoy d'énergie électrique, depuis votre usine génératrice de Chéry.

Maçonneries. La crête du barrage dans la Serre doit être exhaussée de 1 à 2 mètres, pour augmenter la force motrice hydraulique.

Le canal conduisant les eaux à la chambre des turbines est à élargir.

Les fondations pour le moteur à gaz et l'alternateur avec excitatrice, seront commencées aussitôt que j'aurai fini les plans de l'usine génératrice qui en indiqueront l'emplacement.

En attendant, il faut amener du ciment et des matériaux de construction à pied d'œuvre.

Turbines. L'usine génératrice aura deux turbines hydrauliques et un moteur à gaz pauvre. Les turbines, à axe vertical, auront des puissances respectives de 50 et de 100 chevaux sur leurs arbres. Elles actionneront, par des systèmes d'engrenage coniques munis de débrayage progressif, un arbre horizontal qui reçoit également l'attaque du moteur à gaz pauvre. Cet arbre commandera lui même l'alternateur et son excitatrice.

Sauggasmotor. Der Sauggasmotor hat 60 effektive Pferdestärken; er erhält ebenso wie die Turbinen einen Regler zur Aufrechterhaltung gleichbleibender Geschwindigkeit.

Wechselstrommaschine, Schalttafel. Die Drehstrommaschine erzeugt 3000 Volt Spannung zwischen den Leitungsdrähten. Die Schalttafel wird nur mit den unbedingt erforderlichen Apparaten ausgestattet. Ausschalter, Sicherungen und Blitzschutzvorrichtungen werden auf der Rückseite angebracht. Ein Transformator zur Herabminderung der Spannung dient zunächst für die Beleuchtung des Kraftwerks und der Mühle; später kann er auch für die Beleuchtung von Breitenbach Verwendung finden.

Hochspannungsleitung. Für die oberirdische Starkstromleitung zwischen Breitenbach und Katzhütte ist die Führung so zu wählen, daß Wohnstätten, Verkehrswege und Kreuzungen von Telegraphen- und Telephonlinien möglichst vermieden werden. Die Starkstromleitung soll nur die zur Bahn gehörigen Fernschreib- und Fernsprechdrähte kreuzen und dann etwa 200 Meter oberhalb des Abflußgrabens in vorschriftsmäßiger Anordnung mit dreiseitig geschlossenem Schutznetz über den Bahndamm führen. Von dort ab soll sie dem Schienenwege bis zum Bahnhof Katzhütte folgen und dann die Ortschaft erreichen. Die genaue Leitungsführung können wir natürlich erst feststellen, nachdem wir die Zustimmung derjenigen Grundbesitzer eingeholt haben, deren Flurstücke vom Schienenwege durchschnitten werden. Deshalb muß sofort daran gedacht werden, ihr Einverständnis zu erlangen. Ferner ist die Genehmigung der Verwaltung der Schwarzatalbahn zu erbitten, deren Geleise wir kreuzen. Erst nachdem die Leitungsführung genau feststeht, bin ich imstande, die Zahl der Leitungsmaste zu berechnen, die imprägniert und am Fuße geteert sein müssen; sie werden in Entfernungen von etwa 50 Metern voneinander aufgestellt und an den Eckpunkten verstrebt.

Beim Eintritt in Katzhütte wird die Hochspannung in Niederspannung umgewandelt. Die Transformatorenstation erhält zu diesem Zwecke, außer dem Transformator: auf der Hochspannungsseite 3 Blitzableiter, 1 Schalter und 3 herausnehmbare Sicherungen; auf der Niederspannungsseite 2 Schalter und 6 Sicherungen.

Ortsleitung. An der Transformatorenstation beginnt die Leitungsanlage mit Niederspannung von 110 bis 120 Volt. Die öffentliche Beleuchtung von 50 Glühlampen zu 16 Normalkerzen wird durch eine besondere Leitung gespeist. Die Hausanschlüsse werden sämtlich mit allpoligen Sicherungen ausgestattet.

Die gesamte Ausführung erfolgt nach den Sicherheitsvorschriften

Moteur à gaz pauvre. Le moteur à gaz pauvre sera de la puissance de 60 chevaux effectifs. Ainsi que les turbines, il sera muni d'un régulateur maintenant la vitesse constante.

Alternateur, tableau de distribution. L'alternateur produira du courant à 3000 volts tension entre fils. Le tableau de distribution ne comportera que les appareils indispensables; les interrupteurs, les coupecircuits et les parafoudres seront placés derrière le panneau. Un transformateur abaisseur permettra d'abord de faire l'éclairage de l'usine génératrice et du moulin; par la suite, il pourra être utilisé pour faire celui de Chéry.

Ligne aérienne à haute tension. Pour la ligne de transport d'énergie électrique à haute tension entre Chéry et Rozoy, il faut choisir le trajet de façon à éviter, autant que faire se peut, les habitations, les chemins de communication et les croisements avec les lignes télégraphiques et téléphoniques. La ligne à haute tension ne croisera que le circuit du chemin de fer; elle traversera la voie ferrée dans la disposition réglementaire, avec filet fermé sur 3 côtés, à 200 mètres environ au dessus du déversoir. Ensuite, elle longera la voie ferrée jusqu'à la gare de Rozoy, pour gagner la ville. Nous ne pourrons fixer le tracé définitif de la ligne qu'après avoir obtenu, de la part des propriétaires de parcelles des champs traversés par le chemin de fer, l'autorisation de passer sur leurs propriétés; il convient donc de songer, dès maintenant, à obtenir leur consentement. Il faut également solliciter l'acquièscement de la Compagnie du chemin de fer du Nord dont nous traverserons la voie ferrée. Le tracé exact de la ligne aérienne définitivement adopté, je serai à même de calculer le nombre de poteaux de bois injectés et goudronnés au pied; ils seront distants de 50 mètres environ l'un de l'autre et contrefichés aux angles.

A l'arrivée à Rozoy, la haute tension sera transformée en basse tension. La station réceptrice renfermera le transformateur réducteur et sera munie de 3 parafoudres, de 1 interrupteur et de 3 coupecircuits à fusibles amovibles pour haute tension et de 2 interrupteurs et de 6 coupecircuits pour basse tension.

Canalisations de la ville. De la station d'arrivée partiront les canalisations. Elles seront de basse tension de 110 à 120 volts. Une canalisation spéciale alimentera l'éclairage public comprenant 50 lampes à incandescence de 16 bougies. Les branchements particuliers seront tous munis de coupecircuits omnipolaires.

Tous les travaux devront être exécutés en conformité des prescrip-

des Verbandes deutscher Elektrotechniker; alle Teile müssen den höchsten Anforderungen nach dem heutigen Stande der Technik entsprechen.

Wenn Sie mit meinen Vorschlägen einverstanden sind, so bitte ich um sofortige Benachrichtigung; ich werde dann die Ausschreibungen bearbeiten und an die betreffenden Firmen abgehen lassen.

Hochachtungsvoll

Paul Köhn.

6.

Der Bauherr erklärt sich mit den erhaltenen Vorschlägen grundsätzlich einverstanden; er meldet seinen Besuch an.

Karl Jähnig.
Mahlmühle mit Wasser- und Dampfbetrieb.
Breitenbach a. d. Schwarza.

Breitenbach, den 7. März 19 . .

Herrn Paul Köhn, Leipzig.

In umgehender Erledigung Ihres gestrigen Schreibens danke ich verbindlich für die große Sorgfalt, mit der Sie alles Wesentliche, worauf es bei Errichtung meiner elektrischen Licht- und Kraftanlage ankommt, zusammengestellt haben.

Im Grunde bin ich mit den Bauten, Maschinen und Apparaten, die Sie vorschlagen, völlig einverstanden. Insbesondere scheint mir auch die Führung der Starkstromleitung sehr gut gelöst. Indessen möchte ich mich nicht entscheiden, bevor ich mit Ihnen über gewisse Einzelheiten, die mich sehr beschäftigen, ausführlich gesprochen habe. Zu diesem Zwecke beabsichtige ich, am Donnerstag den 9. dieses Monats um 1 Uhr nachmittag in Ihren Geschäftsräumen vorzusprechen. Wenn Sie zu dieser Zeit nicht zu sprechen sind, so haben Sie wohl die Güte, mir das telephonisch mitzuteilen; Ihr Schweigen betrachte ich als Zeichen dafür, daß ich Ihnen zu der angegebenen Zeit meine Aufwartung machen darf. Alles Weitere können wir dann mündlich vereinbaren.

Hochachtungsvoll

Karl Jähnig.

tions ministérielles du 5 septembre 1898; le matériel employé doit répondre à toutes les règles de l'art.

Si mes propositions vous agréent, veuillez m'en prévenir au retour du courrier; je me mettrai alors à la rédaction des cahiers de charges et les expédierai aux maisons intéressées.

Veuillez agréer, Monsieur, mes bien empressées salutations.

Léon Bertrand.

6.

Le patron approuve en principe les propositions reçues; il annonce sa visite.

Paul Jacquard.
Usine hydraulique et à vapeur.
Chéry sur Serre.

Chéry, le 7 mars 19 . .

Monsieur Léon Bertrand, Grenoble.

Je m'empresse de vous remercier bien sincèrement des soins intelligents dont vous avez bien voulu résumer tout ce qui importe à l'installation de ma station électrique centrale d'éclairage et de transport de force.

En principe, je suis parfaitement de votre avis relatif aux constructions, machines et appareils que vous me proposez. Je trouve surtout bien choisi le tracé adopté pour la ligne aérienne à haute tension. Avant de me décider, je tiendrais toutefois à vous consulter sur quelques détails qui m'occupent beaucoup. A cet effet, j'ai l'intention de me présenter à votre bureau, le jeudi 9 courant, à 1 heure de relevée. Si vous n'êtes pas libre à l'heure dite, veuillez être assez bon de m'en informer par téléphone; votre silence m'indiquera que vous me ferez l'honneur de me recevoir.

En attendant le plaisir de vous entretenir de vive voix, je vous prie d'agréer, Monsieur, mes civilités empressées.

Paul Jacquard.

7.

Der Bauherr bestätigt die mündlich vereinbarten Honorarbedingungen.

Karl Jähnig.
Mahlmühle mit Wasser- und Dampfbetrieb.
Breitenbach a. d. Schwarza.

Breitenbach, den 10. März 19 . .

Herrn Paul Köhn, Leipzig.

Ich beehre mich, die gestern mündlich getroffenen Vereinbarungen wie folgt zu bestätigen: Sie übernehmen die Ausarbeitung der für Errichtung meines Kraftwerks erforderlichen Unterlagen, die Herstellung der Kostenanschläge, die Durchsicht der Anerbieten und die Prüfung der Angebote, die Anfertigung der Bestellschreiben und der dazu gehörigen Zeichnungen, die Überwachung der Arbeiten und der Abnahmeversuche, die Prüfung der Rechnungen und die Durchsicht der Anschlußbedingungen gegen eine Vergütung in Höhe von 4% (vier Prozent) der Bausumme. Für die Baukosten kommen alle Arbeiten und Lieferungen vom Umbau des Wehres bis zur Fertigstellung der Hausanschlüsse in Betracht.

Die Ihnen durch Vervielfältigung der Zeichnungen und Schriftstücke sowie durch den Brief-, Telephon- und Depeschenverkehr entstehenden Auslagen stellen Sie mir besonders in Rechnung. Für Reisen, die Sie in meinem Auftrage unternehmen, vergüte ich Ihnen täglich M. 25.— (fünfundzwanzig Mark) und Ihre Auslagen für Bahnbenutzung und Wagenfahrten.

Genehmigungsgesuche. Sie haben die Güte, mir recht bald einen Entwurf zu den Gesuchen einzuschicken, die ich an die verschiedenen Aufsichtsbehörden zu richten habe, um die erforderliche Genehmigung zur Ausführung von Starkstromleitungen zu erlangen, zu deren Führung Staatsstraßen benutzt werden oder welche sich in der Nähe von Eisenbahnen und von Postleitungen befinden.

Kostenvoranschlag. Ich verstehe sehr wohl, daß Sie lieber den Eingang der Kostenanschläge der Bewerber abwarten möchten, bevor Sie mir eine Aufstellung der Baukosten schicken. Trotzdem wiederhole ich meine Bitte, mir sobald als möglich eine für Sie völlig unverbindliche Schätzung derjenigen Beträge zugehen zu lassen, die Sie für Anschaffung der Maschinen und Apparate sowie für Herstellung der Fernleitung erforderlich halten, damit ich imstande bin zu überschlagen, wieviel Kapital ich brauche, um meinen Verpflichtungen nachzukommen.

Ich danke im voraus für die Mühe, die Sie haben und zeichne hochachtungsvoll

Karl Jähnig.

7.

Le patron confirme les conventions verbales relatives aux honoraires.

Paul Jacquard.
Usine hydraulique et à vapeur.
Chéry sur Serre.

Chéry, le 10 mars 19 . .

Monsieur Léon Bertrand, Grenoble.

J'ai l'honneur de vous confirmer nos conventions verbales passées hier. Vous voudrez bien vous charger de la rédaction des pièces nécessaires pour l'établissement de mon usine génératrice, de la confection des cahiers de charges, de l'examen des propositions et de la vérification des devis, de la rédaction des lettres de commande et des plans qui en font partie, de la surveillance des travaux et des essais de réception, de l'apurement des comptes et de la revision des conditions d'abonnement, moyennant une rétribution de 4 % (quatre pour cent) du montant total des frais de construction. Ces frais comprennent tous les travaux et fournitures, depuis la réédification du barrage jusqu'à l'achèvement des installations intérieures.

Vous me débiterez de vos déboursés pour la reproduction des plans et écrits et des frais de correspondance par lettres, télégraphe et téléphone. En cas de voyages entrepris dans mon intérêt, je vous servirai une indemnité quotidienne de Fr. 30 (trente francs) et vous restituerai vos débours pour chemins de fer et voitures.

Demandes d'autorisations. Vous me ferez parvenir, au plus tôt, le libellé des pièces que je dois adresser aux différents services de surveillance, afin d'obtenir l'autorisation requise pour l'établissement de lignes d'énergie électrique à haute tension dont les conducteurs doivent emprunter la voie publique ou être établis dans le voisinage de voies ferrées, de lignes télégraphiques ou téléphoniques.

Devis estimatif. Je conçois fort bien que vous préfériez attendre les devis des soumissionnaires, avant de m'envoyer l'énumération des frais de construction. Je vous réitère toutefois ma prière de m'adresser, au plus tôt, un devis estimatif et non obligatoire des sommes que vous présumez nécessaires pour l'installation des machines et appareils et pour l'établissement de la ligne aérienne, afin de me mettre à même de supputer les fonds dont j'aurai besoin pour faire face à mes engagements.

Je vous remercie bien par avance de la peine que vous prenez et vous prie d'agréer, Monsieur, mes civilités empressées.

Paul Jacquard.

8.

Der beratende Ingenieur erteilt Auskunft über die zu beachtenden Formen und schickt die Gesuchsentwürfe.

Paul Köhn.
Beratender Ingenieur für Maschinen- und Elektrotechnik.
Leipzig, Weststraße 68.
Fernsprecher No. 10179.

Leipzig, den 15. März 19 . .

Herrn Karl Jähnig, Breitenbach.

Wegen Erstattung eines Gutachtens war ich einige Tage abwesend; ich finde deshalb erst heute Zeit, Ihr Schreiben vom 10. dieses Monats zu beantworten.

Honorar. Über die Höhe desselben herrscht Einverständnis. Es ist selbstverständlich, daß die Vergütung von 4 % nach erfolgter Abrechnung der Bauarbeiten fällig ist, also keinerlei Mitarbeit meinerseits für die weitere Entwicklung des Betriebes in sich schließt, die Sie nach der Inbetriebnahme möglicherweise für wünschenswert erachten.

Bezüglich der Auszahlung hatten wir vereinbart, daß sie auf dreimal erfolgen sollte und zwar:

das erste Drittel nach Ausgang der Bestellbriefe;

das zweite Drittel nach Inbetriebsetzung der Anlage;

das letzte Drittel nach Erledigung aller mir obliegenden Arbeiten.

Genehmigungsgesuche. Vor Errichtung der Fernleitung sind einzuholen:

1. die Genehmigung der Königl. Preußischen Eisenbahndirektion Erfurt, deren Geleise Ihre Leitung zwischen Breitenbach und Katzhütte überschreitet;

2. die Genehmigung der zuständigen Straßenbauverwaltung, wegen Benutzung und Kreuzung einer Staatsstraße im Fürstentum Schwarzburg-Rudolstadt;

3. die Genehmigung der Kaiserl. Oberpostdirektion Erfurt, welche die Starkstromleitungen des Regierungsbezirkes in bezug auf die Sicherung der Postleitungen zu prüfen hat.

Bahnbehörde. Zunächst haben Sie der Eisenbahndirektion schriftlich anzuzeigen, daß die Geleise zwischen den Kilometersteinen 11,7 und 11,8 mit einer Hochspannungsleitung von 3000 Volt Spannung gekreuzt werden sollen und eine Abzeichnung dieses Streckenplanes zu erbitten. Diese Skizze wird Ihnen gegen Erstattung der Kosten zu-

8.

L'ingénieur conseil énumère les formalités à accomplir; il envoie les libellés aux demandes d'autorisation.

Léon Bertrand.
Ingénieur conseil pour installations électriques, industrielles et techniques.
Grenoble, 16, place Grenette, 16.

Grenoble, le 15 mars 19 . .

Monsieur Paul Jacquard, Chéry.

J'ai dû m'absenter quelques jours pour une expertise; ce n'est qu'aujourd'hui que je trouve un moment de loisir pour répondre à votre lettre du 10 courant.

Honoraires. Nous sommes d'accord sur le taux de mes honoraires. Il va sans dire que la bonification de 4 % me sera acquis aussitôt après la vérification des comptes; elle n'implique pas de surveillance après que l'exploitation aura commencé si, par hasard, vous jugiez désirable ma collaboration après cette époque.

Quant aux termes d'échéance, nous étions convenus que le règlement se ferait en 3 fois:

le premier tiers, après l'expédition des commandes;

le deuxième tiers, après la mise en marche des machines;

le dernier tiers, après l'accomplissement de tous les travaux qui m'incombent.

Demandes d'autorisations. Avant l'établissement des conducteurs d'énergie électrique il faut demander:

1° l'autorisation de la Compagnie du chemin de fer du Nord, dont la ligne de Laon à Liart sera traversée par votre canalisation;

2° l'autorisation des services de voirie intéressés, concernant l'occupation matérielle et le croisement de la voie publique du canton de Rozoy;

3° l'autorisation de M. l'Ingénieur des Postes et Télégraphes, en résidence à Amiens, chargé du contrôle des installations électriques industrielles de la 1re circonscription de votre département.

Chemin de fer. Vous informerez l'administration par écrit que vous comptez traverser, avec votre ligne aérienne à haute tension de 3000 volts, la voie ferrée entre les bornes kilométriques 11,7 et 11,8 et lui demanderez une copie du tracé en question. Ce croquis vous sera fourni

gesandt. Dabei wird Ihnen mitgeteilt werden, daß die Kreuzung mit Rücksicht auf die Spannung von 3000 Volt nur unterirdisch als Kabelleitung ausgeführt werden darf. Den Streckenplan bitte ich mir einzusenden, ich trage die Leitungsführung ein und lasse eine Anzahl Lichtpausen herstellen. Drei solcher Abzüge sind Ihrem Gesuche beizulegen.

Straßenbaubehörde. Um deren Genehmigung einzuholen sind die gleichen Formen zu beobachten, wie bei der Eisenbahndirektion, nur daß Ihnen die Verpflichtung der unterirdischen Kabelleitung nicht auferlegt wird. Ich bitte, mir sofort die Flurkarten von Breitenbach und Katzhütte einzusenden, die ich hinreichend vergrößern und mit Angaben über Leitungsführung an allen wichtigen Punkten wie Kreuzungen von Postleitungen, Eisenbahnen usw. versehen werde; außerdem muß ich Querschnitte beifügen, aus denen die Lage der Leitung zum Fahrdamm und zum Fußwege ersichtlich ist. Von diesen vorgeschriebenen Belegstücken sind dem Gesuch an diese Behörde je vier Ausfertigungen beizulegen.

Oberpostbehörde. Die Kaiserl. Oberpostdirektion wird Ihnen einen Abzug der „Allgemeinen Vorschriften für Starkstromanlagen bei Kreuzungen und Näherungen von Telegraphen- und Fernsprechleitungen“ zugehen lassen, den Sie mir gefälligst zur Beantwortung übermitteln wollen. Es handelt sich um Angaben über Art, Spannung und Stärke des Stromes, Stärke der Energiequelle, Nähe von Fernschreib- und Fernsprechleitungen, Art und Größe der Transformatoren usw. Für die zeichnerischen Unterlagen benutze ich ebenfalls die Flurkarten von Breitenbach und Katzhütte, auf denen die Starkstromleitung und die Postleitungen nachzutragen sind. Für die Kreuzungen sind 4 besondere Zeichnungen im Grund- und Aufriß mit Angabe des verwendeten Maßstabes einzureichen; sie müssen die Lage und nähere Bezeichnung der Stützen (Maste, Stangen, Wandstreben, Dachstützen) sowie die getroffenen Schutzvorkehrungen enthalten.

Ihrem Wunsche entsprechend füge ich die 3 Entwürfe bei. Jedenfalls empfehle ich Ihnen, die Sache mit Ihrem Gemeindevorstand durchzusprechen, dessen Ratschläge Ihnen sehr nützlich sein können. Die Kostenschätzung lasse ich in den nächsten Tagen folgen.

Hochachtungsvoll

3 Anlagen.

Paul Köhn.

contre remboursement des frais. En même temps, on vous préviendra que, vu la tension de 3000 volts, la conduite aérienne doit être remplacée par un conducteur souterrain recouvert. Vous m'enverrez le croquis, j'y indiquerai le tracé de votre ligne aérienne et en ferai prendre un certain nombre de calques. Vous en joindrez trois expéditions à votre demande.

Grande voirie. Pour obtenir cette autorisation, les formalités sont les mêmes que pour le chemin de fer, sauf qu'on ne vous imposera pas de canalisation souterraine. Je vous prie de m'adresser tout de suite les plans de Chéry et de Rozoy que je dois reproduire à échelle suffisante, en y ajoutant tous les détails essentiels aux points importants, tels que croisements avec les lignes télégraphiques et téléphoniques, voies ferrées etc. ainsi que les profils en travers, indiquant la situation de la ligne par rapport à la chaussée et à l'accotement. Vous joindrez quatre expéditions de ces pièces réglementaires à votre demande d'autorisation à l'adresse du chef du service.

Postes et Télégraphes. Monsieur l'Ingénieur des Postes et Télégraphes vous adressera un exemplaire de l'«Etat des Renseignements No. 2» que vous voudrez bien me faire parvenir, pour y faire réponse. Il s'agit de renseignements à donner sur la nature, la tension et l'intensité du courant, la puissance de la source d'énergie, le voisinage des lignes télégraphiques et téléphoniques, le système et la puissance des transformateurs etc. Pour les pièces du dossier, je me servirai également des plans de Chéry et de Rozoy, après y avoir inséré le tracé de la ligne à haute tension et les lignes télégraphiques et téléphoniques. Pour les traversées, il faut 4 dispositifs, en coupe horizontale et verticale, avec mention de l'échelle adoptée, et comportant l'emplacement et la désignation des appuis (poteaux, potelets, appuis en façade, appuis en toiture) ainsi que des précautions prises.

Je me conforme à vos instructions en vous adressant à l'annexe les 3 rédactions demandées. Je vous recommande toutefois de soumettre toute l'affaire à M. le maire dont les conseils pourront vous être très utiles. Un de ces jours, je ferai suivre le devis estimatif.

Recevez, Monsieur, mes sincères salutations.

Léon Bertrand.

3 Annexes.

9.

Anlage I.

Genehmigungsgesuch an die Königl. Eisenbahnbehörde.

An die Königl. Eisenbahndirektion zu Erfurt.

Ich beabsichtige eine oberirdische Hochspannungsleitung von Breitenbach nach Katzhütte zur Versorgung dieser Ortschaft mit elektrischer Energie für Beleuchtungs- und Kraftzwecke herzustellen. Diese Leitung kreuzt die Geleise der Schwarzatalbahn im Zuge des Verbindungsweges zwischen den Kilometersteinen 11,7 und 11,8.

Ich erbitte für diese Kreuzung die Genehmigung der Königl. Eisenbahndirektion und ersuche gleichzeitig um Zusendung einer Abzeichnung des in Frage kommenden Streckenplanes, damit ich die beabsichtigte Führung der Hochspannungsleitung — Spannung 3000 Volt — einzeichnen kann. Ferner bitte ich um 1 Exemplar der Bedingungen, die für die Herstellung der Starkstromleitung maßgebend sind.

Für eine recht baldige Erledigung wäre ich dankbar.

3 Anlagen.

Unterschrift.

10.

Anlage II.

Genehmigungsgesuch an die Fürstliche Straßenbauverwaltung.

An die Fürstliche Straßenbauverwaltung zu Rudolstadt.

Ich habe die Absicht, eine oberirdische elektrische Starkstromleitung von Breitenbach nach Katzhütte zu bauen, um diese Ortschaft mit elektrischer Energie für Beleuchtungs- und Kraftzwecke zu versorgen. Wie aus den beiliegenden Plänen ersichtlich ist, folgt diese Leitung der Staatsstraße auf etwa ein Kilometer Entfernung und kreuzt sie kurz vor Katzhütte.

Ich bitte um die Genehmigung zur Benutzung und Kreuzung der Staatsstraße und um Zusendung der Bedingungen, die von der Fürstlichen Straßenbauverwaltung an die Ausführung und den Betrieb derartiger Hochspannungsleitungen — Spannung 3000 Volt — im Interesse des Verkehrs und der öffentlichen Sicherheit geknüpft werden.

Durch schleunige Erledigung der Angelegenheit würden Sie mich zu besonderem Danke verpflichten.

Unterschrift.

Anlagen:
4 Leitungspläne.

9.

Annexe I.

Demande d'autorisation à adresser à l'Administration du chemin de fer.

A l'Administration du chemin de fer du Nord, Paris.

J'ai l'intention d'installer une ligne aérienne à haute tension de Chéry à Rozoy, afin d'alimenter cette localité d'énergie électrique, comme éclairage et force motrice. Cette ligne traversera la voie ferrée de la vallée de la Serre, entre les bornes kilométriques 11,7 et 11,8.

J'ai l'honneur de demander, pour cette traversée, l'autorisation de votre administration et de vous prier de vouloir bien m'adresser un calque du tracé en question, pour y insérer le trajet de la ligne aérienne — tension 3000 volts. — Veuillez m'envoyer également un exemplaire des conditions à observer pour l'établissement de la canalisation à haute tension.

Je vous serais très obligé de vouloir bien me faire tenir votre réponse au retour du courrier.

Signature.

3 pièces jointes.

10.

Annexe II.

Demande d'autorisation à l'adresse du Service de voirie.

Au Service de Voirie du canton de Rozoy, Rozoy.

Je me propose d'établir une ligne aérienne électrique à haute tension, entre Chéry et Rozoy, pour alimenter cette localité d'énergie électrique pour éclairage et force motrice. Ainsi qu'il appert des plans ci joints, la ligne suit la voie publique, à un kilomètre de distance à peu près, et la traverse à l'entrée de Rozoy.

J'ai l'honneur de vous demander la permission pour emprunter et croiser la voie publique et de vous prier de me faire parvenir un exemplaire des conditions imposées pour l'établissement et le fonctionnement de la canalisation électrique — tension 3000 volts —, dans l'intérêt de la sécurité publique.

Vous m'obligeriez infiniment à ne pas différer cet envoi.

Signature.

Pièces jointes:
4 plans du réseau.

11.

Anlage III.
Genehmigungsgesuch an die Kaiserliche Oberpostdirektion.

An die Kaiserl. Oberpostdirektion zu Erfurt.

Ich, der unterzeichnete Mühlenbesitzer Karl Jähnig in Breitenbach, habe die Absicht, längs der Staatsstraße von Breitenbach nach Katzhütte eine elektrische Drehstromleitung mit 3000 Volt Spannung und 100 Kilowatt Leistung zu errichten, welche sich den vorhandenen Postleitungen nähert und diese kurz vor Katzhütte kreuzt. Die Führung ist aus den beiliegenden Plänen ersichtlich.

Ich bitte, mir die zur Ausführung dieser Hochspannungsleitung erforderliche Genehmigung zu erteilen und mir gleichzeitig die Bedingungen bekannt geben zu wollen, welche von der Kaiserl. Oberpostdirektion zum Schutze ihrer Leitungen gestellt werden.

Die Ausführung der Fernleitung steht unmittelbar bevor; ich wäre deshalb für eine recht baldige Erledigung der sehr dringlichen Angelegenheit besonders dankbar.

Unterschrift.

Anlagen:
4 Leitungspläne.

12.

Der Bauherr schickt die erforderlichen Flurkarten und berichtet über die von ihm getroffenen Maßnahmen.

Karl Jähnig.
Mahlmühle mit Wasser- und Dampfbetrieb.
Breitenbach a. d. Schwarza.

Breitenbach, den 16. März 19 . .

Herrn Paul Köhn, Leipzig.

Verbindlichsten Dank für Ihr gestriges Schreiben, dessen Inhalt ich mir bestens vormerkte. Die gewünschten Karten lasse ich Ihnen mit gleicher Post als Drucksache zugehen. Die Genehmigungsgesuche gehen ab, sobald ich die dazu gehörigen Zeichnungen erhalte.

Mit dem Ortsvorstand habe ich gestern gesprochen; ich bin überzeugt, daß er alles tut, was in seinen Kräften steht, um die Angelegenheit zum guten Abschluß zu bringen. Auch mit den beteiligten Grundbesitzern hoffe ich in Güte fertig zu werden; einige von ihnen machen rechte Schwierigkeiten.

Der Graben, durch den das Schwarzawasser während der zur Erhöhung des Wehrrückens erforderlichen Arbeiten abgeleitet wird, ist

11.

Annexe III.
Demande d'autorisation destinée à M. l'Ingénieur des Postes et Télégraphes.

Monsieur l'Ingénieur des Postes et Télégraphes, Amiens.

Je soussigné Paul Jacquard, propriétaire d'une minoterie à Chéry (Ardennes), ai formé le projet de créer, le long de la voie publique de Chéry à Rozoy, à courant triphasé de 3000 volts et de 100 kilowatts, une ligne aérienne, qui est située dans le voisinage des fils télégraphiques et téléphoniques qu'elle croise à l'arrivée à Rozoy. Le tracé est indiqué dans les plans ci joints.

J'ai l'honneur de vous prier de vouloir bien autoriser cette canalisation et de me faire connaître les conditions qui me seront imposées pour sauvegarder les lignes télégraphiques et téléphoniques de l'Etat.

L'établissement de la ligne étant imminent, j'ai recours à votre obligeance pour solliciter une prompte réponse, l'affaire étant d'urgence.

Pièces jointes:
4 plans de canalisation.

Signature.

12.

Le patron envoie les plans nécessaires et fait connaître les détails des démarches qu'il a faites.

Paul Jacquard.
Usine hydraulique et à vapeur.
Chéry sur Serre.

Chéry, le 16 mars 19..

Monsieur Léon Bertrand, Grenoble.

Merci beaucoup de votre lettre d'hier dont bonne note est prise. Vous recevrez, par ce même courrier, comme imprimé sous bande, les plans demandés. Les demandes d'autorisations partiront aussitôt que j'aurai reçu les dessins à l'appui.

J'ai parlé hier à M. le maire. Je suis persuadé qu'il fera tout ce qui dépendra de lui pour mener l'affaire à bonne fin. J'espère également m'arranger à l'amiable avec les propriétaires intéressés; il y en a quelques uns qui font bien des difficultés.

Le canal par lequel sera déversée l'eau de la Serre pendant l'exécution des travaux nécessaires pour exhausser la crête du barrage est

fertig. Wir schlagen jetzt die Spundwand, um das Balkenwerk an der Stauvorrichtung zu untersuchen. Leider muß ich annehmen, daß einige von den Balken, die die Schützen tragen, unten abgebrochen sind. Sollte sich diese Annahme bestätigen, so müßte ich mit einer neuen Stauvorrichtung rechnen. Können Sie mir in diesem Falle vielleicht eine zuverlässige und nicht zu teure Firma empfehlen, die die Sache zu einem festen Preis zu übernehmen bereit wäre?

Sind die Ausschreibungen für die Turbinenanlage in Arbeit und bekomme ich bald die Pläne zum Maschinenhause? Man behauptet allgemein, es sei ganz unmöglich, die Anlage innerhalb der vereinbarten Frist fertig zu stellen. Wenn diese Prophezeiung in Erfüllung gehen sollte, so möchte ich wenigstens alles daran setzen, um zu verhüten, daß man mir die Schuld daran beimessen könnte.

Hochachtungsvoll

Karl Jähnig.

13.

Der beratende Ingenieur schickt eine Kostenschätzung und eine Ausfertigung der Ausschreibung für die Wasserturbinen.

Paul Köhn.
Beratender Ingenieur für Maschinen- und Elektrotechnik.
Leipzig, Weststraße 68.
Fernsprecher No. 10179.

Leipzig, den 20. März 19 . .

Herrn Karl Jähnig, Breitenbach.

Ich empfing Ihre Zuschrift vom 16. ds. Mts. und schätze Sie im Besitz der zu den Genehmigungsgesuchen gehörigen Pläne, die ich vorgestern als Geschäftspapiere an Sie abgehen ließ.

Wasserfassung. Es freut mich, von Ihnen zu hören, daß die Arbeiten am Wehre rüstig fortschreiten. Wenn Sie das Gefälle um etwa 2 Meter erhöhen können, so ist das für Sie sehr günstig; die Turbinen laufen dann schneller und sind leistungsfähiger.

Stauanlage. Sollten Sie gezwungen sein, die Stauanlage von Grund aus zu erneuern, was ich für wahrscheinlich halte, so dürfte die wohlfeilste Lösung die sein, daß Sie die Neuanlage einem ortsansässigen Zimmermeister zu einem festen Betrage in Auftrag geben. Die Freilegung der Baugrube müßten Sie selbst übernehmen und zu diesem Zwecke eine Pumpe mieten, welche die Baugrube vom Wasser freihält.

fini. Nous avons commencé la construction du bâtardeau pour examiner la charpente du vannage. Malheureusement il faut supposer que quelques unes des poutres supportant les vannes sont cassées par le bas. Une fois cette vérification faite, je devrai prévoir un vannage neuf. Sauriez-vous, en ce cas, me recommander une maison sûre et pas trop chère, disposée à se charger de toute l'affaire à forfait?

Le cahier de charges relatif à l'installation des turbines est-il commencé et aurai-je bientôt les plans de l'usine? Tout le monde prétend qu'il est impossible d'achever le secteur dans le délai convenu. Si cette prédiction devait s'accomplir, je voudrais du moins empêcher à tout prix qu'on pût m'en imputer la faute.

Agréez, Monsieur, mes civilités empressées.

Paul Jacquard.

13.

L'ingénieur conseil envoie un devis estimatif et une expédition du cahier de charges relatif aux turbines hydrauliques.

Léon Bertrand.
Ingénieur conseil pour installations électriques, industrielles et techniques.
Grenoble, 16, place Grenette, 16.

Grenoble, le 20 mars 19 . .

Monsieur Paul Jacquard, Chéry.

J'ai reçu votre lettre du 16 courant et je suppose que vous êtes en possession des croquis à l'appui de vos demandes d'autorisations; je vous les ai envoyés avant hier comme papiers d'affaires.

Prise d'eau. J'apprends avec plaisir que les travaux au barrage font des progrès. Si vous pouvez augmenter la chute d'eau de 2 mètres environ, cela vous sera très favorable; les turbines tourneront plus vite et seront plus puissantes.

Vannage. S'il faut remettre tout le vannage à neuf, ce que je crois probable, la solution la plus économique sera de charger un charpentier local de l'exécution, en traitant avec lui à forfait. Il faudrait alors vous charger vous même du dégagement de la fosse; pour cet effet, vous louerez une pompe d'épuisement pour en retirer l'eau.

Maschinenhaus. In besonderem Umschlage ließ ich Ihnen als Geschäftspapiere einige Pläne des Maschinenhauses zugehen, die auch die erforderlichen Angaben über Herstellung der Fundamente enthalten, auf denen die Wasserturbinen, der Sauggasgenerator und die Wechselstrommaschine mit Erreger Aufstellung finden sollen. Bei allen Maschinen finden Sie die Lage der Riemenscheiben und der Achsen angegeben.

Die Schalttafel habe ich in der Stirnwand des Maschinenhauses angeordnet und dahinter einen genügend großen Raum zur Unterbringung der Apparate vorgesehen. Den Platz für einen zweiten Gasmotor habe ich angedeutet, für den Fall, daß ein solcher erforderlich werden sollte. Die Anker können erst eingezeichnet werden, wenn die Maschinen bestellt sind; dann ist es aber notwendig, die dazu gehörigen Ankerplatten sofort schicken zu lassen, da sie mit eingemauert werden müssen. Die Fundamente sollen etwas über den Fußboden hervorragen; es ist wünschenswert, die Lager so hoch anzubringen, daß man sie leicht besichtigen kann, ohne sich bücken zu müssen.

Turbinenkammer. Die einen Teil des Maschinenhauses bildende Turbinenkammer muß längs der Schwarza so errichtet werden, daß sie den Querschnitt des Flußbettes möglichst wenig einengt.

Die Ausschreibung für die Turbinen lasse ich mit gleicher Post an diejenigen Firmen abgehen, welche Sie am Kopfe der mitfolgenden Ausfertigung, die ich zu Ihren Akten zu nehmen bitte, angegeben finden. Alle diese Firmen erfreuen sich des besten Rufes, sowohl in bezug auf das von ihnen verwendete Material, als auch wegen der Ausführung ihrer Maschinen und Apparate. Ich empfehle sie, weil ich auch ihre geschäftlichen Gepflogenheiten kenne. Ich habe angeordnet, daß die Bewerber Ihnen die Kostenanschläge unmittelbar zuschicken. Sobald Sie die eingehenden Angebote geprüft haben, bitte ich, sie mir zugehen zu lassen. Den Zuschlag erteilen wir derjenigen Firma, die die billigsten Preise stellt und die kürzeste Lieferfrist beansprucht.

Vor Abschluß des Vertrags ist auf pünktliche Einhaltung des Lieferungstermins noch ganz besonders hinzuweisen; für den Fall einer Verspätung empfiehlt es sich, eine möglichst hohe Vertragsstrafe festzusetzen. Die Inbetriebnahme der Anlage am 15. August ist nur zu erhoffen, wenn alle Lieferungen pünktlich erfolgen und alle Maurer- und Zimmerarbeiten so schnell als irgend möglich ausgeführt werden.

Ausschreibungen. Ich werde mein möglichstes tun, um die Ausschreibungen, die noch vorzunehmen sind, schnellstens zu erledigen; sobald ich damit fertig bin, lasse ich sie in nachstehender Reihenfolge an die besprochenen Firmen abgehen:

1. Sauggasmotor nebst Gaserzeuger und Zubehör;
2. Stromerzeugungs- und Schaltanlage;

Salle des machines. Sous pli séparé, je vous adresse, comme papiers d'affaires, quelques plans de l'usine, portant les indications nécessaires pour la construction des massifs, sur lesquels seront placés les turbines hydrauliques, le moteur à gaz pauvre et l'alternateur avec l'excitatrice. J'ai indiqué la place pour les poulies et les axes de toutes ces machines.

J'ai disposé la table de distribution au frontispice du bâtiment et ménagé derrière un emplacement suffisant pour l'installation des appareils. J'ai réservé la place pour le deuxième moteur s'il devenait nécessaire. L'emplacement des boulons de fondation ne pourra être marqué qu'après la commande des machines, alors il faudra faire venir, tout de suite, les contreplaques de fer à murer dans les massifs. Les fondations doivent faire un peu saillie au dessus du sol, car il est bon que la hauteur des paliers soit telle qu'on puisse les inspecter facilement, sans avoir à se baisser.

Chambre des turbines. La chambre des turbines fera partie de l'usine; elle sera placée parallèlement à la Serre, de façon à ce qu'elle prenne le moins de place possible, dans le sens transversal du fleuve.

Je ferai partir les cahiers de charges relatifs à l'installation des turbines, par ce même courrier, à l'adresse des maisons que vous trouverez nommées en tête de l'expédition que je vous adresse, sous ce pli, et que vous voudrez bien joindre à vos documents. Toutes ces maisons sont également bien renommées, au point de vue du matériel qu'ils emploient, et de la main d'œuvre de leurs machines et appareils. Je vous les recommande, parce que je connais leur manière de traiter les affaires. J'ai prié les soumissionnaires de vous adresser leurs devis directement. Aussitôt que vous aurez examiné les propositions reçues, veuillez me les faire parvenir. Nous accorderons la préférence à la maison qui vous demandera les prix les plus modiques et vous fixera le plus court délai de livraison.

Avant de contracter, il faut exiger de sérieuses garanties pour la délivrance à l'époque convenue, et fixer des dommages intérêts suffisamment élevés, pour le cas de retard. Il ne faut compter sur la mise en marche, le 15 août prochain, que si toutes les livraisons sont faites, sans délai, et si les travaux des maçons et des charpentiers sont exécutés au plus vite.

Cahiers de charges. Je ferai de mon mieux pour en finir avec les cahiers de charges qui sont encore à rédiger; aussitôt qu'ils seront achevés, je les ferai partir aux maisons convenues dans l'ordre suivant:

1° moteur à gaz pauvre avec gazogène et tous ses accessoires;
2° génératrice et tableau de distribution;

3. oberirdische Starkstromleitung und Transformator;
4. Ortsleitung und Hausanschlüsse.

Kostenschätzung. Den gewünschten Kostenvoranschlag lege ich bei. Gestatten Sie mir nochmals zu betonen, daß die angegebenen Preise unverbindlich sind, insbesondere kann ich keinerlei Gewähr dafür übernehmen, daß die für Erd-, Maurer- und Zimmerarbeiten eingesetzten Beträge stimmen. Dagegen werden die Summen, die ich für Maschinen, Apparate und Fernleitung ausgeworfen habe, kaum überschritten werden.

Hochachtungsvoll

Paul Köhn.

Anlagen:
Kostenschätzung.
Wasserturbinen.

14.

Anlage I.

Schätzung der Kosten für Errichtung einer elektrischen Licht- und Kraftanlage mit Turbinen- und Sauggasbetrieb.

1. Herrichtung des Wehres in der Schwarza, Errichtung eines Maschinenhauses und einer Turbinenkammer . .	ℳ 25 000.—
2. Lieferung und Aufstellung zweier Wasserturbinen zum Antriebe einer horizontalen Welle, die gleichzeitig von einem Sauggasmotor angetrieben werden kann, mit Wellenleitung und Zubehör	„ 12 500.—
3. Lieferung und Aufstellung eines Sauggasmotors für eine Leistung von 60 effektiven Pferdestärken mit Rohrleitung zwischen Gaserzeuger und Motor, nebst allem Zubehör	„ 20 000.—
4. Lieferung und Aufstellung eines Drehstromgenerators mit Erregermaschine, Riemenspannschlitten, Verankerung und Regulatoren	„ 6 000.—
5. Lieferung und Aufstellung einer Schaltanlage, bestehend aus Marmorschalttafel mit Umrahmung und allen dazu gehörigen Apparaten	„ 5 000.—
6. Lieferung und Herstellung der etwa 2500 Meter langen Freileitung vom Kraftwerk nach Katzhütte, einschließlich imprägnierter Holzmasten, Hochspannungsisolatoren und der Transformatorenstation: mit 3 Blitzschutzvorrichtungen, 1 Ausschalter, 3 abschaltbaren Sicherungen für Hochspannung und 2 Ausschaltern und 6 Sicherungen für Niederspannung	„ 10 000.—
	ℳ 78 500.—

3° ligne aérienne à haute tension avec transformateur;
4° canalisation municipale et installations intérieures.

Devis estimatif. Veuillez trouver, sous pli, le devis estimatif demandé. Permettez-moi de vous répéter encore une fois que les prix indiqués ne m'engagent pas et que je ne saurais les garantir, surtout quand il s'agit de travaux de terrassement, de maçonnerie et de charpenterie. En échange, les sommes que j'ai inscrites pour machines, appareils et ligne aérienne ne seront guère dépassées.

Recevez, Monsieur, mes sincères salutations.

Pièces jointes:
Devis estimatif.
Turbines hydrauliques.

Léon Bertrand.

14.

Annexe I.

Devis estimatif des frais d'installation d'une usine génératrice pour éclairage et force motrice, aux moteurs hydraulique et à gaz pauvre.

1° Reconstruction du barrage dans la Serre, construction de la chambre des turbines et de l'usine génératrice	Fr. 30 000.—
2° Fourniture et montage de 2 turbines hydrauliques actionnant un arbre horizontal qui reçoit également l'attaque du moteur à gaz pauvre, avec transmission et tous leurs accessoires	„ 16 000.—
3° Fourniture et pose d'un moteur à gaz pauvre, de 60 chevaux au frein, avec tuyauterie de gaz reliant le moteur au gazogène, avec tous ses accessoires	„ 25 000.—
4° Fourniture et pose d'un alternateur à courant triphasé, avec excitatrice, glissières, boulons de fondation et régulateurs	„ 7 000.—
5° Fourniture et pose du tableau de distribution, en panneau de marbre avec encadrement, comprenant tous les appareils nécessaires	„ 6 000.—
6° Fourniture et pose de la ligne aérienne, reliant l'usine à la ville de Rozoy, 2500 m environ, avec poteaux injectés, isolateurs spéciaux pour haute tension et station réceptrice munie de: 3 parafoudres, 1 interrupteur, 3 coupecircuits à fusibles amovibles pour haute tension et de 2 interrupteurs et 6 coupecircuits à basse tension .	„ 12 000.—
	Fr. 96 000.—

ℳ 78 500.—

7. Lieferung und Verlegung des Ortsleitungsnetzes mit Niederspannung von 110 bis 120 Volt, und der Straßenbeleuchtung, einschließlich 50 Glühlampen von 25 Normalkerzen, Lampenständer, wasserdichten Laternen und Schirmen aus emailliertem Eisenblech von 350 mm Durchmesser . . . . ,, 6 500.—

Insgesamt ℳ 85 000.—

15.

Anlage II.

Aufforderung zum Wettbewerb für Lieferung und Aufstellung der Wasserturbinen.

Der nachstehende Brief ist abgegangen an: 1. Briegleb, Hansen & Co., Gotha; 2. G. Luther, A.-G., Braunschweig; 3. Escher, Wyß & Co., Zürich; 4. Voith, Heidenheim a. d. Brenz.

Leipzig, den 20. März 19..

Firma . . . .

Herr Karl Jähnig in Breitenbach (Thüringen) hat mich mit der Bearbeitung einer Stromerzeugungsanlage beauftragt, zu der er die Genehmigung besitzt, und die er im Schwarzatale zu errichten beabsichtigt.

Ich gestatte mir die Anfrage: 1. zu welchen Bedingungen Sie die Lieferung und Aufstellung der dazu gehörigen Turbinenanlage nebst Wasserzufuhr mit allem Zubehör betriebsfertig hergestellt übernehmen; 2. welche äußerste Lieferfrist Sie beanspruchen.

Die Kraft soll teils durch Ausnutzung des Wasserlaufs der Schwarza, eines kleinen Flusses, dessen Leistung zwischen 60 und 120 Pferdestärken schwankt, teils durch Aufstellung eines Sauggasmotors von 60 Pferdestärken beschafft werden.

Beigefaltet finden Sie einen Lageplan des bereits in der Schwarza eingebauten Wehres, das höher gelegt werden soll, um das Gefälle zu erhöhen. Die Turbinenkammer wird längs der Schwarza errichtet; der Querschnitt des Flußbettes soll möglichst wenig eingeengt werden.

Die Anlage umfaßt zunächst 2 Turbinen, eine zu 60, die andere zu 100 Pferdestärken. Die sechzigpferdige Turbine muß sobald als irgend möglich aufgestellt werden, da die Stromerzeugungsanlage bereits am 15. August d. J. in Betrieb kommen soll. Die hundertpferdige Turbine bitte ich gleichzeitig mit zu veranschlagen; die Preise sollen *für ein Jahr bindend* sein.

Fr. 96 000.—

7° Fourniture et pose de la canalisation municipale, à bas voltage de 110 à 120 volts, et de l'éclairage public, comprenant 50 lampes à incandescence de 25 bougies, avec potelets, lanternes étanches et diffuseurs en tôle émaillée, de 350 mm de diamètre . . . . „ 9 000.—

Total Fr. 105 000 —

15.

Annexe II.

Convocation à soumissionner la fourniture et l'installation des turbines hydrauliques.

Le même texte a été adressé aux maisons suivantes: 1° Société française des moteurs économiques, Paris; 2° Compagnie des moteurs universels, Paris; 3° Société Générale des industries économiques, Paris; 4° Compagnie des Moteurs Parisiens, Grenoble.

Grenoble, le 20 mars 19..

MM . . . .

M. Paul Jacquard de Chéry en Ardennes m'a chargé de l'étude d'une usine génératrice dont il est concessionnaire et qu'il a l'intention de créer dans la vallée de la Serre.

J'ai l'honneur de vous demander: 1° quelles seraient vos conditions pour la fourniture et la pose des turbines hydrauliques et du canal d'amenée qui en fait partie, avec tous leurs accessoires, mis en état de fonctionner; 2° quel serait le délai rigoureux de livraison.

La force motrice sera obtenue, partie en utilisant la force hydraulique de la Serre, petite rivière dont le débit varie de 60 à 120 chevaux, partie en installant un moteur à gaz pauvre de 60 chevaux.

Je vous adresse, sous ce pli, le croquis d'un barrage qui existe déjà dans la Serre, et qui sera exhaussé, pour augmenter la hauteur de la chute. La chambre des turbines sera placée parallèlement à la Serre; il faudra chercher à prendre, dans le sens transversal de la rivière, le moins de place possible.

Pour le moment, l'installation comprendra 2 turbines, l'une de 60, l'autre de 100 chevaux. La turbine de 60 chevaux serait à installer dans le plus bref délai possible, vu que l'usine génératrice doit fonctionner dès le 15 août prochain. Vous remettrez en même temps vos propositions pour celle de 100 chevaux; vos prix seront valables pour un an.

Ihr Kostenanschlag soll umfassen: die eiserne Rohrleitung für die Wasserzuführung zu den Turbinen und die Turbinen selbst. Erwünscht ist, daß Sie den Preis für die Wellenleitung, die durch die Turbinen angetrieben werden soll, mit veranschlagen.

Diese Wellenleitung muß angetrieben werden können: a) durch jede Turbine allein; b) durch beide Turbinen gemeinschaftlich; c) durch einen 60pferdigen Gasmotor allein; d) durch zwei Gasmotoren gemeinschaftlich, von denen der eine 100, der andere 60 Pferdestärken hat.

Die Wellenleitung muß längs des Flußbettes aufgestellt werden; mir erscheint eine Geschwindigkeit von 2 bis 300 Umläufen in der Minute angezeigt.

Die Gefällhöhe beträgt 4,85 Meter. Bei Hochwasser kann sie bis auf 4,50 m sinken. Wir müssen vor allem bestrebt sein, die Höchstleistung bei niedrigem Wasserstande zu erzielen.

Geben Sie gefälligst an, welche Art von Regulator Sie vorzuschlagen gedenken, und fügen Sie eine genaue Beschreibung über seine Arbeitsweise bei, das heißt über die Wirkung, die er auf den Wasserzufluß zur Turbine ausübt, um bei veränderlicher Belastung gleichbleibende Geschwindigkeit zu erzielen.

Für sämtliche Teile belieben Sie Einzelpreise anzugeben, damit man leicht die Kosten berechnen kann, die mit einer Abänderung dieses oder jenes Teils der Anlage verbunden sind.

Für die Zuerkennung der Arbeiten und Lieferungen wird besonders die Lieferzeit, die Sie beanspruchen, und die Gewähr, die Sie für Material, Konstruktion und gute Ausführung leisten, ausschlaggebend sein.

Ich bitte, den Kostenanschlag so schnell als möglich an

Herrn Karl Jähnig, Breitenbach (Thür.)

einzusenden und zeichne

hochachtungsvoll

Anlage:
1 Skizze.

Paul Köhn.

16.

Der Bauherr bittet um ungefähre Schätzung der Betriebskosten und um Berücksichtigung eines Geschäftsfreundes bei Vergebung der Fern- und Ortsleitung.

Karl Jähnig.
Mahlmühle mit Wasser- und Dampfbetrieb.
Breitenbach a. d. Schwarza.

Breitenbach, den 22. März 19..

Herrn Paul Köhn, Leipzig.

Verbindlichsten Dank für Ihre Ausführungen vom 20. ds. Mts. sowie für Zusendung der Kostenschätzung und der Ausschreibung der Tur-

Votre devis comprendra: le canal en tôle, pour l'amenée de l'eau aux turbines, et les turbines elles mêmes. Il serait bon d'indiquer également le prix de la transmission mécanique qui sera attaquée par les turbines.

Cette transmission devra être commandée: a) par chaque turbine séparément; b) par 2 turbines simultanément; c) par un moteur à gaz seul de 60 chevaux; d) par deux moteurs à gaz simultanément, dont l'un de 100, l'autre de 60 chevaux.

Il faudra placer la transmission parallèlement au cours de la rivière; une vitesse de 200 à 300 tours à la minute me paraît convenable.

La chute d'eau est de 4,85 mètres de hauteur. Cependant lorsque les eaux sont hautes, la chute peut être réduite à 4,50 mètres. Il faudra s'attacher surtout à obtenir un maximum de rendement en temps de basses eaux.

Veuillez indiquer le système de régulateur que vous proposerez, et donner tous les renseignements possibles sur son fonctionnement, c'est à dire sur l'influence qu'il exerce pour régler le débit d'eau, afin de maintenir la vitesse constante, à chargement variable.

Vous indiquerez tous les prix séparés, pour que l'on puisse facilement se rendre compte des changements de frais résultant d'une modification de telle ou telle partie de l'installation.

L'adjudication des travaux et fournitures dépendra surtout des délais fixés pour la livraison et des garanties données par rapport au matériel, à la construction et à la bonne exécution.

Je vous serai obligé d'adresser votre devis, sans retard, à l'adresse de:

Monsieur Paul Jacquard, Chéry (Ardennes).

Recevez, Monsieur, mes civilités empressées.

Annexe:
1 croquis.

Léon Bertrand.

16.

Le patron demande une appréciation des frais d'exploitation; il recommande un ami désirant soumissionner la ligne aérienne et le réseau de distribution.

Paul Jacquard.
Usine hydraulique et à vapeur.
Chéry sur Serre.

Chéry, le 22 mars 19..

Monsieur Léon Bertrand, Grenoble.

Je vous remercie mille fois des renseignements que me portait votre lettre du 20 courant ainsi que de l'envoi du devis estimatif et du cahier

binenanlage. Die Flurkarten habe ich rechtzeitig erhalten, sie sind mit den betreffenden Gesuchen gestern abgegangen.

Maurerarbeiten. Mit dem Wehre hoffe ich in 10 bis 14 Tagen fertig zu werden. Die Turbinenkammer und das Maschinenhaus sollen morgen in Angriff genommen werden. Mit der Anfuhr der Baumaterialien zur Baustelle habe ich bereits vor einigen Tagen beginnen lassen. Trotz des schlechten Wetters, das wir hier haben, sind die Erdarbeiten soweit gefördert, daß die Maurer spätestens Dienstag beginnen können.

Baukosten. Der Betrag, den Sie für Herstellung des Wehres, der Turbinenkammer und des Maschinenhauses eingesetzt haben, ist jedenfalls zu niedrig gegriffen; ich muß mindestens mit M. 30 000.— rechnen und will sehr froh sein, wenn ich damit auskomme.

Halten Sie einen 60pferdigen Motor genügend für den Bezirk? — Sie haben den Platz für eine zweite Sauggasanlage vorgesehen, doch wohl nur für den Fall, daß die Zahl der Abnehmer wesentlich größer wird? — Wie hoch wird sich der Verbrauch an Brennmaterial für die Kilowattstunde beim Sauggasbetriebe stellen?

Starkstromleitung. Außer den von Ihnen bereits in Aussicht genommenen Firmen bitte ich, für die Fernleitung die Firma Fritz Keller in Gotha mit berücksichtigen zu wollen und Herrn Keller eine Ausfertigung der Ausschreibung zugehen zu lassen. Sollte er in seinem Kostenanschlag nicht teurer sein als die übrigen Bewerber, so würde ich ihm gern den Vorzug geben. Er hat mit mir gemeinschaftlich die ersten Schritte getan, um die elektrische Zentrale ins Leben zu rufen; deshalb erachte ich es für eine Ehrenpflicht, ihm wenigstens einen Teil der Arbeiten zu übertragen, um ihn für die verlorene Zeit und die kleinen Ausgaben, die er gehabt hat, in etwas zu entschädigen. Es versteht sich von selbst, daß ich Ihrer Entschließung in keiner Weise vorgreifen möchte, wenn Sie etwa Bedenken tragen sollten, seiner Firma die Ausführung der Arbeiten anzuvertrauen.

Mir gehen fortwährend Angebote und Kataloge über Holzmaste, Stützen, Kandelaber, Armleuchter, Kupferdraht, Isolatoren, Ausschalter, Sicherungen, Blitzableiter und elektrotechnische Bedarfsartikel aller Art zu; soll ich Ihnen diese Drucksachen zuschicken?

Hochachtungsvoll

Karl Jähnig.

de charges relatif à l'installation des turbines. J'ai également reçu les cartes cantonales; elles sont parties hier avec les demandes d'autorisations.

Maçonnerie. Dans 10 à 15 jours, j'espère en avoir fini du barrage. Nous commencerons demain la chambre des turbines et l'usine. Le transport des matériaux de construction à pied d'œuvre a commencé, il y a quelques jours déjà. En dépit du mauvais temps que nous avons ici, les travaux de terrassement sont assez avancés pour pouvoir commencer le maçonnage, mardi prochain au plus tard.

Frais de construction. La somme que vous avez indiquée pour la construction du barrage, de la chambre des turbines et de l'usine est certainement insuffisante; je compte sur 36 000 francs, au bas mot, et serai très heureux si je me tire d'affaire à ce compte.

Croyez-vous que le moteur de 60 chevaux suffise pour le secteur? — Vous avez prévu l'emplacement pour un deuxième gazogène; je présume que ce n'est que pour le cas d'un chiffre beaucoup plus élevé d'abonnés? — A combien me reviendra la consommation de combustible par cheval heure avec le moteur à gaz pauvre?

Ligne aérienne à haute intensité. Je vous serai obligé d'admettre M. Frédéric Calame, Charleville, au nombre des messieurs que vous inviterez à soumissionner la ligne aérienne, et de lui faire adresser une expédition du cahier de charges y relatif. Si M. Calame n'était pas plus cher que les autres soumissionnaires, je traiterais de préférence avec lui. Il a fait avec moi les premières démarches pour la création de la centrale électrique; j'ai donc le devoir de lui faire exécuter une partie au moins des travaux, pour le dédommager, tant soit peu, du temps que je lui ai fait perdre, et des petites dépenses qu'il a eues. Il va sans dire que je ne voudrais anticiper en rien sur votre décision si, par hasard, vous hésitiez à confier l'exécution des travaux à sa maison.

Je reçois constamment des offres et des catalogues relatifs à des poteaux, suppots, candélabres, consoles, cuivres, isolateurs, interrupteurs, coupecircuits, parafoudres et à du matériel électrique de toute nature; tenez-vous à ce que je vous transmette ces imprimés?

Agréez, Monsieur, mes salutations empressées.

Paul Jacquard.

17.

Der beratende Ingenieur erteilt die erbetene Auskunft und sendet eine Ausfertigung der Ausschreibung zur Sauggasanlage.

Paul Köhn.
Beratender Ingenieur für Maschinen- und Elektrotechnik.
Leipzig, Weststraße 68.
Fernsprecher No. 10 179.

Leipzig, den 25. März 19..

Herrn Karl Jähnig, Breitenbach.

Ich bekenne mich zum Empfange Ihres Schreibens vom 22. ds. Mts. Mit gleicher Post lasse ich Ihnen als Geschäftspapiere eine Ausfertigung der Ausschreibung zugehen, die ich den am Kopfe des Schriftstücks angegebenen Firmen wegen Lieferung und Aufstellung einer Sauggasanlage heute übersandt habe.

Mit dem 60 pferdigen Motor, den wir gewählt haben, sind Sie auch dann noch gedeckt, wenn sich der Bedarf an elektrischer Energie, infolge Ausdehnung Ihres Bezirkes, die ich für sehr wahrscheinlich halte, wesentlich heben sollte. Den Raum für eine zweite Sauggasanlage habe ich gleichwohl vorgesehen, da es ja nicht ausgeschlossen ist, daß der Absatz an elektrischer Energie durch Stromlieferung an Industrielle wesentlich steigt. Auch für diesen Fall sind Sie somit gerüstet.

Die Betriebskosten werden sich beim Sauggasmotor kaum höher als auf $2^1/_2$ Pfennig für die Pferdekraftstunde stellen, während sie jetzt Ihren eigenen Angaben zufolge bei Ihrer Dampfmaschine 5 bis 6 Pfennige betragen.

Ihrem Wunsche entsprechend, werde ich der Firma Fritz Keller in Gotha eine Ausfertigung der Ausschreibung über Fernleitung zugehen lassen.

Die Angebote auf Material für Licht- und Kraftanlagen bitte ich dort zu behalten; wir können gelegentlich recht wohl Gebrauch davon machen.

Hochachtungsvoll

Paul Köhn.

1 Anlage.

17.

L'ingénieur conseil donne les renseignements demandés; il envoie une expédition du cahier de charges relatif au moteur à gaz pauvre.

Léon Bertrand.
Ingénieur conseil pour installations électriques, industrielles et techniques.
Grenoble, 16, place Grenette, 16.

Grenoble, le 25 mars 19..

Monsieur Paul Jacquard, Chéry.

Je vous accuse réception de votre lettre du 22 courant. Sous pli séparé, je vous envoie, comme papiers d'affaires, une expédition du cahier de charges relatif à la fourniture et à la pose du gazogène par aspiration; les maisons auxquelles il a été adressé sont indiquées en tête de l'écrit.

Ayant choisi un moteur de 60 chevaux, vous serez à l'abri, lors même que la consommation d'énergie électrique augmenterait considérablement, à la suite de l'extension de votre secteur, ce que je crois probable. J'ai prévu toutefois l'emplacement pour un second moteur, attendu qu'il est très probable que le débit d'énergie électrique augmente dans de fortes proportions, par la fourniture de courant à des industriels. Vous serez donc préparé pour ce cas.

Les frais d'exploitation ne dépasseront guère 3 centimes par cheval heure avec votre moteur à gaz pauvre; d'après les indications que vous m'avez faites, ils sont de 7 à 8 centimes avec votre machine à vapeur.

J'ai pris note de votre ordre d'envoyer une expédition du cahier de charges concernant la ligne aérienne, à l'adresse de M. Frédéric Calame, Charleville; je m'y conformerai.

Veuillez garder les offres de matériel électrique, nous pourrons très bien les utiliser à l'occasion.

Recevez, Monsieur, mes salutations empressées.

1 annexe.

Léon Bertrand.

18.

Anlage I.

Aufforderung zum Wettbewerb für Lieferung und Aufstellung einer Sauggasanlage.

Folgende Aufforderung erging an die Firmen: 1. Gasmotorenfabrik A.-G. Köln-Ehrenfeld; 2. Gasmotorenfabrik Deutz, Deutz bei Köln; 3. Maschinenfabrik Augsburg-Nürnberg, Werk Nürnberg; 4. Gebrüder Körting, A.-G., Hannover.

Leipzig, den 25. März 19 . .

Firma . . . .

Herr Karl Jähnig in Breitenbach in Thüringen hat mir die Ausarbeitung der Bedingungen für Anlieferung und Aufstellung eines Sauggasmotors, den er in seinem in Breitenbach an der Schwarza gelegenen Kraftwerk aufstellen will, übertragen.

Die Anlage soll im Bedarfsfalle Ersatz für die ungleichmäßige Wasserzufuhr dieses kleinen Flusses bieten. Demgemäß soll der Motor die Wellenleitung mit einer oder mit zwei Turbinen zugleich antreiben können. Es handelt sich also um:

Lieferung und Aufstellung eines Sauggasmotors für elektrischen Betrieb, das heißt mit besonders schwerem Schwungrad, drei Lagern und ausgeglichenem Kurbelgetriebe, für eine Leistung von 60 Bremspferdestärken, bei einer Geschwindigkeit von 240 Umdrehungen in der Minute, mit allem Zubehör: Antriebscheibe, magnet-elektrische Zündung, Kühlwasserpumpe, Wasserbehälter aus verzinktem Eisenblech von 500 Liter Inhalt, Wasserrohrleitungen mit Anstell- und Entwässerungshähnen, von der Pumpe zum Fluß und zum Wasserbehälter, und vom Motor zum Wasserbehälter und zum Fluß, Auspuffrohr, Gasleitungsrohr vom Motor zum Gasgenerator und Gasgenerator mit allem Zubehör.

Der Motor muß mit einem Apparat für Petroleumbetrieb und einem selbsttätigen Druckluftanlaßapparat ausgestattet sein, bestehend aus einer Pumpe mit einer festen und einer losen Riemenscheibe, die von der Wellenleitung angetrieben werden kann, und einem Luftbehälter aus genietetem, starkem Eisenblech mit allem Zubehör: Ventile und Rückschlagklappen aus Bronze, Hähne und Verbindungsrohre für alle Apparate aus Kupfer, Manometer auf dem Luftbehälter und Reservehandpumpe für den Notfall.

In den Preisen sollen die Kosten für Verpackung, Fracht, Aufstellung und Inbetriebsetzung sämtlicher Apparate einbegriffen sein; auszuschließen sind nur: Fundierungen, Treibriemen und Wellenleitungen.

18.

Annexe I.

Convocation à soumissionner la fourniture et la pose d'un moteur à gaz pauvre.

Texte de la lettre adressée aux maisons indiquées ci-après: 1° Blanche & Lecaron, Roubaix; 2° Société Générale électrique et industrielle, Paris; 3° Société française des moteurs économiques, Paris; 4° Compagnie des moteurs Duplex, Paris.

Grenoble, le 25 mars 19. .

MM. . . . .

Monsieur Paul Jacquard de Chéry, en Ardennes, m'a chargé de la rédaction des cahiers de charges pour la fourniture et la pose d'une machine à gaz pauvre, qu'il veut faire installer dans son usine génératrice à Chéry sur Serre.

L'installation doit suppléer, au besoin, au débit variable de cette petite rivière. Par conséquent, le moteur doit être à même d'actionner la transmission simultanément avec une ou deux turbines.

Il s'agit donc des:

fourniture et pose d'un moteur à gaz pauvre, dit type électrique, c'est à dire avec un volant extra lourd, trois paliers, le vilebrequin équilibré, à la puissance de 60 chevaux au frein, à la vitesse de 240 tours à la minute, avec tous ses accessoires: poulie de commande, allumage magneto-électrique, pompe réfrigérante, bâche à eau de 500 litres, en tôle galvanisée, tuyauterie d'eau avec robinets d'arrêt et de purge, reliant la pompe à la rivière et à la bâche, et le moteur à la bâche et à la rivière, tuyauterie d'échappement, tuyauterie de gaz, reliant le moteur au gazogène, et le gazogène par aspiration avec ses accessoires.

Le moteur doit être muni d'un appareil permettant la marche à essence de pétrole, et d'un appareil de démarrage automatique, à l'air comprimé, comprenant une pompe munie d'une poulie fixe et d'une poulie folle, commandées par la transmission, un réservoir à air, en tôle forte rivée, avec tous ses accessoires: valves, clapets de retenue en bronze, robinets et tuyauterie en cuivre, reliant tous les appareils, manomètre sur le réservoir à air et une pompe à main, en cas de besoin.

Vos prix doivent comprendre: l'emballage, le transport, le montage et la mise en marche de tous les appareils; seules ne seront pas comprises: les fondations, les courroies et les transmissions.

Zur sachgemäßen Beurteilung Ihres Kostenanschlags bedarf ich außerdem folgender Angaben, die ich mir gleichzeitig erbitte:

1. Wie groß ist der Verbrauch an Brennmaterial für die effektive Pferdekraftstunde: a) bei voller Belastung mit 60 Pferdestärken? b) bei halber Belastung mit 30 Pferdestärken?

2. Wie groß ist der Verbrauch an Kühlwasser für die effektive Pferdekraftstunde?

3. Wie groß ist der Verbrauch an Schmieröl für die effektive Pferdekraftstunde?

4. Wieviel wiegt das Schwungrad, um gleichmäßigen Gang des Motors und tadelloses Licht zu sichern, denn die elektrische Anlage soll vorzugsweise für Beleuchtung dienen?

5. Wieviel Zeit ist erforderlich, um den Motor in Betrieb zu setzen und auf seine Höchstleistung zu bringen?

6. Wie groß ist der Verbrauch an Brennmaterial: a) für die Inbetriebsetzung; b) während der Nacht, wenn der Motor nur von früh bis abend arbeitet?

7. Welche Lieferungs- und Zahlungsbedingungen stellen Sie?

8. Innerhalb welcher Mindestfrist kann die Aufstellung der Anlage, die sehr dringlich ist, erfolgen?

Für gleichmäßigen, geräuschlosen Gang des Motors und für pünktliche Einhaltung der für die Inbetriebnahme vereinbarten Frist haben Sie Gewähr zu leisten.

Ich bitte, Ihren Kostenanschlag sobald als irgend möglich an die unten angegebene Adresse senden zu wollen und mich durch Postkarte von der Zusendung zu benachrichtigen.

Hochachtungsvoll

Paul Köhn.

Anschlag zu senden an:

Herrn Karl Jähnig, Breitenbach (Thür.).

19.

Der Bauherr schlägt eine neue Leitungsführung vor.

Karl Jähnig.
Mahlmühle mit Wasser- und Dampfbetrieb.
Breitenbach a. d. Schwarza.

Breitenbach, den 27. März 19..

Herrn Paul Köhn, Leipzig.

Verbindlichsten Dank für die Auskunft, die Sie mir mit Ihrem Schreiben vom 25. ds. Mts. erteilt haben. Die mir gesondert als Geschäfts-

Pour me mettre à même d'apprécier votre devis en connaissance de cause, il me faut de plus les renseignements suivants, que vous voudrez bien me faire tenir en même temps:

1° quelle est la consommation de combustible par cheval heure effectif: a) à pleine charge de 60 chevaux; b) à demi charge de 30 chevaux?

2° quelle est la consommation d'eau réfrigérante par cheval heure effectif?

3° quelle est la consommation d'huile de graissage par cheval heure?

4° quel sera le poids du volant pour régulariser la marche du moteur, de façon à garantir un éclairage parfait, l'installation électrique devant servir surtout à l'éclairage?

5° combien de temps faut-il pour mettre le moteur en marche et lui faire fournir le maximun de son débit?

6° quelle est la consommation de combustible: a) pour la mise en marche; b) pendant la nuit, quand le moteur n'actionne que d'un bout de la journée à l'autre?

7° quelles sont vos conditions de livraison et de paiement?

8° dans quel délai minimum l'installation, qui est urgente, pourra-t-elle se faire?

Vous aurez à garantir la marche régulière et silencieuse du moteur et l'exactitude de la mise en service, dans le délai convenu.

Je vous serai obligé d'adresser vos propositions, sans retard, à l'adresse indiquée au bas de la présente, et de m'en prévenir par carte postale.

Veuillez agréer, Messieurs, mes salutations distinguées.

Léon Bertrand.

Envoyer le devis à:

M. Paul Jacquard, Chéry (Ardennes).

19.

Le patron propose un nouveau tracé pour la ligne aérienne.

Paul Jacquard.
Usine hydraulique et à vapeur.
Chéry sur Serre.

Chéry, le 27 mars 19..

Monsieur Léon Bertrand, Grenoble.

Tous mes remerciements des informations que me portait votre lettre du 25 courant. Sous pli séparé, vous m'avez adressé, comme

papiere übermittelte Ausfertigung der Ausschreibung für die Sauggasmotoranlage habe ich zu meinen Akten genommen.

Herrn Fritz Keller, Gotha, habe ich benachrichtigt, daß Sie ihm die Unterlagen für die Fernleitung zugehen lassen werden.

Wie ich Ihnen bereits telephonisch mitteilte, haben die Vertreter der Eisenbahndirektion und der Straßenbauverwaltung eine Besprechung vorgeschlagen, in der gemeinschaftlich die genaue Führung der Fernleitung festgestellt werden soll. Ich bemerkte mir, daß Sie dieser Besprechung, die auf Sonnabend den 2. April anberaumt ist, beizuwohnen die Güte haben wollen.

Aus dem Plane, den ich Ihnen mit gleicher Post sende, ersehen Sie, daß es sich um eine neue Führung der Starkstromleitung handelt. Die Trace links der Strecke ist unmöglich geworden, weil wir gezwungen wären, mehrere Flurstücke zu kreuzen, mit deren Besitzern schwer zu verhandeln ist. Die neue Führung geht vom Abflußgraben in gerader Linie auf den etwa 150 Meter von der Schwarzabrücke entfernten Schlagbaum zu und kreuzt dort das Geleise. Rechts von dieser Brücke folgt die Leitung dem kleinen Seitenpfad an der Bahn entlang bis zum Bahnhof. Das Gesuch, diesen zu durchqueren, ist vom Bahnhofsvorstand, der die elektrische Beleuchtung des Bahnhofsgeländes anstrebt, lebhaft befürwortet worden. Die neue Führung ist kürzer und ermöglicht uns, allen Grundbesitz links der Bahn zu meiden. Sobald sie feststeht, können wir die Zahl der Masten, die Länge des Kupferdrahtes und das ganze für die Fernleitung erforderliche Material genau berechnen.

Von den Garten- und Wiesenbesitzern in Katzhütte, die für die Fernleitung in Frage kommen, habe ich bereits die notariell beglaubigte Ermächtigung in Händen, über ihr Gelände wegzugehen.

Den mir von der Kaiserl. Oberpostdirektion übermittelten Fragebogen haben Sie wohl inzwischen empfangen? Haben Sie die Güte, mir das Schriftstück ausgefüllt wieder zuzustellen, damit ich es zurückschicken kann.

Wäre es Ihnen denn nicht möglich, am 1. April hier einzutreffen, damit wir uns vor der Besprechung mit den Beamten in aller Ruhe mit dem Ortsleitungsnetz, den Hausanschlüssen, der Anzahl und Art der Straßenlampen und den Anschlußbedingungen befassen könnten?

An Anfragen fehlt es nicht, aber niemand will sich binden, bevor die Preise nicht genau feststehen. Bitte teilen Sie mir telegraphisch mit, ob ich Sie am 1. April erwarten darf, und um wieviel Uhr Sie eintreffen.

Ihrer Rückäußerung gern gewärtig, zeichne ich hochachtungsvoll

Karl Jähnig.

papier d'affaires, une expédition du cahier de charges concernant le gazogène par aspiration; je l'ai jointe à mon dossier.

J'ai prévenu M. Frédéric Calame, Charleville, que vous lui adresserez à temps un cahier de charges, relatif à la ligne aérienne.

Ainsi que je viens de vous informer par téléphone, MM. les fonctionnaires du chemin de fer et de la grande voirie ont proposé une entrevue, pour délibérer en commun du tracé exact de la ligne aérienne. J'ai pris note que vous voulez bien assister à cette conférence, fixée au samedi 2 avril prochain.

Vous verrez, par le plan que je vous adresse par ce même courrier, qu'il s'agit d'un nouveau tracé de la ligne à haute tension. Le passage à gauche est devenu impossible, parce que nous serions obligés de traverser plusieurs parcelles de terre, appartenant à des propriétaires difficiles à aborder. Le nouveau tracé passe du déversoir, en ligne droite, à la barrière de chemin de fer, située à environ 150 mètres du pont de la Serre, là il traverse la voie ferrée. Aussitôt ce pont à droite, la ligne suit le sentier latéral au chemin de fer, jusqu'à la gare. La demande d'autorisation de la traverser est fortement appuyée par le chef de gare, désirant obtenir l'éclairage électrique de l'embarcadère. Ce tracé est plus court que l'ancien; il nous permettra d'éviter toutes les propriétés du côté gauche. Aussitôt qu'il sera adopté, nous pourrons calculer le nombre des poteaux, le métrage des cuivres et tout le matériel nécessaire pour la ligne aérienne.

De la part des propriétaires des jardins et parcelles de prairies à traverser par la ligne aérienne à Rozoy, j'ai obtenu, par acte rédigé devant notaire, l'autorisation de passer sur leurs propriétés.

Vous avez reçu sans doute l'Etat No. 2, que m'avait adressé M. l'Ingénieur des Postes et Télégraphes, pour avoir les renseignements nécessaires pour son service. Vous voudrez bien me renvoyer cette pièce avec les renseignements demandés, pour que je puisse la lui retourner.

Ne vous serait-il pas possible de venir ici le 1er avril pour que, avant la conférence avec les fonctionnaires, nous puissions nous occuper à loisir de la canalisation municipale, des jonctions particulières, des nombre et type des candélabres et des conditions d'abonnement?

Les demandes abondent, mais personne ne veut se lier avant que les prix ne soient définitivement fixés. Veuillez me dire, par télégraphe, si je puis compter sur vous pour le 1er avril; et à quelle heure vous arriverez.

Dans l'attente de votre réponse, je vous présente, Monsieur, mes salutations empressées.

Paul Jacquard.

20.

Der beratende Ingenieur schickt Abschriften der Ausschreibung wegen Verdingung der Lieferung und Aufstellung einer Stromerzeugungsanlage.

Paul Köhn.
Beratender Ingenieur für Maschinen- und Elektrotechnik.
Leipzig, Weststraße 68.
Fernsprecher Nr. 10179.

Leipzig, den 29. März 19..

Herrn Karl Jähnig, Breitenbach.

Soeben habe ich Sie telegraphisch benachrichtigt, daß ich dem mir mit Ihrem Schreiben vom 27. März bekannt gegebenen Wunsche entsprechen und bereits am 1. April vormittag 10 Uhr in Katzhütte eintreffen werde.

Den Fragebogen der Kaiserl. Oberpostdirektion ließ ich Ihnen bereits gestern mit den erforderlichen Angaben wieder zugehen.

Den Plan mit der neuen Führung der Starkstromleitung bringe ich mit. Wir sprechen dann über einige Bedenken, die ich gegen diese Leitungsführung habe. Jedenfalls wird die Ausführung, obwohl die Leitung kürzer ist, etwas teurer als beim ersten Entwurf, da wir die Bahn zweimal kreuzen müssen.

Mit gleicher Post empfangen Sie zu Ihren Akten:

einen Abzug der Aufforderung, die ich an mehrere elektrotechnische Fabriken abgehen ließ;

eine Ausfertigung der die Stromerzeugungs- und Schaltanlage betreffenden Ausschreibungen.

Hochachtungsvoll

Paul Köhn.

4 Anlagen.

21.

Anlage I.

Aufforderung zum Wettbewerb.

Nachstehendes Schreiben ist nebst den erforderlichen Zeichnungen an folgende Firmen versandt worden: 1. Allgemeine Elektrizitätsgesellschaft, Berlin, Technisches Büro, Gotha; 2. Siemens-Schuckertwerke, G. m. b. H., Technisches Bureau, Erfurt; 3. Brown, Boveri & Cie., A.-G., Mannheim; 4. Elektrizitäts-Aktiengesellschaft vorm. H. Pöge, Ingenieur-Bureau, Leipzig.

Leipzig, den 29. März 19..

Firma . . . .

Herr Karl Jähnig in Breitenbach (Thüringen), dem die elektrische Beleuchtung der Ortschaft Katzhütte übertragen worden ist, hat mich

20.

L'ingénieur conseil envoie les copies du cahier de charges, concernant la soumission de fourniture et d'installation d'une usine génératrice.

Léon Bertrand.
Ingénieur conseil pour installations électriques, industrielles et techniques.
Grenoble, 16, place Grenette, 16.

Grenoble, le 29 mars 19..

Monsieur Paul Jacquard, Chéry.

Je viens de vous aviser, par télégramme, que, me conformant au désir que vous exprimez dans votre lettre du 27 courant, j'arriverai à Rozoy le 1er avril prochain, à 10 heures du matin.

Je vous ai renvoyé hier l'Etat No. 2, avec les renseignements demandés par M. l'Ingénieur des Postes et Télégraphes.

Je vous rapporterai le croquis du nouveau projet de la ligne aérienne à haute tension et vous communiquerai verbalement les quelques observations que j'ai à faire contre ce tracé. Bien qu'il soit plus court que le premier, il coûtera plus cher, parce qu'il faudra traverser deux fois la voie ferrée.

Par ce même courrier, vous recevrez pour compléter vos documents:

une expédition de la lettre d'invitation que j'ai adressée à plusieurs fabricants d'appareils électriques;

un exemplaire du cahier de charges relatif à l'installation de la génératrice et au tableau de distribution.

Agréez, Monsieur, mes civilités empressées.

4 annexes. Léon Bertrand.

21.

Annexe I.

Convocation à soumissionner.

Le texte suivant a été adressé aux maisons désignées ci après: 1° Compagnie française d'appareillage électrique, Paris; 2° Société d'éclairage électrique, Paris; 3° Société électrique du Nord, Roubaix; 4° Compagnie Générale électrique, Nancy.

Grenoble, le 29 mars 19..

MM. . . . .

Monsieur Paul Jacquard à Chéry, concessionnaire de l'éclairage électrique de la ville de Rozoy (Aisne), m'ayant chargé de l'étude de son

ersucht, ihm bei Errichtung seiner Anlage beratend zur Seite zu stehen. Dementsprechend bitte ich Sie, ihm gefl. ein Angebot auf den elektrischen Teil seines Unternehmens machen zu wollen, welches sich auf Lieferung und Aufstellung aller Maschinen und Apparate zu erstrecken hat, die erforderlich sind, um mechanische Kraft in elektrische Energie umzuwandeln.

Sie wollen sich des beiliegenden Formulars bedienen und angeben:

Preise und Lieferungsbedingungen;

Maße der Maschinen und Fundamente;

Leistung und Wirkungsgrad Ihrer Maschinen und Apparate, die durch Abnahmeversuche nachzuweisen sind;

äußerste Lieferfristen.

Sie können, je nach Ihrem Ermessen, zwischen einer Drehstrommaschine für Hochspannung oder einer solchen für Niederspannung mit Transformator wählen; die erforderliche Erregermaschine ist mitzuliefern.

Ihr Kostenanschlag hat also sämtliche Maschinen, Apparate, Leitungen und Verbindungen bis zu und mit den ersten Außenisolatoren der Fernleitung zu umfassen; die Fernleitung selbst ist ausgeschlossen.

Ich stehe gern zu Diensten, wenn Ihnen irgendwelche weitere Auskunft wünschenswert erscheinen sollte.

Für recht baldige Abgabe Ihres Kostenanschlags an die unten verzeichnete Adresse danke ich Ihnen im voraus und bitte mich umgehend zu benachrichtigen, ob Sie dieser Aufforderung Folge geben.

Hochachtungsvoll

Paul Köhn.

Herrn Karl Jähnig, Breitenbach (Thür.).

22.

Anlage II.

Allgemeine Bedingungen.

Der Unternehmer verpflichtet sich, Generatoren, Apparate und Motore zu liefern, die in jeder Beziehung völlig den Anforderungen nach dem heutigen Stand der Technik entsprechen.

Für Ausführung der gesamten Anlage gelten die Sicherheitsvorschriften des Verbandes deutscher Elektrotechniker sowie die Anordnungen der zuständigen Behörden.

Der Unternehmer haftet für alle Unfälle während des Baues, insofern ihn ein Verschulden trifft. Er liefert die zur Einreichung von Genehmigungsgesuchen an die zuständigen Behörden nötigen Zeichnungen, Erläuterungen und Beschreibungen und erteilt die für den Betrieb der Anlage erforderlichen Weisungen.

établissement, j'ai l'honneur de vous prier de lui adresser vos propositions, concernant la partie électrique de son entreprise et comprenant la fourniture et le montage de tous les appareils et machines nécessaires à transformer la force mécanique en énergie électrique.

Veuillez vous servir de la spécification modèle jointe à la présente pour indiquer:

vos prix et conditions de livraison;

les dimensions des machines et des fondations;

les essais auxquels vos machines et appareils pourront être soumis aux épreuves de réception;

les délais rigoureux de livraison.

Vous pourrez adopter, à votre choix, soit un alternateur triphasé à haute tension, soit un alternateur à basse tension avec transformateur; vous devrez prévoir l'excitatrice nécessaire.

Votre devis comprendra donc les machines, appareils, câbles et connexions jusqu'aux premiers isolateurs extérieurs de la ligne aérienne, les isolateurs compris, mais non la ligne aérienne.

Je me tiens à votre entière disposition pour vous fournir tous les renseignements complémentaires que vous pourrez désirer.

Je vous serai très obligé d'adresser, sans retard, vos propositions à l'adresse indiquée au bas et de me prévenir, au retour du courrier, si vous donnez suite à cette invitation.

Recevez, Messieurs, mes sincères salutations.

Léon Bertrand.

Monsieur Paul Jacquard, Chéry sur Serre (Aisne).

22.

Annexe II.

Conditions générales.

L'entrepreneur s'engage à fournir des génératrices, appareils et moteurs, répondant à toutes les règles de l'art moderne.

Toute l'installation sera exécutée en conformité des Instructions de la Chambre Syndicale des industries électriques de la France et des prescriptions et règlements administratifs sur la matière.

L'entrepreneur sera responsable des accidents qui pourraient survenir au cours des travaux et qui lui seraient imputables. Il fournira tous les plans, notices et descriptions nécessaires pour demandes d'autorisations, près des administrations compétentes, et toutes les instructions, concernant les soins à donner après la mise en service de l'installation.

Der Unternehmer haftet dem Auftraggeber für gutes Material, zweckmäßige Konstruktion und sachgemäße Ausführung auf die Dauer eines Jahres vom Tage der Inbetriebsetzung an gerechnet in der Weise, daß er sich verpflichtet, alle Teile, welche innerhalb dieser Zeit unbrauchbar werden, kostenfrei und unverzüglich zu ersetzen.

Der Unternehmer gewährleistet ferner den tadellosen Gang, die vereinbarte Kraftleistung und den zugesicherten Wirkungsgrad seiner Maschinen und Apparate.

Der Unternehmer macht bindende Angaben:

a) über die Spannungsänderung zwischen Leerlauf und Vollbelastung der Maschine und umgekehrt;

b) über die Wärmezunahme in den Wickelungen, die die Raumtemperatur keinesfalls übersteigen darf:

um mehr als 40° C nach 10stündigem Betrieb mit Vollast;

um mehr als 50° C nach 3stündigem Betrieb mit 20% Überlastung.

Der Auftraggeber übernimmt die Herstellung der Maschinenfundamente und die Lieferung der Wellenleitungen und Treibriemen. Nach Fertigstellung der Anlage läßt er eine Abnahmeprüfung durch einen verpflichteten Sachverständigen vornehmen. Dieser ist auch während des Baues befugt, ein unbeschränktes Überwachungsrecht auszuüben, um festzustellen, ob die vom Unternehmer angelieferten Teile und die auszuführenden Arbeiten den gestellten Forderungen entsprechen.

Sollte sich im Laufe der Untersuchung herausstellen, daß das angelieferte Material geändert, verbessert oder vervollständigt werden muß, so gehen die dadurch verursachten Kosten ausschließlich zu Lasten des Unternehmers, der verpflichtet ist, die erforderlich werdenden Arbeiten in kürzester Frist für seine Rechnung ausführen zu lassen. Auch wenn keinerlei Ausstellungen zu machen sind, schließt die vorläufige Abnahme der Anlage noch nicht deren endgültige Übernahme ein; diese erfolgt erst nach Ablauf der Gewährfrist.

Der Auftraggeber behält sich das Recht der Selbsthilfe für den Fall vor, daß die erforderlichen Ersatzstücke und Verbesserungen nicht innerhalb der üblichen Zeit geliefert werden, er kann sie also auf Kosten und Gefahr des Unternehmers anderweit beschaffen.

Der Auftraggeber verpflichtet sich, dem Unternehmer den Rechnungsbetrag in folgenden Teilzahlungen zu leisten:

$^3/_{10}$ bei der Bestellung;

$^3/_{10}$ bei der Inbetriebsetzung;

$^3/_{10}$ drei Monate nach Inbetriebnahme;

$^1/_{10}$ nach Ablauf der Gewährfrist.

Zahlungsbedingung ist freies Ziel; Bindung durch Annahme von Wechseln wird abgelehnt.

L'entrepreneur garantit l'acquéreur du bon matériel, de la construction pratique et de l'exécution minutieuse, pour la durée d'un an, à partir du jour de la mise en marche, prenant à sa charge de remplacer, pendant ce temps, immédiatement et à ses frais, toutes les pièces reconnues défectueuses.

L'entrepreneur se porte également garant du fonctionnement irréprochable, de la puissance convenue et du rendement indiqué de ses machines et appareils.

L'entrepreneur indiquera, sous sa garantie:

a) les variations de voltage, en passant de la pleine charge à la charge zéro et inversement;

b) l'augmentation de température des enroulements qui, en aucun cas, ne dépassera la température ambiante:

de plus de 40 degrés centigrades, après 10 heures de fonctionnement en pleine charge;

de plus de 50 degrés centigrades, après 3 heures de marche, avec une surcharge de 20 pour cent.

L'acquéreur exécutera les fondations des machines et fournira les transmissions et les courroies. Après l'achèvement de l'installation, il fera procéder à l'expertise et aux épreuves de réception, par un agent réceptionnaire. Cet expert aura, pendant l'installation, un droit de contrôle absolu sur les fournitures et les travaux effectués par l'entrepreneur, afin de se rendre compte s'ils repondent aux conditions demandées.

Dans le cas où l'expertise établirait qu'il soit nécessaire de modifier, de réparer ou de compléter le matériel fourni, la dépense incombera toute entière à l'entrepreneur, qui devra exécuter ces travaux dans le plus bref délai possible et à ses frais. S'il n'y a pas de contestations, la réception provisoire n'implique pas la réception définitive, qui se fera seulement à l'expiration de la garantie.

L'acquéreur se réserve le droit d'ordonner, d'office, aux frais, risques et périls de l'entrepreneur, les remplacements et réparations qui ne seraient pas faits dans un temps normal.

L'acquéreur s'engage à verser à l'entrepreneur le montant de la commande par acomptes de la manière suivante:

$^3/_{10}$ à la commande;
$^3/_{10}$ à la mise en marche;
$^3/_{10}$ trois mois après la mise en service;
$^1/_{10}$ à l'expiration de la garantie.

Le règlement se fera directement; prière de ne pas faire de dispositions à ce sujet.

23.

Anlage III.

Beschreibung der zu liefernden Teile.

Zu liefern ist ein Dreiphasenstromerzeuger vollkommensten, neuesten Systems, mit einer Normalleistung von 60 Kilovoltampere, also unter Berücksichtigung einer Phasenverschiebung von $\cos \varphi = 0{,}8 = 48$ Kilowatt, bei einer Spannung von 3000 Volt und einer Stromstärke von 12 Ampere, mit höchstens 750 Umdrehungen in der Minute.

Das Dynamogestell muß kräftig gebaut sein. Die Dynamomaschine ist vollständig mit Grundplatte, Fundamentschrauben, doppelt breiter Riemenscheine, Spannschienen, einem Satz Reservebürsten und den erforderlichen Schraubenschlüsseln zu liefern.

Die Schalttafel hat aus einer oder mehreren sorgfältig geschliffenen weißen Marmorplatten von 30 Millimeter Stärke zu bestehen, die mit Umrahmung und eisernem Fußgestell zu versehen sind. Die Ränder der Befestigungslöcher dürfen weder ausgebrochen noch zersplittert sein, die Kupfer- und Messingteile sind sauber zu polieren und zu lackieren, die Kontaktflächen müssen metallisch rein sein.

Mit der Schaltanlage sind alle Apparate zu liefern, die zur Messung, Regulierung, Schaltung und Verteilung des Stromes dienen, ebenso alle Vorrichtungen, die zur Sicherung des Betriebes und der Arbeiter notwendig oder nützlich sind. Jedenfalls muß sie die im Kostenanschlag vorgesehenen Apparate aufweisen.

Der Querschnitt der Sammelschienen soll der Stromstärke entsprechen. Die Schienen sind in genügendem Abstand von der Schalttafel mit besonderen Isolatoren zu befestigen.

Die Verbindungen zwischen den Schienen und den verschiedenen Apparaten sind durch gut isolierte Kabel zu bewirken; die Kabellitzen endigen in Kabelschuhen, mit denen sie verbunden und verlötet sind. Um die drei Phasen zu unterscheiden, sind die Sammelschienen mit roter, blauer und grüner Emaillefarbe zu streichen.

Die Meßapparate sollen mit guter Dämpfung versehen sein. Die Schalter und die Sicherungen sind auf freistehenden Unterlagen zu befestigen, die aus unverbrennlicher und gegen Feuchtigkeit unempfindlicher Isoliermasse bestehen.

Der Einsatz der Sicherungen ist aus mehreren Streifen oder Drähten herzustellen, die an beiden Seiten mit Kupferplatten verbunden und verlötet sind. Die Sicherungen müssen unverbrennliche, nicht metallische Hülsen haben und so eingerichtet sein, daß ein Umherspritzen des geschmolzenen Metalles nicht möglich ist. Der Austausch des geschmolzenen Streifens muß schnell und gefahrlos bewirkt werden können.

23.

Annexe III.
Description des pièces à fournir.

La dynamo génératrice sera à courant triphasé du système le plus récent et le plus perfectionné, capable de débiter normalement 60 kilovoltampères, en tenant compte d'un décalage de phases, $\cos\varphi = 0,8$ $= 48$ kilowatts, à la tension de 3000 volts et l'intensité du courant de 12 ampères, faisant un maximum de 750 tours par minute.

Le bâti de la dynamo sera robuste. La génératrice sera fournie complète, avec la plaque de base, les boulons de fondation, la poulie double largeur, les glissières du tendeur, un jeu de balais de réserve et les clefs à écrous nécessaires.

Le tableau de distribution se composera d'une dalle ou de plusieurs panneaux de marbre blanc bien poli, de 30 millimètres d'épaisseur; il sera pourvu d'un encadrement monté sur un chevalet de fer. Les trous de fixation seront sans bavures ni éclats sur les bords, les cuivres et les laitons polis, puis vernis, les surfaces des contacts électriques à métal vif.

Le tableau sera pourvu de tous les appareils servant au mesurage, au réglage, au couplage et à la distribution du courant, ainsi que de tous les dispositifs d'avertissement et de sécurité jugés nécessaires ou utiles. Il portera notamment les appareils indiqués au devis ci-joint.

La section des barres collectrices correspondra à l'intensité du courant. Les barres seront maintenues écartées du tableau par des isolateurs spéciaux.

Les raccordements entre les barres et les divers appareils seront en câbles convenablement isolés; les câbles toronnés seront terminés par des souliers de câbles, auxquels ils seront attachés et soudés. Pour distinguer les trois phases, les barres de raccordement seront peintes au vernis rouge, bleu et vert.

Les appareils de mesure seront pratiquement apériodiques. Les interrupteurs et les coupecircuits seront montés sur des assises indépendantes, en matière isolante, incombustible et non hygrométrique.

Le fusible des coupecircuits sera formé de plusieurs lames ou fils engagés et soudés, à chaque extrémité, dans des blocs en cuivre. Les sûretés auront des enveloppes incombustibles et non métalliques et seront disposées de façon à ne permettre aucune projection de métal fondu. Le remplacement d'un fusible fondu devra pouvoir s'exécuter rapidement et sans danger.

24.

Anlage IV.

Kostenanschlag

für Herrn Karl Jähnig in Breitenbach a. d. Schwarza, betreffend Lieferung und betriebsfertige Aufstellung folgender Apparate und Instrumente:

1. ein Drehstromgenerator für eine Leistung von 60 Kilovoltampere = 48 Kilowatt, wenn der Leistungsfaktor $\cos\varphi$ gleich 0,8 ist; Spannung 3000 Volt, 50 Perioden in der Sekunde, höchstens 750 Umdrehungen in der Minute, Kraftbedarf von ... Pferdestärken, mit Grundplatte und 2 in den Seitenwangen eingegossenen Lagern; doppeltbreiter Riemenscheibe von 700 Millimeter Durchmesser und 380 Millimeter Breite; einem Satz Spannschlitten; einem Satz Fundamentankern; einem Satz Reservebürsten; Regulatore und die erforderlichen Schraubenschlüssel . . . ℳ. ....
2. eine mit der Wechselstrommaschine unmittelbar gekuppelte Erregermaschine für eine Leistung von ... Ampere und ... Volt . . . . „ ....
3. ein Drehstromtransformator mit Ölkühlung für eine Leistung von 15 Kilovoltampere; Übersetzungsverhältnis von 3000 auf 120 Volt, Wirkungsgrad bei voller Leistung .... Prozent . . . . „ ....
4. eine Schaltanlage bestehend aus einer sauber geschliffenen Marmorplatte oder mehreren Füllungen aus weißem Marmor mit dem dazu gehörigen Eisengerüst und den nachstehend verzeichneten Apparaten für Hoch- und Niederspannung: . . . . „ ....

A. Für den Drehstromgenerator:

3 Hochspannungssicherungen für 15 Ampere . . . . ℳ ....

1 dreipoliger Ausschalter in Ölkasten für 50 Ampere und 5000 Volt, hinter der Tafel, Handrad vor der Tafel „ ....

1 Strommesser mit Transformator für 15 Ampere . . . „ ....

1 Spannungsmesser mit Transformator für 3500 Volt . „ ....

1 Leistungsmesser mit Transformatoren für 70 Kilowatt bei 3100 Volt . . . . „ ....

1 Drehstrom-Elektrizitätszähler mit Transformatoren für 70 Kilowatt bei 3100 Volt . . . . „ ....

1 Magnetregulator hinter der Tafel, Handrad vor der Tafel . . . . „ ....

24.

Annexe IV.

Devis

pour Monsieur Paul Jacquard à Chéry sur Serre, concernant la fourniture et l'installation, en ordre de service, des appareils et instruments suivants:

1° une génératrice à courant alternatif triphasé capable de débiter 60 kilovoltampères = 48 kilowatts, le facteur de puissance étant cos φ égal à 0,8; tension en volts: 3000; nombre de périodes par seconde: 50; nombre de tours par minute: 750 au maximum, au régime de .... chevaux vapeur, avec plaque de base, 2 paliers venus de fonte avec les flasques, une poulie double de 700 millimètres de diamètre et 380 millimètres de largeur, un jeu de glissières ou rails tendeurs, un jeu de boulons de fondation, un jeu de balais de réserve et les clefs nécessaires pour écrous . . . Fr. ....

2° une excitatrice directement accouplée avec l'alternateur, pouvant débiter .... ampères et .... volts . . „ ....

3° un transformateur à courant alternatif triphasé et à bain d'huile, pouvant débiter 15 kilovoltampères, destiné à réduire la tension de 3000 volts à 120 volts; rendement à pleine charge .... pour cent . . . . „ ....

4° un tableau de distribution comprenant une dalle ou plusieurs panneaux de marbre blanc soigneusement poli, avec encadrement métallique et portant les appareils désignés ci-après pour la haute et la basse tension . . „ ....

A. Pour l'alternateur à courant triphasé.

3 coupecircuits haute tension 15 ampères . . . . . Fr. ....

1 interrupteur à 3 pôles, à bain d'huile, 50 ampères, 5000 volts, placé derrière le tableau, avec commande par devant . . . . „ ....

1 ampèremètre avec transformateur, 15 ampères . . „ ....

1 voltmètre avec transformateur, 3500 volts . . . „ ....

1 wattmètre avec transformateur, 70 kilowatts, 3100 volts . . . . „ ....

1 compteur pour courant triphasé avec transformateurs, 70 kilowatts, 3100 volts. . . . . „ ....

1 régulateur de champ placé derrière le tableau, se manœuvrant du devant. . . . . „ ....

B. Für die Erregermaschine:

1 Strommesser für ... Ampere . . . . ℳ ....
1 Spannungsmesser für ... Volt . . . . „ ....
1 Nebenschlußregulator hinter der Tafel, Handrad vor der Tafel . . . . „ ....

C. Für die Sammelschienen:

1 Synchronvoltmeter mit Umschalter . . . . ℳ ....
2 Glühlampen (Phasenanzeiger) . . . . „ ....
3 Hörnerblitzableiter mit Leitungen und Erdplatte . „ ....

D. Für den Transformator:

3 Hochspannungssicherungen für 5 Ampere . . . . ℳ ....
1 dreipoliger Ausschalter in Ölkasten für 25 Ampere bei 5000 Volt, hinter der Tafel, Handrad vor der Tafel . . „ ....

E. Für die Hauptleitung nach Katzhütte.

3 Hochspannungssicherungen für 15 Ampere . . . . ℳ ....
1 dreipoliger Ausschalter in Ölkasten für 25 Ampere bei 5000 Volt, hinter der Tafel, Handrad vor der Tafel . . „ ....

F. Niederspannungstafel:

Für die Niederspannung ist eine kleine Marmortafel zu liefern, enthaltend:
3 Sicherungen für 100 Ampere . . . . ℳ ....
1 dreipoliger Schalter für 100 Ampere . . . . . . „ ....

G. Verbindungen:

Herzustellen sind die Verbindungsleitungen zwischen: dem Drehstromerzeuger, der Erregermaschine, der Schaltanlage und dem Anschluß an die Freileitung nach Katzhütte, einschließlich der ersten 3 Isolatoren am Maschinenhause . . . . ℳ ....

B. Pour l'excitatrice:

1 ampèremètre à .... ampères . . . . Fr. ....
1 voltmètre à .... volts . . . . „ ....
1 régulateur de champ placé derrière le tableau, avec commande par devant . . . . „ ....

C. Pour les barres collectrices:

1 voltmètre synchrone avec commutateur . . . . . Fr. ....
2 lampes témoins de phases . . . . „ ....
3 parafoudres à cornes avec conducteurs et prise de terre . . . . „ ....

D. Pour le transformateur:

3 coupecircuits haute tension de 5 ampères . . . . Fr. ....
1 interrupteur tripolaire, à bain d'huile, 25 ampères, 5000 volts, placé derrière le tableau, se manœuvrant du devant . . . . „ ....

E. Pour la ligne aérienne à haute tension de Rozoy:

3 coupecircuits haute tension de 15 ampères . . . Fr. ....
1 interrupteur à 3 pôles, à bain d'huile, 25 ampères, 5000 volts, placé derrière le panneau, avec commande par devant . . . . „ ....

F. Tableau de distribution secondaire:

Pour la basse tension, il sera fourni un petit tableau de marbre portant:
3 coupecircuits de 100 ampères. . . . . Fr. ....
1 interrupteur tripolaire de 100 ampères . . . . . „ ....

G. Connexions:

A fournir tous les câbles de raccordement entre: la génératrice à courant triphasé, l'excitatrice, le tableau de distribution et le fil de départ de la ligne aérienne de Rozoy, y compris les 3 premiers isolateurs de l'usine génératrice Fr. ....

25.

Der Bauherr schickt die Entwürfe zur Fernleitung und zum Ortsleitungsnetz.

Karl Jähnig.
Mahlmühle mit Wasser- und Dampfbetrieb
Breitenbach a. d. Schwarza.

Breitenbach, den 4. April 19..

Herrn Paul Köhn, Leipzig.

Mit gleicher Post lasse ich Ihnen in Sonderumschlag die vorgestern endgültig festgestellte Führungslinie der Starkstromleitung zugehen. Die Leitung überschreitet die Eisenbahn etwa 30 Meter unterhalb der Schwarzabrücke. An dieser Stelle beträgt der Abstand zwischen dem oberen Drahte und dem Fußboden 9,11 Meter. Dann folgt die Leitung dem kleinen Fußwege rechts von der Bahn; diese ist zweigleisig und 3.20 Meter höher als die Wiese. Die längs der Bahn aufgestellten Masten tragen neun Telegraphen- oder Telephondrähte. Ich hoffe, daß diese Angaben genügen, um die von der Oberpostdirektion Erfurt eiligst gestellten nachträglichen Fragen zu beantworten. Da die Führungslinie genau eingezeichnet ist, so wird es möglich sein, die Anzahl der erforderlichen Masten ungefähr zu berechnen und festzustellen, wie viel Kupferdraht und sonstiges Material notwendig ist. Für die unterirdische Kreuzung des Bahnhofes ist armiertes Bleikabel zu verwenden.

Der Sonderumschlag enthält ferner eine flüchtige Skizze des in Katzhütte geplanten Verteilungsnetzes. Ich will am Montag hinfahren, um neue Anschlüsse zu sammeln und wegen der Ortsleitung zu unterhandeln. Alles erwartet mit Ungeduld den Beginn der Arbeiten; täglich werde ich mit Anfragen bestürmt und der Ortsvorstand hat mir bereits amtlich mitgeteilt, daß die Kraftanlage am 15. August in Betrieb sein müsse. Ich bitte Sie deshalb dringend, Ihre nächste Reise nach hier nicht länger aufzuschieben und wenigstens zwei Tage hier zu bleiben, damit wir alle Einzelheiten besprechen können, welche die städtische Beleuchtung, die Aufstellung der Masten, die elektrischen Einrichtungen im Rathause, in den Schulen und in der Markthalle betreffen. Auch müssen Sie noch einige Weisungen über das Maschinenhaus und die Fernleitung geben.

Ich erwarte Sie also mit Ungeduld und rechne darauf, ihre Zusage recht bald zu erhalten. Inzwischen begrüße ich Sie

hochachtungsvoll

Karl Jähnig.

25.

Le patron envoie les croquis de la ligne à haute tension et du réseau de distribution.

Paul Jacquard.
Usine hydraulique et à vapeur.
Chéry sur Serre.

Chéry, le 4 avril 19..

Monsieur Léon Bertrand, Grenoble.

J'ai l'honneur de vous adresser, par ce même courrier, sous pli séparé, le tracé définitif de la ligne aérienne à haute tension, tel qu'il a été fixé avant hier. La ligne traversera la voie du chemin de fer, à une trentaine de mètres au dessous du pont de la Serre. A cet endroit, la hauteur du fil supérieur est de 9,11 mètres par rapport au sol. Ensuite la ligne longera le petit sentier, à droite de la voie ferrée, qui est double et de 3,20 mètres supérieure au sol de la prairie. Les poteaux du chemin de fer supportent neuf fils télégraphiques ou téléphoniques. J'espère que ces indications suffiront, pour envoyer à Amiens les renseignements complémentaires que M. l'Ingénieur des Postes et Télégraphes vous a demandés d'urgence. Comme le tracé est très exact, il vous permettra également de compter les poteaux nécessaires et de calculer le fil de cuivre et le matériel à acheter. La traversée souterraine de la gare sera établie en câble armé.

Le pli séparé renferme de plus un croquis sommaire du système de distribution dans Rozoy. Je m'y rendrai lundi, pour recueillir de nouveaux abonnements et traiter le réseau municipal. Tout le monde est très impatient que les travaux soient commencés; tous les jours, je reçois de vives réclamations et M. le maire m'a demandé formellement à ce que la station fonctionne pour le 15 août. C'est pourquoi je vous prie instamment de ne pas trop différer votre prochain voyage et de nous rester au moins deux jours, pour fixer tous les détails concernant l'éclairage de la ville, l'emplacement des poteaux, des candélabres et des consoles, les installations électriques à l'Hôtel de ville, dans les écoles, aux halles du marché etc. Il faudra également donner vos instructions relativement à l'usine et à la ligne aérienne.

Je vous attends donc avec impatience et compte recevoir bientôt votre promesse de venir. Recevez, Monsieur, mes plus sincères salutations.

Paul Jacquard.

26.

Der beratende Ingenieur schickt Abschriften der Ausschreibung für die Verdingung der Lieferung und Herstellung einer Fernleitung und einer Ortsleitung.

Paul Köhn.
Beratender Ingenieur für Maschinen- und Elektrotechnik.
Leipzig, Weststraße 68.
Fernsprecher No. 10179.

Leipzig, den 7. April 19..

Herrn Karl Jähnig, Breitenbach.

Ich bestätige meine Depesche von heute vormittag, durch die ich Ihnen mitteilte, daß ich am Mittwoch den 10. ds. Mts. um 9 Uhr vormittags in Katzhütte einzutreffen gedenke. So gern ich Ihnen entgegenkommen möchte, so kann ich Ihnen dieses Mal doch nur einen Tag widmen, am Abend muß ich unbedingt wieder in Leipzig eintreffen. Ich habe versucht, meine Anordnungen so zu treffen, daß mir zwei Tage hintereinander blieben, aber es ist mir nicht gelungen, und so will ich Ihnen lieber den Mittwoch frei halten, als Sie auf später vertrösten.

Da wir den ganzen Tag vor uns haben, hoffe ich übrigens Zeit genug zu finden, um das Dringendste zu erledigen; ich bitte, Ihre Anordnungen demgemäß zu treffen.

Mit gleicher Post lasse ich Ihnen Abschriften der Ausschreibung für die Fernleitung vom Kraftwerk in Breitenbach bis nach der Transformatorenstation in Katzhütte und für die Ortsleitung in Katzhütte zugehen. Weisungsgemäß schickte ich Herrn Fritz Keller in Gotha je eine Ausfertigung.

Die von der Oberpostdirektion in Erfurt geforderten Ergänzungen zu den bereits früher gemachten Angaben habe ich schon vorgestern abgehen lassen.

5 Anlagen.

Hochachtungsvoll

Paul Köhn.

26.

L'ingénieur conseil envoie les copies du cahier de charges, concernant la soumission de fourniture et d'installation des canalisations à haute et à basse tension.

Léon Bertrand.
Ingénieur conseil pour installations électriques, industrielles et techniques.
Grenoble, 16, place Grenette, 16.

Grenoble, le 7 avril 19. .

Monsieur Paul Jacquard, Chéry.

J'ai l'honneur de vous confirmer mon télégramme de ce matin, vous communiquant que j'irai le mercredi 10 courant à Rozoy, où j'arriverai à 9 heures du matin. Malgré tous mes désirs de vous être agréable, je ne pourrai, cette fois, vous consacrer plus d'une journée; il faut absolument que je rentre le soir à Grenoble. J'ai cherché de combiner mes affaires pour avoir deux jours de suite, mais je n'ai pu y arriver, et je préfère vous réserver la journée de mercredi que de vous remettre.

En prenant toute la journée, je pense d'ailleurs que nous aurons le temps d'expédier le plus pressant; veuillez disposer vos affaires en conséquence.

Par ce même courrier, je vous envoie les copies du cahier de charges relatif à la ligne aérienne, reliant l'usine de Chéry à Rozoy et au réseau de distribution dans Rozoy. Conformément à vos instructions, j'en ai envoyé une expédition à M. Frédéric Calame à Charleroi.

J'ai expédié, avant hier déja, les renseignements supplémentaires demandés par M. l'Ingénieur des Postes et Télégraphes à Amiens.

Agréez, Monsieur, mes civilités empressées.

Léon Bertrand.

5 annexes.

27.

Anlage I.

Aufforderung zum Wettbewerb.

Das folgende Schreiben ist an die in nachstehender Liste aufgeführten Firmen abgegangen: 1. Fritz Keller, Gotha; 2. Siemens-Schuckertwerke, G. m. b. H., Technisches Bureau Erfurt; 3. Bergmann, Elektrizitätswerke, Berlin; 4. Sachsenwerk, Licht- und Kraft-Aktiengesellschaft, Ingenieurbureau Leipzig; 5. Allgemeine Elektrizitätsgesellschaft Berlin, Technisches Bureau Gotha.

Leipzig, den 7. April 19..

Firma . . . .

Im Auftrage der Firma Karl Jähnig, Breitenbach, die es übernommen hat, die Ortschaft Katzhütte mit elektrischer Energie zu versorgen, ersuche ich Sie, mir die Preise aufzugeben für:

1. Herstellung einer teils aus Kabel teils aus Freileitung bestehenden Starkstromleitung vom Kraftwerk in Breitenbach nach dem Transformatorenhause in Katzhütte;
2. Herstellung des Ortsleitungsnetzes in Katzhütte und Aufstellung der für die Straßenbeleuchtung erforderlichen Lampen;
3. Herstellung der Hausanschlüsse in Katzhütte.

Sie wollen gefälligst von den „Allgemeinen Bedingungen“, die ich meinem Schreiben beifüge, Kenntnis nehmen und mir sobald als möglich die beifolgenden Ausfertigungen mit Angabe Ihrer Einheitspreise und Ihrer Unterschrift versehen wieder zuschicken.

Hochachtungsvoll

Paul Köhn.

28.

Anlage II.

Allgemeine Bedingungen für die Fernleitung.

Die Leitung ist vom Kraftwerk ab bis zum Bahnhof in Katzhütte Freileitung, von der Kreuzung des Bahnhofs ab bis zum Transformatorenhaus Kabelleitung.

A. Freileitung.

Leitungsmaste. Die Holzmaste müssen 10,5 Meter Länge und 18 Zentimeter Zopfstärke haben. Sie müssen alle für den Gebrauch, zu dem sie bestimmt sind, erforderlichen Eigenschaften besitzen, sorgfältig imprägniert, am Fußende geteert und an den Winkelpunkten verstrebt sein. Das zur Anwendung kommende Imprägnierungsverfahren ist genau zu beschreiben.

27.

Annexe I.
Convocation à soumissionner.

La lettre suivante a été adressée aux maisons dont voici la liste: 1° M. Frédéric Calame, Charleville; 2° MM. Lahaye et Cie., Mézières; 3° M. Clarisse, Reims; 4° MM. Lemoine frères, Paris; 5° Maison Vve. Laurent et Lavaux, Dijon.

Grenoble, le 7 avril 19..

M. . . . .

J'ai l'honneur de vous prier, au nom de M. Jacquard, Chéry, concessionnaire de l'éclairage électrique de Rozoy (Aisne), de m'indiquer vos prix pour:

1° l'installation de la canalisation à haute tension, tant aérienne que souterraine, entre son usine à Chéry et la station réceptrice de Rozoy;

2° l'installation du réseau de distribution, dans Rozoy, et des lampes de l'éclairage public;

3° les installations particulières dans la ville de Rozoy.

Vous voudrez bien, à cet effet, prendre connaissance des «Conditions générales» jointes à la présente, et m'indiquer vos prix unitaires, en me retournant, au plus tôt, les expéditions incluses revêtues de votre signature.

Recevez, M. . . . . mes sincères salutations.

Léon Bertrand.

28.

Annexe II.
Conditions générales pour la ligne aérienne.

La canalisation à haute tension est aérienne, depuis l'usine génératrice jusqu'à la gare de Rozoy; elle est souterraine, pour la traversée de la gare jusqu'à la station réceptrice.

A. Ligne aérienne.

Poteaux. Les poteaux de bois doivent avoir 10,5 mètres de longueur et 18 centimètres au sommet. Ils doivent présenter toutes les qualités nécessaires pour l'usage auquel ils sont destinés, être imprégnés avec soin, goudronnés au pied et contrefichés aux angles. Indiquer avec exactitude le procédé d'injection employé.

Fracht und Aufstellung. Die Preise der Leitungsmaste sind frei Bahnhof Katzhütte zu stellen. Die für die Beförderung an den Aufstellungsort und für die Aufstellung ausgeworfenen Preise umfassen: den Fuhrlohn, das Tragen bis zur Verwendungsstelle, die Aushebung der 2 Meter tiefen Gruben: a) in gewöhnlichem Gelände; b) in steinigem Gelände und auf chaussierten Straßen; c) im Felsen; die Aufrichtung der Masten und das Zufüllen der Gruben. — Alle an Verkehrswegen vorzunehmende Arbeiten müssen mit größter Beschleunigung und den Anordnungen der Straßenbauverwaltung, der Bahn- und Postbehörden gemäß durchgeführt werden.

Leitungsdrähte. Die Freileitung besteht aus blankem Draht von 16 Quadratmillimeter Querschnitt und höchster Leitfähigkeit. Der hart gezogene Kupferdraht ist mittels Porzellanisolatoren an den Masten zu befestigen, vor dem Verlegen gut zu richten und gerade zu spannen. Die Verbindungen sind dergestalt sorgfältig herzustellen, daß sie in bezug auf Festigkeit und Leitfähigkeit dem Kupferdraht gleichwertig sind.

Kabelleitung.

Das unterirdische Kabel. Das Hochspannungskabel soll aus drei gut isolierten mit schwachem Drall zusammengedrehten Leitern bestehen. Diese sind doppelt mit nahtlosem Bleimantel zu umhüllen und doppelt mit Eisenband zu bewickeln. Die beiden Eisenbänder müssen in gleicher Richtung laufen und an den Rändern überdeckt sein. Zwischen der Bleihülle und den Eisenbändern ist eine aus geteerter Jute bestehende Schicht einzulegen. Die Eisenbänder sind ebenfalls mit einer Schicht geteerter Jute zu umkleiden. Die eine Kabellitze muß sich dadurch von den anderen unterscheiden, daß sie mit einem roten Faden durchschossen ist.

Die Isolierung der Drähte besteht aus imprägniertem Papier. Die Bleimäntel müssen je zwei Millimeter stark sein. Der Isolationswiderstand ist mit 750 Megohm bei 15 Grad Celsius für einen Kilometer Länge nach dreijähriger Benutzungsdauer zu gewährleisten.

Alle Teile müssen den Vorschriften des Verbandes deutscher Elektrotechniker entsprechen; diese Vorschriften sind auch für die Ausführung der Arbeiten genau zu beachten. Herr Jähnig und der von ihm damit beauftragte Sachverständige behalten sich die Prüfung ausdrücklich vor.

Freileitung und Kabelleitung sind so auszuführen, daß keinerlei Gefahr für Personen und keinerlei Hindernis für den öffentlichen Verkehr entstehen.

Port et pose. Le prix des poteaux s'entend franco en gare de Rozoy. Les prix pour le transport à pied d'œuvre et la pose doivent comprendre: le camionnage, le transport à dos d'hommes jusqu'aux trous, le creusage des trous de 2 mètres de profondeur: a) en terrain ordinaire; b) en terrain rocailleux ou chaussée empierrée; c) dans le roc; la mise en place des poteaux et le remplissage des trous. — Tout travail sur la voirie devra être effectué avec la plus grande célérité; il sera conforme aux prescriptions émanant des administrations des Ponts et Chaussées, des Chemins de fer et des Postes et Télégraphes.

Conducteurs. La ligne aérienne sera en fil nu de 16 millimètres carrés, de haute conductibilité. Le fil en cuivre écroui sera fixé aux poteaux, au moyen d'isolateurs en porcelaine, il sera bien redressé avant le tirage et tendu droit. Les jonctions seront faites avec soin et de façon à ne pas former des points faibles, soit mécaniquement soit électriquement.

Canalisation souterraine.

Le câble souterrain. Le câble haute tension doit être composé de trois torons bien isolés à faible torsion. Les torons seront revêtus d'une double gaine de plomb, sans couture, et armés de deux rubans d'acier doux enroulés dans le même sens et à joints recouverts. Une couche de jute goudronné est interposée entre le plomb et les feuillards de fer. Ces feuillards seront également recouverts d'une enveloppe en jute goudronné. L'un des torons doit se distinguer des deux autres, c'est pour cela qu'il y sera introduit un cordon rouge.

L'isolement des conducteurs sera fait de papier imprégné. L'épaisseur de chaque gaine de plomb sera de deux millimètres. L'isolement kilomètrique de 750 méghomes à 15 degrés centigrade, après trois ans de fonctionnement, sera garanti.

Le matériel fourni doit satisfaire aux conditions d'installation et d'isolement de la Chambre Syndicale des industries techniques de la France; les travaux d'installation devront être conformes aux prescriptions ministérielles du 5 septembre 1898; ils sont soumis à la vérification de Monsieur Jacquard et de l'expert délégué par lui.

La canalisation tant aérienne que souterraine sera établie de façon à ne constituer aucun danger pour les personnes et à ne présenter aucun inconvénient pour le fonctionnement des services publics.

29.

Anlage III.

Einheitspreise des für die Hochspannungsleitung erforderlichen Materials.

Verdingungsanschlag für Herrn Karl Jähnig in Breitenbach a. d. Schwarza über Lieferung und Aufstellung folgender Teile:

1. 75 imprägnierte Holzmasten von 10,5 Meter Länge und 18 Zentimeter Zopfstärke. Das Imprägnierungsverfahren ist genau anzugeben.
Preis für den Mast . . . . ℳ . . . .

2. Beförderung der Maste an den Standort; Aufstellen: a) in gewöhnlichem Gelände; b) in steinigem Gelände; c) im Felsen. Die Art der Befestigung im Erdreich und die Tiefe der Löcher sind anzugeben.
Preis für einen Mast . . . . „ . . . .

3. Etwa 10 Verstrebungen an den Winkelpunkten; zu liefern und aufzustellen.
Preis jeder Verstrebung . . . . „ . . . .

4. Etwa 8 Verankerungen aus Stahldraht; zu liefern und aufzustellen.
Preis jeder Verankerung . . . . „ . . . .

5. 2 Leitungsmaste aus Eisengitterwerk für eine Beanspruchung von 600 Kilogramm Seitenzug, 12 Meter über, 2 Meter unter dem Erdboden, einschließlich des Betonfundaments von 4 Kubikmeter Inhalt.
Preis für 1 Stück . . . . „ . . . .

6. 225 Hochspannungsisolatoren mit dreifacher Regenglocke einschließlich der gebogenen Eisenstützen; zu liefern und an den Masten zu befestigen.
Preis für je 100 Stück. . . . . „ . . . .

7. 8000 Meter blanker, hartgezogener Kupferdraht von 16 Quadratmillimetern Querschnitt und $98^1/_2$ Prozent Leitfähigkeit; zu liefern und zu spannen.
Preis für 100 Meter . . . . „ . . . .

8. 300 Meter dreiseitig geschlossenes Schutznetz aus $2^1/_2$ Millimeter starkem, verzinktem Eisendraht; zu liefern und zu montieren.
Preis für 1 Meter . . . . „ . . . .

29.

Annexe III.

Prix unitaires du matériel à fournir pour la ligne à haute tension.

Soumission pour la livraison et la pose du matériel suivant pour Monsieur Paul Jacquard à Chéry sur Serre:

1° Fourniture de 75 poteaux en bois imprégné, longueur 10,5 mètres, diamètre au sommet 18 centimètres; avec indication exacte du procédé d'imprégnation

Prix par pièce . . . . Fr. . . . .

2° Transport des poteaux à pied d'œuvre; pose: a) en terrain ordinaire, b) en terrain rocailleux, c) dans le roc; avec indication du mode de fixation en terre et de la profondeur de l'enterrement

Prix par pièce . . . . „ . . . .

3° Fourniture et pose d'une dizaine de contrefiches aux angles

Prix par contrefiche . . . . „ . . . .

4° Fourniture et pose d'une huitaine de haubans en fil d'acier

Prix par hauban . . . . „ . . . .

5° Fourniture et pose de 2 pylones métalliques en treillis de fer, pour une résistance de 600 kilogrammes de traction horizontale, 12 mètres du dessus du sol, 2 mètres de profondeur, comprenant le massif de fondation de 4 mètres cubes de beton de ciment

Prix par pièce . . . . „ . . . .

6° Fourniture et pose de 225 isolateurs haute tension, à triple cloche en porcelaine, à support de fer recourbé

Prix par le cent . . . . „ . . . .

7° Fourniture et tirage de 8000 mètres fil nu en cuivre écroui de 16 millimètres carrés de section, ayant $98^1/_2$ pour cent de conductibilité électrique

Prix par 100 mètres . . . . „ . . . .

8° Fourniture et montage de 300 mètres filet de garde fermé sur trois côtés, en fil de fer galvanisé de $2^1/_2$ millimètres de section

Prix par mètre . . . . „ . . . .

9. 300 Meter unterirdisches Kabel, bestehend aus 3×16 Quadratmillimeter starkem, gut isoliertem Kupferseil mit Bleimantel und Eisenbandbewicklung; zu liefern und zu verlegen.

Preis für 1 Meter . . . . ℳ ....

10. 1 Kabelendverschluß zur Befestigung am Mast; zu liefern und zu montieren.

Preis . . . . „ ....

11. 1 Kabelendverschluß zur Verwendung im Transformatorenhaus; zu liefern und zu montieren.

Preis . . . . „ ....

12. 80 Warnungsschilder: Vorsicht! Hochspannung! zu liefern und zu befestigen.

Preis pro Stück . . . . „ ....

Bei Mehr- oder Minderlieferung bleiben die festgesetzten Einheitspreise für die Abrechnung maßgebend.

30.

Anlage IV.

Allgemeine Bedingungen für die Ortsleitung.

Transformatorenstation. Der für Licht- und Kraftbedarf bestimmte elektrische Strom wird in der Transformatorenstation in Katzhütte von 3000 Volt Hochspannung auf 120 Volt herabtransformiert.

Diese Transformatorenstation soll dicht am Bahnhof errichtet werden und aus einem besonderen aus Mauerwerk herzustellenden, viereckigen Gebäude bestehen, das bei 2 × 2 Metern Grundfläche eine Höhe von 8 Metern bis Unterkante Dach erhält.

Der von unten eintretende Hochspannungsstrom geht durch die links der Türe aufgestellten Apparate zum Transformator, dessen Klemmschrauben oben liegen, und von diesem durch die Niederspannungsschalttafel zu den hoch gelegenen Ausgangsstellen.

Verteilungsnetze. Die Stromverteilung erfolgt durch zwei getrennte Leitungsnetze, von denen das eine die Lampen und Motore in den Häusern, das andere die für die städtische Beleuchtung bestimmten Lampen speist.

Der für die Ortsbeleuchtung dienende Stromkreis versorgt die Lampen in den Straßen, in der Kirche und im Rathause. Der für Privatzwecke dienende Stromkreis versorgt die Abnehmer mit Licht und Kraft.

Straßenbeleuchtung. Die öffentliche Beleuchtung soll etwa 80 Glühlampen von 25 Normalkerzen umfassen. Im Festsaal, dem Ge-

9° Fourniture et pose de 300 mètres câble souterrain composé de trois fils conducteurs isolés de 3×16 millimètres carrés de section, revêtus d'une gaine de plomb et enroulés d'un ruban de fer

Prix par mètre . . . . Fr. . . . .

10° Fourniture et pose d'un manchon d'extrémité, pour fixer le câble au poteau

Prix . . . . ,, ...

11° Fourniture et pose d'un manchon d'extrémité, pour relier le câble à la station réceptrice

Prix . . . . ,, ...

12° Fourniture et pose de 80 écriteaux portant des flèches d'avertissement et les mots: Attention! Haute tension!

Prix par pièce . . . . ,, ...

En cas de plus ou de moins dans le métrage de l'installation définitive, les sommes à facturer ou à déduire seront basées sur les prix unitaires établis ci-dessus.

30.

Annexe IV.

Conditions générales relatives à la canalisation à basse tension.

Station de transformation. Pour la lumière et la force motrice, le courant électrique sera réduit de la tension de 3000 volts à la tension de 120 volts, dans la station réceptrice de Rozoy.

Cette station occupera un emplacement tout près de la gare; elle sera installée dans un bâtiment séparé en maçonnerie, de forme rectangulaire, de 2 fois 2 mètres de superficie et de 8 mètres de hauteur, non compris la toiture.

Le courant haute tension arrivera par la partie inférieure, traversera les appareils situés du côté gauche du portique jusqu'au transformateur dont les bornes seront situées en haut; il passera ensuite par le tableau de distribution, le départ se fera par le haut.

Réseaux distributeurs. La distribution du courant électrique se fera par deux réseaux distincts, l'un pour l'éclairage et les moteurs des particuliers, l'autre pour les lampes destinées à l'éclairage public.

Le circuit d'éclairage public alimentera les lampes des rues, de l'Eglise et de l'Hôtel de ville. Le circuit d'éclairage privé distribuera aux abonnés le courant pour la lumière et la force motrice.

Eclairage public. L'éclairage public comprendra à peu près 80 lampes à incandescence de 25 bougies chacune. 40 lampes à incan-

meinderatszimmer, der Kanzlei, dem Polizeibureau und auf den Treppen und Gängen des Rathauses werden 40, in der Kirche 20 Glühlampen angebracht.

Hausanschlüsse. Die Hausanschlüsse für Privatleitungen sind einschließlich allem Zubehör und aller Arbeiten von der Hauptleitung ab bis in die Wohnung der Abnehmer für Rechnung der Verbraucher herzustellen.

Die Durchführungen der Mauern sind mit Isolierrohren auszustatten. Die Einführung der Drähte in die Zimmer hat dicht an der Decke, nicht an den Türgewänden zu erfolgen. Die Sicherungen sind soweit wie möglich an einem im Hausflur gelegenen Punkte zu vereinigen.

Elektrizitätszähler. Der Stromverbrauch wird entweder nach den Angaben der Zähler oder zum Pauschalsatze berechnet. Die Zähler sind vom Unternehmer zu liefern; die Abnehmer können sie kaufen oder mieten. Die Preise des Unternehmers bedürfen der Zustimmung des Gemeinderats, sie sind alle fünf Jahre nachzuprüfen und dem Gemeinderat wiederum zur Genehmigung vorzulegen.

Belastung des Leitungsquerschnitts. Die Belastung soll nicht überschreiten:

3 Ampere auf das Quadratmillimeter bei Querschnitten von 1—5 mm²;
2 Ampere auf das Quadratmillimeter bei Querschnitten von 6—20 mm².

Der einzelne Draht darf nicht unter $^9/_{10}$ Millimeter Durchmesser haben. Der Spannungsabfall zwischen der Sicherung und den Klemmschrauben irgendeiner Lampe soll keinesfalls 2,5 Volt übersteigen. Die Verbindungsstellen der Drähte oder Kabel dürfen sich nicht merklich erhitzen.

Benachrichtigungspflicht. Der Unternehmer verpfichtet sich, die Ortsverwaltung jedesmal im voraus schriftlich zu benachrichtigen, wenn er bei Durchführung seiner Arbeiten gezwungen ist, öffentliche Wege zu kreuzen. Jede an den Verkehrsstraßen vorzunehmende Arbeit ist mit größter Beschleunigung durchzuführen.

Zahlungen. Wegen aller Privatleitungen hat der Unternehmer unmittelbar mit dem Abnehmer zu verhandeln, mag dieser Eigentümer oder Mieter sein.

Herr Jähnig verpflichtet sich, für den Fall daß er Ihrer Firma die Ausführung des Ortsleitungsnetzes übertragen sollte, Ihnen alle die Privatanschlüsse betreffenden Anfragen und Bestellungen, die er erhält, zu übermitteln.

Zahlungen für Privatanschlüsse sind von den Beteiligten unmittelbar an den Unternehmer zu leisten, ohne jede Gewähr seitens des Herrn

descence seront placées dans la salle de fête, la salle du conseil communal, au secrétariat, au commissariat de police, dans les corridors et escaliers de l'Hôtel de ville; 20 lampes à l'Eglise.

Raccordements domestiques. Les jonctions particulières avec tous leurs accessoires et tous les travaux, depuis la conduite principale jusqu'à l'habitation des abonnés, se feront pour le compte des consommateurs.

Les percements de murs seront garnis de tubes isolants. La rentrée des fils dans les pièces se fera à ras du plafond et non sous les chambranles des portes. Les coupecircuits seront autant que possible réunis en un seul point situé dans le vestibule.

Compteurs d'électricité. L'électricité sera fournie au compteur ou à forfait. Les compteurs seront fournis par l'entrepreneur, les consommateurs peuvent les acheter ou louer. Les prix de l'entrepreneur doivent être soumis à l'approbation du Conseil communal; tous les cinq ans, ils seront vérifiés et soumis, de nouveau, à l'approbation du Conseil.

Densités du courant. Les densités du courant électrique ne devront pas dépasser:

3 ampères par millimètre carré, pour des sections de 1 à 5 mm^2;
2 ampères par millimètre carré, pour des sections de 6 à 20 mm^2.

Chaque fil aura au moins 0,9 mm de diamètre. La chute de tension entre le coupecircuit et les bornes d'une lampe quelconque ne devra pas dépasser 2,5 volts. Aucune jonction de fils ou de câbles ne devra s'échauffer sensiblement.

Obligation d'avertir. L'entrepreneur est tenu d'informer l'administration communale, par écrit et au préalable, chaque fois qu'il sera obligé de traverser la voie publique, pour l'exécution de ses travaux. Tout travail sur la voirie doit être exécuté avec la plus grande célérité possible.

Règlements de compte. Pour toutes les installations privées, l'entrepreneur traitera directement avec l'acquéreur que celui ci soit propriétaire ou locataire.

Monsieur Jacquard s'engage, dans le cas où ce serait votre maison qu'il chargerait de l'entreprise, à vous passer toutes les demandes et commandes d'installations particulières qu'il recevra.

Les règlements des installations particulières se feront directement à l'entrepreneur par les intéressés, sans aucune garantie de la part de

Jähnig, dem gleichwohl das Recht zusteht, zu prüfen, ob die Rechnungen den festgesetzten Preisen entsprechend ausgeschrieben worden sind.

Bezüglich der ihn persönlich angehenden Rechnungen bittet Herr Jähnig, keine Wechsel auf ihn zu ziehen; er behält sich vor, die Art der Zahlung von Fall zu Fall selbst zu bestimmen.

31.

Anlage V.

Einheitspreise des für die Ortsleitung erforderlichen Materials.

Verdingungsanschlag für Herrn Karl Jähnig in Breitenbach a. d. Schwarza über Lieferung und Aufstellung folgender Teile:

A. Transformator.

1. 1 Drehstromtransformator mit Ölkühlung für eine Leistung von 50 Kilovoltampere gleich 40 Kilowatt bei cosinus $\varphi = 0,8$, mit einem Übersetzungsverhältnis von 3000 auf 125 Volt; Wirkungsgrad bei voller Belastung .. Prozent.
   Preis . . . . ℳ . . . .
2. 3 Trennschalter für je 50 Ampere und 5000 Volt.
   Preis für das Stück . . . . „ . . . .
3. 3 Hörnerblitzableiter für 5000 Volt mit eisernen Querträgern und Erdplatten.
   Preis für das Stück . . . . „ . . . .
4. 3 Hochspannungssicherungen für je 15 Ampere und 5000 Volt.
   Preis für das Stück . . . . „ . . . .
5. 1 dreipoliger Ausschalter in Ölkasten für 50 Ampere und 5000 Volt.
   Preis . . . . „ . . . .

B. Verteilungstafel.

1. 1 kleine Verteilungstafel für die Apparate auf der Niederspannungsseite.
   Preis . . . . ℳ . . . .
2. 9 Sicherungen von je 75 Ampere für die beiden Leitungsnetze.
   Preis für das Stück . . . . „ . . . .
3. 3 dreipolige Ausschalter von je 75 Ampere für die beiden Leitungsnetze.
   Preis für das Stück . . . . „ . . . .

Monsieur Jacquard, qui se réserve cependant le droit de contrôler, si les factures sont établies conformément aux prix indiqués.

Quant aux factures qui le concernent directement, Monsieur Jacquard n'admet pas de disposer sur lui; il se réserve le droit d'indiquer le mode de règlement à sa convenance.

31.

Annexe V.

Prix unitaires du matériel à fournir pour la canalisation urbaine.

Soumission pour la fourniture et le montage du matériel ci-après pour Monsieur Paul Jacquard à Chéry sur Serre:

A. Transformateur.

1° 1 transformateur triphasé, à bain d'huile, puissance 50 kilovoltampères = 40 kilowatts = $\cos\varphi = 0{,}8$, destiné à réduire la tension de 3000 à 125 volts, rendement à pleine charge .... pour cent

Prix . . . . Fr. ....

2° 3 interrupteurs de séparation à 50 ampères et 5000 volts

Prix à la pièce . . . . „ ....

3° 3 parafoudres à cornes pour 5000 volts, avec traverses ferrures et prises de terre

Prix à la pièce . . . . „ ....

4° 3 coupe circuits à haute tension pour 15 ampères et 5000 volts

Prix à la pièce . . . . „ ....

5° 1 interrupteur tripolaire, à bain d'huile, pour 50 ampères et 5000 volts

Prix . . . . „ ....

B. Tableau de branchement.

1° 1 petit tableau de distribution pour les appareils côté basse tension

Prix . . . . Fr. ....

2° 9 coupe circuits à 75 ampères pour les deux réseaux

Prix à la pièce . . . . „ ....

3° 3 interrupteurs tripolaires à 75 ampères chacun, pour les deux reséaux

Prix à la pièce . . . . „ ....

4. Die Verbindungskabel, die den Transformator mit der Tafel und die Tafel mit den beiden Freileitungen verbinden.

Preis . . . . ℳ . . . .

C. Freileitung.

1. 80 imprägnierte Holzleitungsmaste, Gesamtlänge 8,5 Meter, Zopfstärke 14 Zentimeter, mit Angabe des Imprägnierungsverfahrens.

Preis für das Stück . . . . ℳ . . . .

2. Beförderung der Masten an den Standort und Aufstellung mit Angabe der Befestigungsart.

Preis für das Stück . . . . „ . . . .

3. 15 Verstrebungen an den Winkelpunkten.

Preis für das Stück . . . . „ . . . .

4. 10 Verankerungen aus Stahldraht, teils im Erdboden, teils an den Häusern zu befestigen.

Preis für das Stück . . . . „ . . . .

5. 240 Porzellanisolatoren mit Doppelglocken und gebogenen Eisenstützen.

Preis für das Stück . . . . „ . . . .

6. 1000 Meter blankes Kupferkabel von 35 Quadratmillimetern Querschnitt.

Preis für 1 Meter . . . . „ . . . .

7. 2000 Meter blanker Kupferdraht von 25 Quadratmillimetern Querschnitt.

Preis für 1 Meter . . . . „ . . . .

8. 12 Blitzableiter mit Verbindungsleitungen und Erdplatten . . . . „ . . . .

D. Hausanschlüsse.

1. 60 Stück Zweileiterhausanschlüsse, bestehend aus:

a) 2 Isolatoren mit Eisenstützen und Steinschrauben;

b) 2 Mauerdurchführungen aus Isolierrohr mit Bleimantel und Porzellaneinführungspfeifen;

c) 2 Isolatoren mit Eisenstützen und Holzschrauben;

d) 20 Meter Kupferdraht von 6 Quadratmillimetern Querschnitt mit wetterbeständiger Isolation;

e) 1 zweipolige Sicherung von 6 Ampere maximal mit Bleiverschluß.

4 ° les câbles de raccordement reliant le transformateur au tableau et le tableau aux deux circuits aériens
Prix . . . . Fr. . . . .

C. Ligne aérienne.

1 ° 80 poteaux en bois imprégné, hauteur totale 8,5 mètres, diamètre au sommet 14 centimètres, avec indication du procédé d'imprégnation
Prix à la pièce . . . . Fr. . . . .

2 ° transport des poteaux à pied d'œuvre et pose, avec indication du mode de fixation
Prix à la pièce . . . . „ . . . .

3 ° 15 contrefiches aux angles
Prix à la pièce . . . . „ . . . .

4 ° 10 haubanages en fil d'acier, à fixer partie en terre, partie dans les murs des maisons
Prix à la pièce . . . . „ . . . .

5 ° 240 isolateurs en porcelaine à double cloche et supports de fer recourbés
Prix par pièce . . . . „ . . . .

6 ° 1000 mètres câble de cuivre nu de 35 millimètres carrés de section
Prix par mètre . . . . „ . . . .

7 ° 2000 mètres fil de cuivre nu de 25 millimètres carrés de section
Prix par mètre . . . . „ . . . .

8 ° 12 parafoudres avec conducteurs de raccordement et prises de terre
Prix à la pièce . . . . „ . . . .

D. Raccordements domestiques.

1 ° 60 canalisations à double fil comprenant:

a) 2 isolateurs avec supports de fer et boulons de scellement;

b) 2 traversées de mur, tube isolant avec gaine de plomb et pipes d'entrée en porcelaine;

c) 2 isolateurs avec supports de fer et vis à bois;

d) 20 mètres de fil de cuivre de 6 millimètres carrés de section, avec isolement résistant aux influences atmosphériques;

e) 1 coupe circuit bipolaire de 6 ampères au maximum, sous plomb.

Preis eines Hausanschlusses bei Ziegelmauerwerk . ℳ ....
Preis eines Hausanschlusses bei Bruchsteinmauerwerk . . . . „ ....
Zuschlag für jeden weiteren Meter Leitungsdraht . „ ....

2. 30 Stück Dreileiterhausanschlüsse, bestehend aus:

a) 3 Isolatoren mit Eisenstützen und Steinschrauben;

b) 3 Mauerdurchführungen aus Isolierrohr mit Bleimantel und Porzellaneinführungspfeifen;

c) 3 Isolatoren mit Eisenstützen und Holzschrauben;

d) 30 Meter Kupferdraht von 6 Quadratmillimetern Querschnitt mit wetterbeständiger Isolation;

e) 1 dreipolige Sicherung bis zu 6 Ampere mit Bleiverschluß.

Preis eines Hausanschlusses bei Ziegelmauerwerk . ℳ ....
Preis eines Hausanschlusses bei Bruchsteinmauerwerk . . . . „ ....
Zuschlag für jeden weiteren Meter Leitungsdraht . „ ....

3. 5 Stück Dreileiterhausanschlüsse, bestehend aus:

a) 3 Isolatoren mit Eisenstützen und Steinschrauben;

b) 3 Mauerdurchführungen aus Isolierrohr mit Metallmantel und Porzellaneinführungspfeifen;

c) 3 Isolatoren mit Eisenstützen und Holzschrauben;

d) 30 Meter Kupferdraht von 10 Quadratmillimeter Querschnitt mit wetterbeständiger Isolation;

e) 1 dreipolige Sicherung bis zu 25 Ampere mit Bleiverschluß.

Preis eines Hausanschlusses bei Ziegelmauerwerk . ℳ ....
Preis eines Hausanschlusses bei Bruchsteinmauerwerk . . . . „ ....
Zuschlag für jedes weitere Meter Leitungsdraht . „ ....

Die Preise sind so zu stellen, daß darin die Anlieferung aller Materialien und deren Befestigung mit Mauerdurchbohrungen und allen Nebenarbeiten enthalten sind.

E. Zähler.

a) Lieferung und Befestigung eines Einphasen-Wechselstromzählers von 5 Ampere, auf Eichenholzbrett von 450 × 300 × 20 Millimeter, das durch 4 Porzellanrollen von der Mauer isoliert ist, einschließlich der Verbindung des Hausanschlusses mit der Innenleitung.

Preis für das Stück . . . . ℳ ....

Prix du raccordement dans la brique . . . . . Fr. . . . .
Prix du raccordement dans la pierre . . . . . ,, ...
Prix par mètre supplémentaire de fil conducteur ,, ...

2° 30 lignes trifilaires comprenant:

a) 3 isolateurs avec supports de fer et boulons de scellement;

b) 3 traversées de mur, tube isolant avec gaine de plomb et pipes d'introduction en porcelaine;

c) 3 isolateurs avec supports de fer et vis à bois;

d) 30 mètres de fil de cuivre de 6 millimètres carrés de secteur, avec isolement résistant aux influences atmosphériques;

e) 1 coupe circuit tripolaire de 6 ampères au maximum, sous plomb.

Prix de la jonction dans la brique . . . . . . Fr. . . . .
Prix de la jonction dans la pierre . . . . ,, ...
Prix par mètre supplémentaire de fil conducteur ,, ...

3° 5 canalisations à 3 conducteurs comprenant:

a) 3 isolateurs avec supports de fer et boulons de scellement;

b) 3 traversées murales, tube isolant avec chemise métallique et pipes d'entrée en porcelaine;

c) 3 isolateurs avec supports de fer et vis à bois;

d) 30 mètres de fil de cuivre de 10 millimètres carrés de secteur, avec isolement résistant aux influences atmosphériques;

e) 1 coupe circuit tripolaire de 25 ampères au maximum, sous plomb.

Prix de la jonction dans la brique . . . . . . Fr. . . . .
Prix de la jonction dans la pierre . . . . ,, ...
Prix par mètre supplémentaire de fil conducteur ,, ...

Ces prix doivent comprendre la fourniture du matériel, les scellements, les percements de mur et tous les travaux accessoires.

E. Compteurs.

a) Fourniture et pose d'un compteur, pour courant monophasé de 5 ampères, sur planchette en bois de chêne de 450 × 300 × 20 millimètres, isolée du mur par 4 poulies en porcelaine, y compris le raccordement à l'installation intérieure

Prix par pièce . . . . Fr. . . . .

b) Lieferung und Befestigung eines Dreiphasen-Wechselstromzählers von 10 Ampere mit Zubehör, wie unter a)

Preis für das Stück . . . . ℳ . . . .

c) Lieferung und Befestigung eines Dreiphasen-Wechselstromzählers von 20 Ampere mit Zubehör, wie unter a)

Preis für das Stück . . . . „ . . . .

F. Lieferung und Montage der Leitungen, Lampen und Beleuchtungskörper.

a) 100 Glühlampen mit Glasbirnen, Fassungen, Verbindungsstücken, Schirmen aus emailliertem Eisenblech oder Porzellan, Schutzglocken, Wandarmen, beweglicher Aufhängung, Rosetten, Aufhängeringen, Kettchen, Sicherungen mit Schmelzstreifen, Ausschaltern, vollständiger Leitung, Isolatoren, Stützen, Schutzrohren, einschließlich des gesamten Befestigungsmaterials.

Preis für das Stück . . . . ℳ . . . .

b) 6 Bogenlampen von 10 Ampere einschließlich Überfangglasglocke. Zu jeder Lampe sind zu liefern: 2 Rollen für die Aufhängung, 1 Rolle zum Herunterziehen, 1 Winde und das Drahtseil, das gleichzeitig mit 2 gut isolierten Kupferseilen verbunden ist

Preis für das Stück . . . . „ . . . .

G. Zuschläge:

Die unter F. angegebenen Preise verstehen sich für einfache Lampen mit Glastulpe aus gewöhnlichem Glas, Glasbirne mit einfacher Fassung, Lichtschirm aus emailliertem Eisenblech, gut isolierter Anschlußleitung auf Porzellanscheiben und Deckenrosette, bei höchstens 1 Meter Entfernung von der Decke und Ausführung in trockenen Räumen.

Bei Ausführungen in feuchten Räumen werden folgende Zuschläge berechnet:

a) für Lampen mit wasserdichter Schutzglocke und Porzellanfassung.

Zuschlag für das Stück . . . . ℳ . . . .

b) für gut isolierte mit Seide umsponnene Drähte.

Zuschlag für das Stück . . . . „ . . . .

c) für Lampen mit Wechselschaltung von 2 verschiedenen Punkten.

Zuschlag für das Stück . . . . „ . . . .

d) für tragbare Lampen.

Zuschlag für das Stück . . . . „ . . . .

b) Fourniture et pose d'un compteur pour courant triphasé de 10 ampères avec les accessoires indiqués sous a)

Prix par pièce . . . . Fr. . . . .

c) Fourniture et pose d'un compteur pour courant triphasé de 20 ampères avec les accessoires énoncés sous a)

Prix par pièce . . . . ,, ...

F. Fourniture et pose des conduits, lampes et appareils d'éclairage.

a) 100 lampes à incandescence avec ampoules, douilles, raccords, abatjour en tôle émaillée ou en porcelaine, globes protecteurs, appliques, suspensions mobiles, rosaces, anneaux de suspension, chaînettes, coupe circuits fusibles, interrupteurs, canalisation complète, isolateurs, supports, tubes de protection et tout le matériel de fixation

Prix par lampe . . . . Fr. . . . .

b) 6 lampes à arc de 10 ampères avec globes en verre opalescent. A fournir avec chaque lampe: 2 poulies de suspension, 1 poulie de rappel, 1 treuil et la canalisation qui reliera en même temps les 2 câbles de cuivre bien isolés

Prix par lampe . . . . ,, ...

G. Prix supplémentaires.

Les prix indiqués sous F. s'entendent pour des lampes simples, avec tulipe en verre ordinaire, ampoule avec douille simple, abatjour de tôle émaillée, canalisation en fil bien isolé montée sur poulies en porcelaine et rosace de plafond, suspendue à 1 mètre au plus du plafond, et montage dans des locaux secs.

Pour les montages dans des locaux humides, les prix supplémentaires indiqués ci-après seront mis en compte:

a) pour les lampes munies de globe protecteur hermétique et de douilles en porcelaine

Supplément par lampe . . . . Fr. . . . .

b) pour fil isolé au caoutchouc naturel torsadé soie

Supplément par lampe. . . . . ,, ...

c) pour les lampes à double allumage de 2 endroits distincts

Supplément par lampe . . . . ,, ...

d) pour les lampes portatives

Supplément par lampe . . . . ,, ...

e) für Fassungen mit Hahn.
Zuschlag für das Stück . . . . ℳ . . . .

f) für Schalter bis zu 5 Ampere.
Zuschlag für das Stück . . . . „ . . . .

g) für Steckkontakte.
Zuschlag für das Stück . . . . „ . . . .

Die Preise für Kronleuchter und Luxusglas sind mit dem Erwerber zu vereinbaren.

Sämtliche Preise verstehen sich für vollständige Montage, einschließlich aller Befestigungen und Mauerdurchbohrungen.

Die Lampen müssen mit allem Zubehör geliefert und spätestens drei Monate nach der Bestellung installiert sein. Die Installation muß den Vorschriften des Verbandes deutscher Elektrotechniker entsprechen.

Die Zahlungen erfolgen je nach Fertigstellung bis auf ein Zehntel Haftsumme, auf die der Unternehmer erst ein Jahr nach der Inbetriebnahme unter den üblichen Bedingungen Anspruch hat.

32.

Der Bauherr schickt dem beratenden Ingenieur die erste Abschlagszahlung auf das Honorar.

Karl Jähnig.
Mahlmühle mit Wasser- und Dampfbetrieb.
Breitenbach a. d. Schwarza.

Katzhütte, den 9. April 19..

Herrn Paul Köhn, Leipzig.

Ihren Brief vom 7. dieses Monats und die auf die elektrische Fernleitung bezüglichen Schriftstücke empfing ich in Katzhütte, wo ich einige Tage zubringe, um die Arbeiten zu beschleunigen.

Gestatten Sie mir, Ihnen für die Schnelligkeit zu danken, mit der Sie die letzten Ausschreibungen bewirkt haben. Wenn das Unternehmen überhaupt zum vereinbarten Zeitpunkte fertig wird, so habe ich Ihnen diesen Erfolg zu danken. Hoffen wir, daß alles gut geht und daß die Anlage allen Beteiligten zur vollen Zufriedenheit gereicht.

Durch mein Bankhaus lasse ich Ihnen auf Ihr Honorar eine Teilzahlung von ℳ 1500 zugehen, um deren gefl. Gutschrift unter Anzeige ich bitte.

Mehr als 150 Hausanschlüsse sind bereits angemeldet; weiteres darüber bei Ihrer Anwesenheit hier, die, wie verabredet, am Mittwoch den 16. ds. Mts. stattfindet, vorausgesetzt daß bis dahin keine Absage erfolgt.

Hochachtungsvoll
Karl Jähnig.

e) pour les douilles à clef
Supplément par pièce . . . . Fr. . . . .

f) pour les interrupteurs jusqu'à 5 ampères
Supplément par pièce . . . . „ . . . .

g) pour les prises de courant à fiches
Supplément par pièce . . . . „ . . . .

Les prix pour lustrerie et verrerie de luxe sont à débattre avec l'acquéreur.

Tous les prix doivent comprendre le montage complet avec tous les scellements et percements de murs.

Les lampes seront fournies complètes et installées dans le délai de trois mois de date de la commande. Les installations devront satisfaire aux instructions d'installation et d'isolement de la Chambre Syndicale des industries électriques de la France.

Les paiements seront faits au fur et à mesure de l'exécution, sauf un dixième de garantie auquel l'entrepreneur n'aura droit qu'un an après la mise en service, sous les conditions d'usage.

32.

Le patron envoie à l'ingénieur conseil le premier acompte sur ses honoraires.

Paul Jacquard.
Usine hydraulique et à vapeur.
Chéry sur Serre.

Rozoy, le 9 avril 19..

Monsieur Léon Bertrand, Grenoble.

Votre lettre du 7 courant et les pièces concernant la canalisation électrique m'ont été remises à Rozoy, où je vais passer quelques jours pour activer les travaux.

Permettez-moi de vous remercier de votre promptitude à expédier les derniers cahiers de charges. Si jamais nous terminons l'entreprise à l'époque convenue, c'est à vous que je devrai ce succès. Espérons que tout ira bien et que l'éclairage donnera entière satisfaction à tous les intéressés.

Je vous fais adresser, par mon banquier, la somme de Fr. 1800, à compte de vos honoraires; veuillez m'en créditer, sous avis.

Plus de 150 installations particulières sont annoncées; nous en causerons à votre prochain voyage. Il est bien entendu qu'il aura lieu le mercredi 16 courant, sauf avis contraire d'ici là.

Veuillez agréer, Monsieur, mes salutations distinguées.

Paul Jacquard.

Druck
der Spamerschen
Buchdruckerei in Leipzig.

b) Elektrotechnik.

Radioaktivität von Dipl.-Ingenieur Wilhelm Frommel. Mit 21 Abbildungen. Nr. 317.

Elektrotechnik. Einführung in die Starkstromtechnik von J. Herrmann, Prof. der Elektrotechnik an der Königl. Technischen Hochschule Stuttgart. **I:** Die physikalischen Grundlagen. Mit 95 Figuren und 16 Tafeln. Nr. 196.

— — **II:** Die Gleichstromtechnik. Mit 118 Figuren und 16 Tafeln. Nr. 197.

— — **III:** Die Wechselstromtechnik. Mit 154 Figuren und 16 Tafeln. Nr. 198.

— — **IV:** Die Erzeugung und Verteilung der elektrischen Energie. Mit 96 Figuren und 16 Tafeln. Nr. 657.

Die Materialien des Maschinenbaues und der Elektrotechnik von Ingenieur Prof. Hermann Wilda in Bremen. Mit 3 Abbildungen. Nr. 476.

Einführung in die moderne Hochspannungstechnik von Dr.-Ing. K. Fischer in Hamburg-Bergedorf. Mit 92 Figuren. Nr. 609.

Die Gleichstrommaschine von Ingenieur Dr. C. Kinzbrunner in London. Mit 81 Figuren. Nr. 257.

Wechselstromerzeuger von Ingenieur Karl Pichelmayer, Professor an der k. k. Technischen Hochschule in Wien. Mit 40 Figuren. Nr. 547.

Ströme und Spannungen in Starkstromnetzen von Dipl.-Elektroing. Josef Herzog in Budapest und Professor Feldmann in Delft. Mit 68 Figuren. Nr. 456.

Die Akkumulatoren für Elektrizität vom Kaiserl. Regierungsrat Dr.-Ing. Richard Albrecht in Zehlendorf bei Berlin. Mit 52 Figuren. Nr. 620.

Die elektrisch betriebenen Fördermaschinen von A. Balthaser, Dipl.-Bergingenieur. Mit 62 Figuren. Nr. 678.

Die elektrische Telegraphie von Dr. Ludwig Rellstab. Mit 19 Figuren. Nr. 172.

Das Fernsprechwesen von Dr. Ludwig Rellstab in Berlin. Mit 47 Figuren und 1 Tafel. Nr. 155.

Die elektrischen Meßinstrumente. Darstellend die Wirkungsweise der gebräuchlichen Meßinstrumente der Elektrotechnik und kurze Beschreibung i. Aufbaues von J. Herrmann, Professor an der Königl. Technischen Hochschule Stuttgart. Mit 195 Figuren. Nr. 477.

c) Maschinenbau.

Praktisches Maschinenzeichnen von Ing. Rich. Schiffner in Warmbrunn. **I:** Grundbegriffe, Einfache Maschinenteile bis zu den Kuppelungen. Mit 60 Tafeln. Nr. 589.

— — **II:** Lager, Riem- und Seilscheiben, Zahnräder, Kolben-Pumpe. Mit 51 Tafeln. Nr. 590.

Die Kalkulation im Maschinenbau von Ing. H. Bethmann, Dozent am Technikum Altenburg. Mit 61 Abbildungen. Nr. 486.

Die Maschinenelemente. Kurzgefaßtes Lehrbuch mit Beispielen für das Selbststudium u. den praktischen Gebrauch v. Friedrich Barth, Oberingenieur in Nürnberg. Mit 86 Figuren. Nr. 3.

Metallurgie von Dr. Aug. Geitz in Kristianssand. I. II. Mit 21 Figuren. Nr. 313, 314.

Eisenhüttenkunde von A. Krauß, Diplom-Hütteningenieur. **I:** Das Roheisen. Mit 17 Figuren und 4 Tafeln. Nr. 152.

— — **II:** Das Schmiedeisen. Mit 25 Figuren und 5 Tafeln. Nr. 153.

Technische Wärmelehre (Thermodynamik) von K. Walther und M. Röttinger, Dipl.-Ingenieuren. Mit 54 Figuren. Nr. 242.

Die thermodynamischen Grundlagen der Wärmekraft- und Kältemaschinen von M. Röttinger, Diplom-Ing. in Mannheim. Mit 73 Figuren. Nr. 2.

Die Geschwindigkeitsregler der Kraftmaschinen von Dr.-Ing. H. Kröner in Friedberg. Mit 33 Figuren. Nr. 604.

Die Dampfmaschinen. Kurzgefaßtes Lehrbuch mit Beispielen für das Selbststudium u. d. praktischen Gebrauch von Friedrich Barth, Obering. in Nürnberg. 2 Bdchn. **I:** Wärmetheoretische und dampftechn. Grundlagen. Mit 64 Figuren. Nr. 8.

— — **II:** Bau u. Betrieb der Dampfmaschinen. Mit 109 Figuren. Nr. 572.

Die Dampfkessel. Kurzgefaßtes Lehrbuch mit Beispielen für das Selbststudium und den praktischen Gebrauch von Oberingenieur Friedrich Barth in Nürnberg. **I:** Kesselsysteme und Feuerungen. Mit 43 Figuren. Nr. 9.

— — **II:** Bau und Betrieb der Dampfkessel. Mit 57 Figuren. Nr. 521.

Die Gaskraftmaschinen. Kurzgefaßte Darstellung der wichtigsten Gasmaschinen-Bauarten von Ingenieur Alfred Kirschke in Kiel. 2 Bändchen. Mit vielen Figuren. Nr. 316 und 651.

Die Wasserturbinen von Diplom-Ingenieur P. Holl in Berlin. **I:** Allgemeines. Die Freistrahlturbinen. Mit 113 Abbildungen. Nr. 541.

— — **II:** Die Überdruckturbinen. Die Wasserkraftanlagen. Mit 102 Abbildungen. Nr. 542.

Die Dampfturbinen, ihre Wirkungsweise u. Konstruktion von Ingenieur Herm. Wilda, Prof. am staatl. Technikum in Bremen. Mit 104 Abbildungen. Nr. 274.

Die zweckmäßigste Betriebskraft von Friedrich Barth, Oberingenieur in Nürnberg. **I:** Einleitung. Dampfkraftanlagen. Verschiedene Kraftmaschinen. Mit 27 Abbildungen. Nr. 224.

— — **II:** Gas-, Wasser- und Windkraftanlagen. Mit 31 Abbildungen. Nr. 225.

— — **III:** Elektromotoren. Betriebskostentabellen. Graphische Darstellungen. Wahl der Betriebskraft. Mit 27 Abbildungen. Nr. 474.

Die Hebezeuge, ihre Konstruktion und Berechnung von Ingenieur Hermann Wilda, Professor am staatlichen Technikum in Bremen. Mit 399 Abbildungen. Nr. 414.

Pumpen, Druckwasser- und Druckluft-Anlagen. Ein kurzer Überblick von Dipl.-Ingenieur Rudolf Vogdt, Regierungsbaumeister a. D. in Aachen. Mit 87 Abbildungen. Nr. 290.

Die Werkzeugmaschinen für Holzbearbeitung von Ingenieur Prof. Herm. Wilda in Bremen. Mit 125 Abbildungen. Nr. 582.

Die Werkzeugmaschinen für Metallbearbeitung. von Ing. Prof. Hermann Wilda in Bremen. **I:** Die Mechanismen der Werkzeugmaschinen. Die Drehbänke. Die Fräsmaschinen. Mit 319 Abbildungen. Nr. 561.

— — **II:** Die Bohr- und Schleifmaschinen. Die Hobel-, Shaping- und Stoßmaschinen. Die Sägen und Scheren. Antrieb und Kraftbedarf. Mit 199 Abbildung. Nr. 562.

Die landwirtschaftlichen Maschinen von Karl Walther, Diplom-Ingenieur in Essen. 3 Bändchen. Mit vielen Abbildungen. Nr. 407—409.

Gießereimaschinen von Diplom-Ingenieur Emil Treiber in Heidenheim a. B. Mit 51 Figuren. Nr. 548.

Die Preßluftwerkzeuge von Diplom-Ingen. P. Iltis, Oberlehrer an der Kaiserlichen Technischen Schule in Straßburg. Mit 82 Figuren. Nr. 493.

d) Hochbau.

Vermessungskunde von Diplom-Ingenieur P. Werkmeister, Oberlehrer an d. Kaiserl. Techn. Schule in Straßburg i. E. **I:** Feldmessen und Nivellieren. Mit 146 Abbild. Nr. 468.

— — **II:** Der Theodolit. Trigonometrische und barom. Höhenmessung. Tachymetrie. Mit 109 Abbildungen. Nr. 469.

Die Baustoffkunde von Professor H. Haberstroh, Oberlehrer an der Herzoglichen Baugewerkschule Holzminden. Mit 36 Abbildungen. Nr. 506.

Industrie der Silikate, der künstlichen Bausteine und des Mörtels von Dr. Gustav Rauter in Charlottenburg. **I:** Glas und keramische Industrie. Mit 12 Tafeln. Nr. 233.

— — **II:** Die Industrie der künstlichen Bausteine und des Mörtels. Mit 12 Tafeln. Nr. 234.

Maurer- und Steinhauerarbeiten von Prof. Dr. phil. und Dr.-Ing. Eduard Schmitt in Darmstadt. 3 Bändchen. Mit vielen Abbildungen. Nr. 419—421.

Zimmerarbeiten von Carl Opitz, Oberlehrer an der Kaiserlichen Technischen Schule in Straßburg i. E. **I:** Allgemeines, Balkenlagen, Zwischendecken und Deckenbildungen, hölzerne Fußböden, Fachwerkswände, Hänge- und Sprengwerke. Mit 169 Abbildungen. Nr. 489.

Zimmerarbeiten II: Dächer, Wandbekleidungen, Simsschalungen, Block-, Bohlen- und Bretterwände, Zäune, Türen, Tore, Tribünen und Baugerüste. Mit 167 Abbildungen. Nr. 490.

Tischler-(Schreiner-) Arbeiten I: Materialien, Handwerkszeuge, Maschinen. Einzelverbindungen, Fußböden, Fenster, Fensterladen, Treppen, Aborte von Professor E. Viehweger, Architekt in Köln. Mit 628 Figuren auf 75 Tafeln. Nr. 502.

Eisenkonstruktionen im Hochbau. Kurzgefaßtes Handbuch mit Beispielen von Ingenieur Karl Schindler in Meißen. Mit 115 Figuren. Nr. 322.

Der Eisenbetonbau von Regierungs-Baumeister Karl Rößle in Berlin-Steglitz. Mit 77 Abbildungen. Nr. 349.

Heizung und Lüftung von Ingen. Johannes Körting, Direktor der Akt.-Ges. Gebrüder Körting in Düsseldorf. **I:** Das Wesen u. die Berechnung der Heizungs- und Lüftungsanlagen. Mit 31 Figuren. Nr. 342.

— — **II:** Die Ausführung der Heizungs- und Lüftungsanlagen. Mit 105 Figuren. Nr. 343.

Gas- und Wasserinstallationen mit Einschluß der Abortanlagen von Professor Dr. phil. und Dr.-Ing. Eduard Schmitt in Darmstadt. Mit 119 Abbildungen. Nr. 412.

Das Veranschlagen im Hochbau. Kurzgefaßtes Handbuch über das Wesen des Kostenanschlages von Architekt Emil Beutinger, Assistent an der Technischen Hochschule in Darmstadt. Mit vielen Figuren Nr. 385.

Bauführung. Kurzgefaßtes Handbuch über das Wesen der Bauführung von Architekt Emil Beutinger, Assistent an der Techn. Hochschule in Darmstadt. Mit 25 Fig. und 11 Tabellen. Nr. 399.

Industrielle und gewerbliche Bauten (Speicher, Lagerhäuser und Fabriken) von Architekt Heinrich Salzmann in Düsseldorf. **I:** Allgemeines über Anlage und Konstruktion der industriellen und gewerblichen Bauten. Nr. 511.

— — **II:** Speicher und Lagerhäuser. Mit 121 Figuren. Nr. 512.

Öffentliche Bade- und Schwimmanstalten von Dr. Karl Wolff, Stadt-Oberbaurat in Hannover. Mit 50 Figuren. Nr. 380.

Sportanlagen von Dr. phil. und Dr.-Ing. Eduard Schmitt in Darmstadt. **I:** Mit 90 Abbildungen. Nr. 684.

Die Baukunst des Schulhauses von Prof. Dr.-Ing. Ernst Vetterlein in Darmstadt. **I:** Das Schulhaus. Mit 38 Abbildungen. Nr. 443.

— — **II:** Die Schulräume. — Die Nebenanlagen. Mit 31 Abbildungen. Nr. 444.

Gasthäuser und Hotels von Architekt Max Wöhler in Düsseldorf. **I:** Die Bestandteile und die Einrichtung des Gasthauses. Mit 70 Figuren. Nr. 525.

— — **II:** Die verschiedenen Arten von Gasthäusern. Mit 82 Figuren. Nr. 526.

Geschäfts- und Warenhäuser von Hans Schliepmann, Königlicher Baurat in Berlin. **I:** Vom Laden zum „Grand Magasin". Mit 23 Abbildungen. Nr. 655.

— — **II:** Die weitere Entwickelung der Kaufhäuser. Mit 39 Abbildungen. Nr. 656.

Militärische Bauten von Reg.-Baumeister Robert Lang in Stuttgart. I. Teil. Mit 59 Abbildungen. Nr. 626.

e) Tiefbau.

Vermessungskunde von Diplom-Ingenieur P. Werkmeister, Oberlehrer an der Kaiserlichen Technischen Schule in Straßburg i. E. **I:** Feldmessen und Nivellieren. Mit 146 Abbildungen. Nr. 468.

— — **II:** Der Theodolit. Trigonometrische und barometr. Höhenmessung. Tachymetrie. Mit 109 Abbildungen. Nr. 469.

Die Baustoffkunde von Professor H. Haberstroh, Oberlehrer an der Herzoglichen Baugewerkschule Holzminden. Mit 36 Abbildungen. Nr. 506.

Industrie der Silikate, der künstlichen Bausteine und des Mörtels von Dr. Gustav Rauter in Charlottenburg. **I:** Glas und keramische Industrie. Mit 12 Tafeln. Nr. 233.

— — **II:** Die Industrie der künstlichen Bausteine und des Mörtels. Mit 12 Tafeln. Nr. 234.

Erdbau von Regierungs-Baumeister Erwin Link. Mit 72 Abb. Nr. 630.

Der Landstraßenbau von Königlichem Oberlehrer A. Liebmann, Betriebsdirektor a. D. in Magdeburg. Mit 44 Figuren. Nr. 598.

Die Entwicklung des modernen Eisenbahnbaues von Diplom-Ingenieur Alfred Birk, o. ö. Professor a. d. k. k. Deutschen Technischen Hochschule in Prag. Mit 27 Abbildungen. Nr. 553.

Die Linienführung der Eisenbahnen von H. Wegele, Professor an der Großherzoglichen Technischen Hochschule in Darmstadt. Mit 52 Abbildungen. Nr. 623.

Hochbauten der Bahnhöfe von Eisenbahnbauinspektor C. Schwab, Vorstand der Königl. E.-Hochbausektion Stuttgart II. **I:** Empfangsgebäude. Nebengebäude. Güterschuppen. Lokomotivschuppen. Mit 91 Abbildungen. Nr. 515.

Die mechanischen Stellwerke der Eisenbahnen von S. Scheibner, Königlicher Oberbaurat a. D. in Berlin. 2 Bändchen. Mit 79 Abbildungen. Nr. 674 und 688.

Die Kraftstellwerke der Eisenbahnen von S. Scheibner, Königlicher Oberbaurat a.D. in Berlin. 2 Bändchen. Mit 72 Abbild. Nr. 689/90.

Eisenbahnfahrzeuge von H. Hinnenthal, Königlicher Regierungsbaumeister und Oberingenieur in Hannover. **I:** Die Lokomotiven. Mit 89 Abbildungen im Text und 2 Tafeln. Nr. 107.

— — **II:** Die Eisenbahnwagen und Bremsen. Mit 56 Abbildungen im Text und 3 Tafeln. Nr. 108.

Der Eisenbahnbetrieb von S. Scheibner, Königlicher Oberbaurat a. D. in Berlin. Mit 3 Abbildungen. Nr. 676.

Der Eisenbahnverkehr von Theodor Wilbrand, Königlicher Eisenbahn-Rechnungsdirektor in Berlin. Nr. 618.

Schmalspurbahnen (Klein-, Arbeits- und Feldbahnen) von Diplom-Ingenieur Aug. Boshart in Nürnberg. Mit 99 Abbildung. Nr. 524.

Straßenbahnen von Diplom-Ingenieur Aug. Boshart in Nürnberg. Mit 72 Abbildung. Nr. 559.

Die allgemeinen Grundlagen des Brückenbaues von Prof. Dr.-Ing. Th. Landsberg, Geheimer Baurat in Berlin. Mit 46 Fig. Nr. 687.

Eisenbetonbrücken von Dr.-Ing. K. W. Schaechterle in Stuttgart. Mit 104 Abbildungen. Nr. 627.

Wasserversorgung der Ortschaften von Dr.-Ing. Robert Weyrauch, Professor an der Technischen Hochschule Stuttgart. Mit 85 Figuren. Nr. 5.

Flußbau von Regierungsbaumeister Otto Rappold in Stuttgart. Mit 103 Abbild. Nr. 597.

Kanal- und Schleusenbau von Regierungsbaumeister Otto Rappold in Stuttgart. Mit 78 Abbildungen. Nr. 585.

Wasserkraftanlagen von Th. Rümelin, Regierungsbaumeister a. D., Oberingenieur in Dresden. **I:** Beschreibung. Mit 66 Figuren. Nr. 665.

— — **II:** Gewinnung der Wasserkraft. Mit 35 Figuren. Nr. 666.

— — **III:** Bau und Betrieb. Mit 56 Figuren. Nr. 667.

Meliorationen von Baurat Fauser in Ellwangen. 2 Bändchen. Mit vielen Figuren. Nr. 691/92.

f) Bergbau und Hüttenwesen.

Geologie in kurzem Auszug für Schulen und zur Selbstbelehrung zusammengestellt von Professor Dr. Eberh. Fraas in Stuttgart. Mit 16 Abbildungen und 4 Tafeln mit 51 Figuren. Nr. 13.

Mineralogie von Geheimem Bergrat Dr. R. Brauns, Professor an der Universität Bonn. Mit 132 Abbildungen. Nr. 29.

Metallurgie von Dr. August Geitz in Kristianssand (Norwegen). **I. II.** Mit 21 Fig. Nr. 313, 314.

Eisenhüttenkunde von A. Krauß, Diplom-Hütteningenieur. **I:** Das Roheisen. Mit 17 Figuren und 4 Tafeln. Nr. 152.

— — **II:** Das Schmiedeisen. Mit 25 Figuren und 5 Tafeln. Nr. 153.

Lötrohrprobierkunde. Qualitative Analyse mit Hilfe des Lötrohrs von Dr. Martin Henglein in Freiberg i. Sa. Mit 10 Figuren. Nr. 483.

FSC
www.fsc.org
MIX
Papier | Fördert
gute Waldnutzung
FSC® C083411

Zeitfracht Medien GmbH
Ferdinand-Jühlke-Straße 7
99095 Erfurt, Deutschland
produktsicherheit@kolibri360.de